南亚东南亚国家
科技创新指标体系研究

王源昌 高原静◎著

科学出版社

北 京

内 容 简 介

本书以世界银行数据库相关数据为基础，研究南亚次大陆七国、马来群岛六国、中南半岛五国的科技创新综合能力，指标体系涵盖 5 个一级指标、12 个二级指标、51 个三级指标；研究内容包括比较研究、国别研究和综合能力指标体系构建等，全景式展现南亚次大陆、马来群岛、中南半岛三大板块及相关的 18 个国家 2000～2017 年的科技创新能力。

本书适合政府南亚东南亚国别扶持政策制定者、政府科技外交政策制定者、南亚东南亚研究人员、科研院所与南亚东南亚科技合作筹划负责人、教育国际化高校决策者、实施"做出去"企业决策者等阅读参考。

图书在版编目（CIP）数据

南亚东南亚国家科技创新指标体系研究 / 王源昌，高原静著. —北京：
科学出版社，2022.12
ISBN 978-7-03-072330-7

Ⅰ.①南…　Ⅱ.①王…②高…　Ⅲ.①科技发展-发展研究-研究-南亚
②科技发展-发展战略-研究-东南亚　Ⅳ.①G323.5②G323.3

中国版本图书馆 CIP 数据核字（2022）第 087596 号

责任编辑：牛　玲　姚培培 / 责任校对：杨　然
责任印制：徐晓晨 / 封面设计：有道文化

科 学 出 版 社 出版
北京东黄城根北街 16 号
邮政编码：100717
http://www.sciencep.com

北京建宏印刷有限公司 印刷
科学出版社发行　各地新华书店经销
*

2022 年 12 月第 一 版　开本：720×1000　1/16
2022 年 12 月第一次印刷　印张：23 1/2　插页：1
字数：450 000
定价：168.00 元
（如有印装质量问题，我社负责调换）

前　　言

科技创新已成为国家竞争力提升的主要动力。为了解南亚东南亚大部分国家的科技创新能力，本书系统研究了 2000～2017 年南亚东南亚 18 个国家的科技创新的发展历程及其变化情况。首先，以世界银行数据库相关数据为资料来源，研究南亚次大陆七国（包括孟加拉国、不丹、印度、马尔代夫、尼泊尔、巴基斯坦和斯里兰卡）、马来群岛六国①（包括新加坡、马来西亚②、文莱、印度尼西亚、菲律宾和东帝汶）、中南半岛五国（包括柬埔寨、老挝、缅甸、泰国和越南）的科技创新综合能力，指标体系涵盖科技创新基础、科技创新投入、科技知识获取、科技创新产出、科技创新促进经济社会可持续发展 5 个一级指标，12 个二级指标，51 个三级指标；在此基础上，对南亚次大陆、马来群岛、中南半岛这三大板块进行比较研究，涉及各板块内部各国的创新指标及其逐年变化情况，以及三大板块之间的异同。其次，本书研究了三大板块各国相关指标逐年变化情况及各国在南亚东南亚的科技创新排位，以及各国综合创新能力水平及发展趋势。最后，本书简要介绍了指标体系的选择和科技创新综合能力的算法等相关的统计问题。

本书是对南亚东南亚科技创新的全景式研究，包含了统计学、经济学等相关学科，属于交叉学科的综合集成；从比较研究、国别研究、综合能力指标体系构建三个方面分别论述，各部分内容既相互印证又可独成体系，结构独特；将较为复杂的数据统计处理放入最后部分，增加了主要内容的可读性；数据主要来自世界银行数据库，大部分结论具有可验证性。

期望本书的出版能够为我国与南亚东南亚国家开展科技合作提供基础支持。

作者

2022 年 6 月 30 日

---

① 巴布亚新几内亚虽也位于马来群岛，但因其属于大洋洲，未纳入本书进行讨论。

② 本书将马来西亚及位于其南部的新加坡归入马来群岛国家进行讨论。

目　　录

第一篇
南亚东南亚国家
科技创新指标
比较研究

　　构建科学合理的科技创新指标体系，可以客观反映南亚东南亚各国的科技创新水平和进展。借鉴吸收国内外现有科技创新评价指标体系，可以有效避免研究过程中的主观性。美国从 19 世纪 50 年代开始着手对本国的科技竞争力进行系统评价。直至 1972 年，《科学指标》（Science Indicators）出版，标志着科技创新能力评价指标体系的诞生，其指标体系主要包括经费投入、劳动力投入、公民热情程度、专业技术人员的学历水平等多个指标。

　　综合创新指数（summary innovation index，SII）是根据欧盟 2000 年"里斯本议程"科技创新发展战略而设计的，跟踪成员国研发投入达标情况的指标体系。从 2001 年开始，欧盟委员会每年根据综合创新指数发布"欧洲创新记分牌"，评价体系突出两大类核心要素：创新投入和创新产出。创新投入包括创新驱动力（20～29 岁年龄段中科学和工程类专业毕业生的比例、25～64 岁年龄段中受过高等教育的比例、20～24 岁年轻人中受过高中教育的比例）、知识创造力（政府研发投入占 GDP 的比例、企业研发投入占 GDP 的比例、高技术企业的研发投入占制造业研发投入的比例、创新活动得到政府资助的企业的比例、企业资助大学开展研发活动的比例）、企业创新力（中小企业在企业内开展创新活动的比例、中小企业合作开展创新活动的比例、创新投入占企业营业额的比例、风险资本占 GDP 的比例、信息通信技术的投入占 GDP 的比例、中小企业有组织创新活动的比例、高科技风险投资的比例、国内企业在本国股票市场募集资金占 GDP 的比例、新注册和倒闭的中小企业占所有中小企业的比例）。创新产出包括创新绩效（高科技服务业雇佣劳动力的比例、出口的高科技产品的比例、在市场上未出现过的全新产品的销售收入占营业额的比例、高科技制造业雇佣劳动力的比例、高科技制造业增加值的比例、互联网用户的比例）和知识产权（百万人口欧洲专利局专利申请数、百万人口新注册的欧盟商标数）。评价体系共 5 个维度 26 项三级指标①。

　　全球创新指数（global innovation index，GII）是由世界知识产权组织、康奈尔大学和欧洲工商管理学院于 2007 年共同创立的年度排名，旨在帮助全球决策者更好地制定政策，促进创新。2018 年，全球创新指数发布了全球 126 个经济体的相关数据，包含创新投入和创新产出两类核心要素，创新投入包含制度（政治环境、监管环境、商业环境）、人力资本和研究（基础教育、高等教育、研发）、基础设施（信息通信技术、普通基础设施、生态可持续性）、市场成熟度（信贷、投资、贸易竞争和市场规模）、商业成熟度（知识型工人、创新关联、知识吸收）5 类二级指标，创新产出包括知识及技术产出（知识的创造、知

---

　　① 张敏. 欧盟国家科技创新能力分析//周弘，江时学. 欧洲发展报告（2012～2013）：欧洲债务危机的多重影响. 北京：社会科学文献出版社，2013：52-63.

识的影响、知识的传播）、创意产出（无形资产、创意商品和服务、网络创意）
2 类二级指标。全球创新指数的 7 类二级指标下分为 21 个三级指标、81 项四级
指标[①]。

知识经济指数（knowledge economy index，KEI）于 2008 年由世界银行开
始发布，包括经济激励和体制机制、教育和人力资源、创新系统、信息通信技
术 4 个维度、12 个指标[②]。

中国科学技术发展战略研究院于 2006 年起开展了国家创新指数（national
innovation index）的研究工作，2011 年开始发布年度报告，包括创新资源［研
发（R&D）经费投入强度、研发人力投入强度、科技人力资源培养水平、研发
经费占世界比重］、知识创造（学术部门百万研发经费的科学论文引证数、万名
科研人员的科技论文数、知识服务业增加值占 GDP 比重、亿美元经济产出的发
明专利申请数、万名研究人员的发明专利授权数）、企业创新（三方专利总量占
世界比重、企业研发经费与产业增加值的比值、万名企业研究人员拥有专利合
作条约专利数、综合技术自主率、企业研究与开发人员占全部 R&D 人员比
重）、创新绩效（劳动生产率、单位能源消耗的经济产出、有效专利数、高新技
术产品出口额占制造业出口额比重、知识型产业增加值占世界比例）、创新环境
（知识产权保护力度、政府规章对企业负担影响、宏观经济环境、当地研究与培
训专业服务状况、反垄断政策效果、员工收入与效率挂钩程度、企业创新项目
获得风险资本支持的难易程度、产业集群发展状况、企业与大学研究与发展协
作程度、政府采购对科技创新影响）5 个一级指标和 30 个二级指标；选取 R&D
经费投入之和占全球总量的 95% 以上的 40 个科技创新活跃的国家进行研究[③]。

综合创新指数、全球创新指数对所研究经济体的度量方法大体上是一致的，
主要关注两个核心要素：创新投入和创新产出。全球创新指数主要使用公开发布
的数据和报告，综合创新指数使用部分调查数据。知识经济指数和国家创新指数
直接设定一级指标和二级指标，一级指标之间基本独立，没有因果关系。

借鉴上述指标体系的合理成分，结合南亚东南亚国家的具体特点及指标数
据的可得性，本书所使用的研究指标体系围绕两个核心要素——创新投入和创
新产出进行构建：创新投入包括科技创新基础、科技创新投入、科技知识获取
3 个一级指标；创新产出包括科技创新产出、科技创新促进经济社会可持续发展
2 个一级指标。

---

① 世界知识产权组织，Global Innovation Index（GII）. https://www.wipo.int/global_innovation_index/
en/［2021-09-01］.

② 李海波，周春彦，李星洲，等. 区域创新测度的新探索：三螺旋理论视角. 科学与管理，2011，31
（6）：45-50.

③ 中国科学技术发展战略研究院. 国家创新指数报告 2018. 北京：科学技术文献出版社，2018.

第一章
科技创新基础比较研究

科技创新基础反映国家开展科技创新活动已经具备的科技创新环境和人力基础两方面情况，包括创新活动所依赖的外部软环境——政治环境、营商环境、创新所依赖的基础设施投入水平，以及创新活动所依赖的创新人才资源供给能力——劳动人口文化程度、大学入学率等。

第一节　科技创新环境比较研究

科技创新环境是科技创新赖以生存和发展的物理空间和社会空间，包括机制环境、政策法制环境、基础环境、市场环境和人文环境等。良好的环境可以促进科技创新的开展，科技创新需要有孕育的环境，从某种程度上说，实现创新的环境与提供创新的构想同等重要[①]。

选定市场交易环境评级、商品和服务税占工业和服务业增加值的百分比、贿赂发生率（至少有一次行贿请求的公司的百分比）、公权力透明度清廉度评级、电力接通需要天数、产权制度和法治水平评级、营商管制环境评级、城市化率、制造业适用加权平均关税税率共 9 个指标度量科技创新环境。

一、南亚次大陆科技创新环境比较研究

南亚次大陆作为欧亚大陆的新兴地缘中心，在国际社会的影响力不断扩大，已成为影响当今世界政治、经济的重要地区之一。印度洋是联系欧亚的重要战略通道，周边地区储藏着丰富的资源。从地缘角度来看，印度具有良好的科技创新文化环境，巴基斯坦也有较好的创新文化基础；孟加拉国与巴基斯坦

---

① 李婷，董慧芹. 科技创新环境评价指标体系的探讨. 中国科技论坛，2005（4）：30-31，36.

的文化基础相似，但基础设施、经济基础较差；岛国斯里兰卡常年内战，资源被分散到民族冲突上；岛国马尔代夫陆地面积太小，发展纵深太短；山地国家尼泊尔和不丹，远离国际商业航线，难于融入国际分工体系，科技创新环境较差。

（一）市场交易环境评级

根据世界银行的定义，市场交易环境评级是指评估经济政策体系如何促进商品交易。市场交易环境评级的得分范围为 1～6 分：当市场交易环境评级得分等于 1 分时，表示市场交易环境差，政策体系不能很好地促进商品交易；当市场交易环境评级得分等于 6 分时，表示市场交易环境好，政策体系能很好地促进商品交易。

图 1.1 显示，在南亚次大陆各国中，马尔代夫的市场交易环境评级得分最高，在研究期[①]内一直处于高水平状态；不丹的市场交易环境评级得分最低，直到 2016 年才有所上升；印度的市场交易环境评级得分在 2006～2007 年跳动了0.5 分，在 2011 年稳定上升到 4 分后保持稳定；孟加拉国的市场交易环境评级得分在 2006～2009 年稳定在 3.5 分，2010 年下降至 3 分，随后在 2011 年又上升到 3.5 分；斯里兰卡的市场交易环境评级得分在 2006 年上升了 0.5 分，随后又下降到 3.5 分，在 2011 年上升到 4 分，在 2015 年又一次下降到 3.5 分；巴基斯坦的市场交易环境评级得分在 2009 年下降了 0.5 分，随后稳定在 3.5 分。

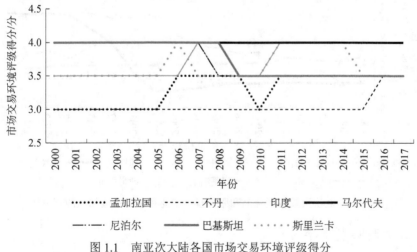

图 1.1　南亚次大陆各国市场交易环境评级得分

---

① 本书中研究期指 2000～2017 年。

（二）商品和服务税占工业和服务业增加值的百分比

根据世界银行的定义，商品和服务税占工业和服务业增加值的百分比是指商品和服务税占工业企业生产过程与服务业企业服务过程中新增加价值的百分比。商品和服务税包括一般销售税、营业税或增值税、商品消费税、服务税、不动产使用税、资源开采税等。

考虑到第一产业基本上贡献不了多少税收收入，商品和服务税占工业和服务业增加值的百分比不仅能反映一国的税收情况，而且能反映一国工业和服务业的税负情况：比值越高，工业和服务业企业税负越重，科技创新环境越差；比值越低，工业和服务业企业税负越轻，科技创新环境越好。

图 1.2 显示，从整体趋势上看，印度的商品和服务税占工业和服务业增加值的百分比最高，最高点已达到了 15.7%。孟加拉国的商品和服务税占工业和服务业增加值百分比处于最低，呈缓慢上升趋势。巴基斯坦的波动不太明显，上下波动不超过 1.7 个百分点。尼泊尔与马尔代夫商品和服务税占工业和服务业增加值的百分比呈上升的趋势，2017 年尼泊尔上升到了 17.26%。不丹商品和服务税占工业和服务业增加值的百分比以上下波动的形式渐进上升，上升速度较小、波动较大。斯里兰卡商品和服务税占工业和服务业增加值的百分比在 2000～2014 年呈下降趋势，至 2014 年已下降到 6.11%，随后几年有缓慢上升的趋势。

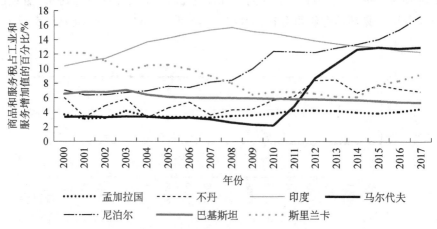

图 1.2 南亚次大陆各国商品和服务税占工业和服务业增加值的百分比

（三）贿赂发生率

根据世界银行的定义，贿赂发生率是指公司在参与公用事业的准入、许可证、执照和税收等公共交易中至少经历一次索取贿赂金要求的百分比。

如图 1.3 显示，在南亚次大陆各国中，2000 年贿赂发生率最高的国家为孟加拉国，巴基斯坦排第二位；直到 2008 年，孟加拉国与巴基斯坦的贿赂发生率才有所下降，尤其是巴基斯坦在随后几年一直保持下降趋势，2017 年下降到 19.36%。南亚次大陆各国的贿赂发生率整体上都呈下降的趋势，研究期内下降速度最快的国家为不丹，从 2000 年的 36.66%下降到 2017 年的 0.9%，下降了 98%；其次是斯里兰卡，下降了 73%；排名第三的为巴基斯坦，下降了 68%；尼泊尔紧随其后，下降了 67%；马尔代夫排名第五，下降了 62%；其他两个国家下降速度低于 50%，印度从 2000 年的 24.65%下降到 2017 年的 12.66%（下降了 49%），孟加拉国下降了 35%。

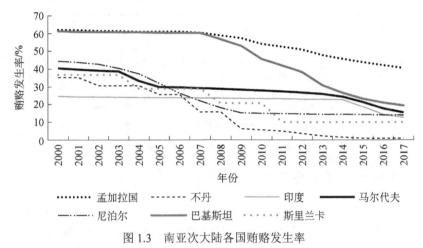

图 1.3 南亚次大陆各国贿赂发生率

（四）公权力透明度清廉度评级

根据世界银行的定义，公权力透明度清廉度评级是指对公共部门所拥有权力的透明度与清廉度进行评估。公共部门的透明度、问责程度和腐败程度可以从以下几方面进行评估：行政部门对财政资金的使用和造成的后果与选民、立法机构和司法机构的监督要求的吻合程度，以及行政部门领导在多大程度上向公众通报做出的行政决定和使用的财政资源与取得的成果之间的关系。评估包括三个维度：①行政部门领导对监督机构和行政人员绩效负责程度；②公民社会获得公共事务信息的机会大小；③既得利益集团控制国家的能力和范围。

公权力透明度清廉度评级的得分范围为 1～6 分：当公权力透明度清廉度评级得分等于 1 分时，表示公权力透明度清廉度差；当公权力透明度清廉度评级得分等于 6 分时，表示公权力透明度清廉度好。

图 1.4 显示，在南亚次大陆各国中，不丹的公权力透明度清廉度评级得分最高，巴基斯坦和孟加拉国的公权力透明度清廉度评级得分较低。巴基斯坦和不丹的公权力透明度清廉度评级得分有改善的趋势，斯里兰卡的公权力透明度清廉度评级得分在 2007 年下降了 0.5 分。马尔代夫的公权力透明度清廉度评级得

分在 2006～2008 年较 2000～2005 年下降了 0.5 分，尼泊尔的公权力透明度清廉度评级得分在 2005 年与 2010 年有 0.5 分的波动，印度的公权力透明度清廉度评级得分在研究期内稳定不变。

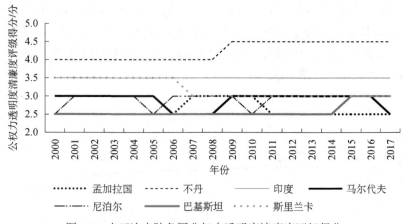

图 1.4　南亚次大陆各国公权力透明度清廉度评级得分

（五）电力接通需要天数

根据世界银行的定义，电力接通需要天数是指获得电力供应所需的时间，也指获得永久电力连接所需的天数。指标值采用获得电力供应所需时间的中位数，该中位数是电力公用事业人员和专家们在实践（而非法律要求）中总结的从申请到通电整个流程所必需的中位时间。

由图 1.5 可知，在南亚次大陆各国中，孟加拉国电力接通需要天数最多，远多于南亚次大陆其余各国的电力接通需要天数；虽然在研究期内一直处于下降趋势，从 2000 年的 469 天下降到 2017 年的 223.7 天，但依旧是南亚次大陆大部

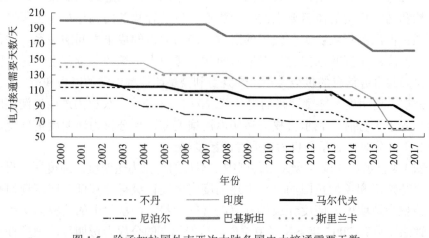

图 1.5　除孟加拉国外南亚次大陆各国电力接通需要天数

分国家电力接通需要天数的两倍。在南亚次大陆各国中，巴基斯坦电力接通需要的天数也较多，仅次于孟加拉国，在南亚次大陆各国中排名第二。南亚次大陆其余各国的电力接通需要天数变化不大，2017 年南亚次大陆各国的电力接通需要天数由多到少依次为：孟加拉国 223.7 天、巴基斯坦 161.2 天、斯里兰卡100 天、马尔代夫 75 天、尼泊尔 70 天、不丹 61 天、印度 34 天。孟加拉国电力接通需要天数是印度需要天数的 6.6 倍。

（六）产权制度和法治水平评级

根据世界银行的定义，产权制度和法治水平评级是指有效的法律体系和基于规则①的治理结构在多大程度上促进了私营经济活动，使得产权和合同权利在这些体系和治理结构中得到可靠的尊重和执行。

产权制度是指既定产权关系和产权规则结合而成的且能对产权关系实现有效的组合、调节和保护的制度安排。产权制度的最主要功能在于降低交易费用，提高资源配置效率。产权制度和法治水平评级的得分范围为 1～6 分：当产权制度和法治水平评级得分等于 1 分时，表示产权制度和社会法治水平差；当产权制度和法治水平评级得分等于 6 分时，表示产权制度好并且社会法治水平高。

图 1.6 显示，总体来看，在南亚次大陆各国中，印度和不丹的产权制度和法治水平评级得分在研究期内基本处于较高水平状态。巴基斯坦与尼泊尔的产权制度和法治水平评级得分较低。孟加拉国的产权制度和法治水平评级得分在 2006 年和 2016 年有 0.5 分的下降；马尔代夫的产权制度和法治水平评级得分在 2006～

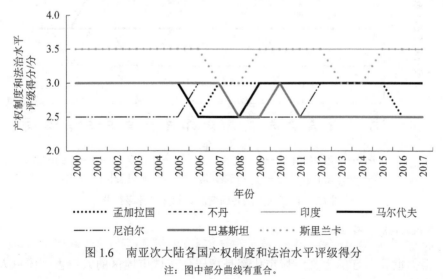

图 1.6　南亚次大陆各国产权制度和法治水平评级得分

注：图中部分曲线有重合。

---

① 指通过谈判形成的行为规则、行动导引、制度条例等。

2008 年较 2000～2005 年下降了 0.5 分；尼泊尔的产权制度和法治水平评级得分在 2006 年和 2012 年有 0.5 分的上升；斯里兰卡的产权制度和法治水平评级得分在 2007～2008 年和 2013～2014 年较其他年份下降了 0.5 分。

（七）营商管制环境评级

根据世界银行的定义，营商管制环境评级是指通过营商监管环境来评估法律、监管和政策环境在多大程度上帮助私营企业投资、创造就业和提高生产率。营商管制环境评级的得分范围为 1～6 分：当营商管制环境评级得分等于 1 分时，表示营商管制环境差；当营商管制环境评级得分等于 6 分时，表示营商管制环境好。

图 1.7 显示，在南亚次大陆各国中，斯里兰卡的营商管制环境评级得分最高，在研究期内一直处于较高水平状态，不丹的营商管制环境评级得分在研究期内也一直处于较高水平，但相较斯里兰卡低了 0.5 分。尼泊尔的营商管制环境评级得分最低，自 2012 年后上升了 0.5 分。马尔代夫与孟加拉国的营商管制环境评级得分在 2015 年有 0.5 分的下降，相互之间相差了 0.5 分；巴基斯坦的营商管制环境评级得分在 2009～2011 年下降了 1 分，在 2016 年又上升了 0.5 分。

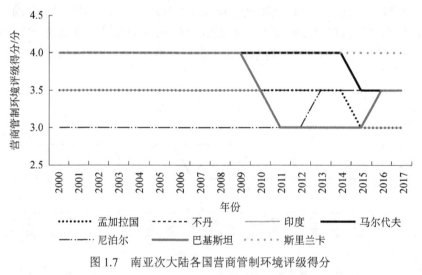

图 1.7　南亚次大陆各国营商管制环境评级得分

（八）城市化率

根据世界银行的定义，城市化率是指居住在城市地区的人口占全国总人口的百分比。

由图 1.8 可以看出，在南亚次大陆的各国中，孟加拉国、巴基斯坦、马尔代夫、不丹和印度的城市化率 2010 年以后超过了 30% 的阈值，迈入城市化快速发展期，其中不丹、马尔代夫和孟加拉国的城市化率相对于南亚次大陆其他国家的城市化率上升的速度要更快，而斯里兰卡和尼泊尔的城市化率尚未突破 20%，城市化率成为经济社会发展的制约因素。

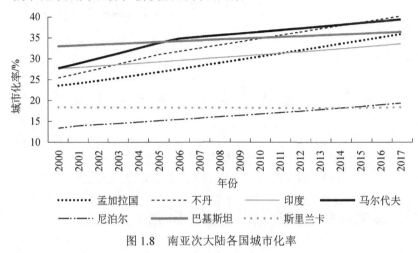

图 1.8　南亚次大陆各国城市化率

（九）制造业适用加权平均关税税率

根据世界银行的定义，制造业适用加权平均关税税率是指以每种产品在相应伙伴国家的进口额中所占比例为权数对有效适用税率进行加权计算得出的平均数。该数据采用调和关税制度，按照六位或八位码进行划分。税目数据采用与《国际贸易标准分类》（SITC）第 3 次修订版相一致的代码进行商品及进口额权重分组。从量关税税率已尽可能转换为相应的从价税等值税率，并据此计算制造业适用加权平均关税税率。进口权数根据联合国统计司的商品贸易统计数据库中的相关统计数据计算得出。六位或八位码产品的有效适用关税税率是指每个商品组内所有产品的平均税率。在无法采用有效适用税率的情况下，改为采用最惠国税率。产成品属于 SITC 第 3 次修订版中第 5~8 章所列的商品，但不包括第 68 款所列商品。

图 1.9 显示，南亚次大陆各国制造业适用加权平均关税税率都呈下降趋势，其中印度、巴基斯坦下降明显。孟加拉国制造业适用加权平均关税税率的跳动比较大，尤其是在 2004~2007 年上下起伏近 20 个百分点。马尔代夫制造业适用加权平均关税税率在 2012 年下降较大，南亚次大陆其余各国制造业适用加权平均关税税率在 2007 年之后波动较小。

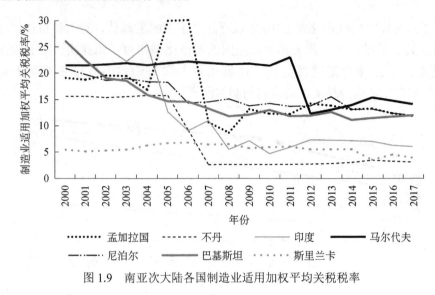

图 1.9　南亚次大陆各国制造业适用加权平均关税税率

二、马来群岛科技创新环境比较研究

马来群岛各国中，新加坡、马来西亚、文莱的科技创新能力较好，印度尼西亚、菲律宾、东帝汶的科技创新环境较差。

（一）市场交易环境评级

由图 1.10 可知，新加坡在马来群岛各国中市场交易环境评级得分最高，最高分达到了 5.5 分，远超马来群岛其他国家。马来西亚和文莱在马来群岛各国中市场交易环境评级得分最低，最低分达到了 3.5 分。印度尼西亚在马来群岛各国中市场交易环境评级得分仅低于新加坡。东帝汶市场交易环境评级得分进步最大，2007～2008 年，得分增加了 1 分，是马来群岛其余各国进步得分的两倍。

（二）商品和服务税占工业和服务业增加值的百分比

图 1.11 显示，印度尼西亚在马来群岛各国中关于商品和服务税占工业和服务业增加值的百分比总体上最高；东帝汶在马来群岛各国中关于商品和服务税占工业和服务业增加值的百分比最低；新加坡、菲律宾和文莱商品和服务税占工业和服务业增加值的百分比波动较小，大致在 4%～5%波动；2000～2014 年，马来西亚商品和服务税占工业和服务业增加值的百分比总体呈下降态势，但自 2014 年开始上升。

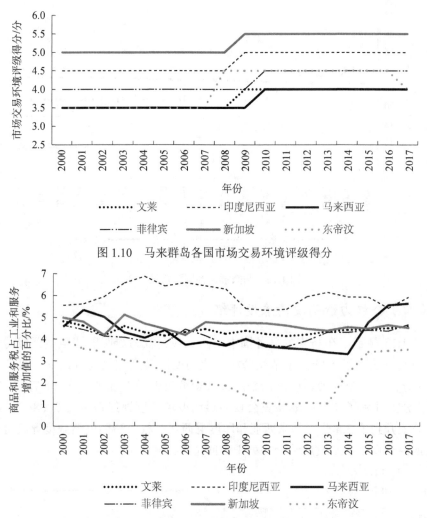

图 1.10　马来群岛各国市场交易环境评级得分

图 1.11　马来群岛各国商品和服务税占工业和服务业增加值的百分比

（三）贿赂发生率

由图 1.12 可以看出，东帝汶的贿赂发生率自 2009 年之后大幅度地上升，2015～2017 年上升至马来群岛各国贿赂发生率的最高点（44.2%）。新加坡的贿赂发生率以缓慢下降趋势在 2017 年下降至马来群岛各国贿赂发生率的最低点（8.3%）。菲律宾和文莱贿赂发生率的下降趋势较为明显，印度尼西亚和马来西亚贿赂发生率有轻微上浮的趋势。

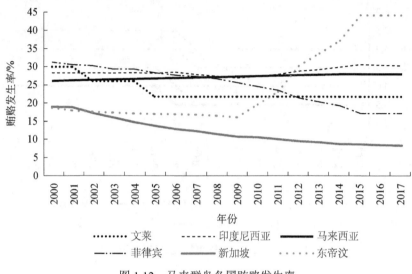

图 1.12　马来群岛各国贿赂发生率

（四）公权力透明度清廉度评级

图 1.13 显示，在马来群岛各国中，新加坡公权力透明度清廉度评级得分最高，最高分达到了 5 分；东帝汶公权力透明度清廉度评级得分最低，最低达到了 2.5 分；文莱公权力透明度清廉度评级得分仅低于新加坡，在 2007～2008 年从 3.5 分上升到了 4 分；菲律宾公权力透明度清廉度评级得分在 2008～2009 年从 3 分上升到了 3.5 分；马来西亚和印度尼西亚公权力透明度清廉度评级得分在研究期内一直呈水平发展趋势并处于中间位置。

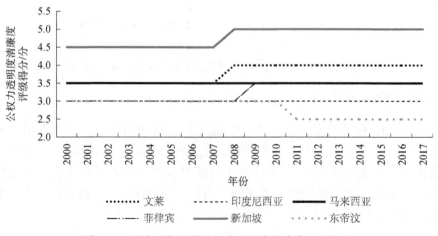

图 1.13　马来群岛各国公权力透明度清廉度评级得分

（五）电力接通需要天数

由图 1.14 可以看出，在马来群岛各国中，文莱 2000～2002 年电力接通需要天数最多，但在研究期内一直呈明显的阶梯式下降趋势。相反，东帝汶电力接通需要天数在研究期内一直呈明显的阶梯式上升趋势。同时，整体来看，新加坡在马来群岛各国中，电力接通需要天数最少，在研究期内总体处于水平发展状态。马来西亚、菲律宾和印度尼西亚电力接通需要天数也呈下降趋势。

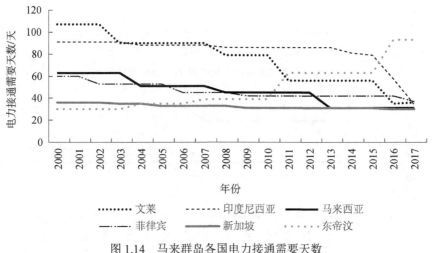

图 1.14　马来群岛各国电力接通需要天数

（六）产权制度和法治水平评级

由图 1.15 可以看出，在马来群岛各国中，新加坡的产权制度和法治水平评级得分最高，最高得分达 4.5 分。东帝汶的产权制度和法治水平评级得分最低，最低得分为 1.5 分。印度尼西亚与马来西亚的产权制度和法治水平评级得分呈水平发展趋势，之间只相差 0.5 分。文莱的产权制度和法治水平评级得分在 2004 年后进步了 0.5 分。菲律宾的产权制度和法治水平评级得分自 2008 年后也进步了 0.5 分。

（七）营商管制环境评级

由图 1.16 可知，在马来群岛各国中，新加坡营商管制环境评级的得分最高，最高分达到了 5 分。相反，东帝汶在马来群岛各国中关于营商管制环境评级的得分最低，最低分达到了 1.5 分。印度尼西亚在马来群岛各国中关于营商管制环境评级得分仅低于新加坡，排名第二。马来西亚营商管制环境评级得分自 2008 年后进步了 0.5 分；菲律宾和文莱的营商管制环境评级得分在 2009 年分别进步了 0.5 分。

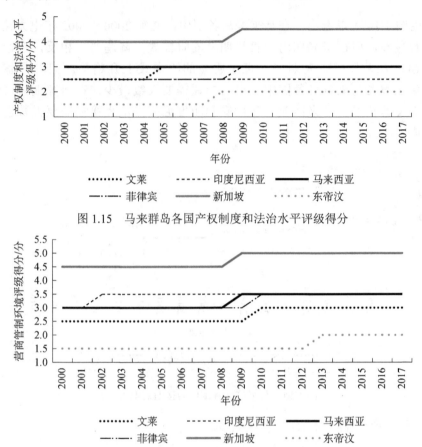

图 1.15　马来群岛各国产权制度和法治水平评级得分

图 1.16　马来群岛各国营商管制环境评级得分

（八）城市化率

由图 1.17 可以看出，在马来群岛各国中，新加坡的城市化率要远超于其他国家，在研究期内，新加坡城市化率一直保持在 100% 的高水平，很早以前，新加坡就已经是一个完全城市化的国家。东帝汶的城市化率在马来群岛各国中最低，但在研究期内一直缓慢上升，并于 2017 年突破 30% 的阈值，迈过城市化快速发展的门槛。其他四国城市化率位于新加坡和东帝汶两国之间，2008 年后文莱、马来西亚已超过 70%，成为城市化发达国家，位于马来群岛城市化率第二梯队。2003 年后，印度尼西亚、菲律宾两国城市化率也已经超过 45% 的水平，但两国的城市化率变化情况又存在显著不同，印度尼西亚稳步增长，菲律宾基本无增长。

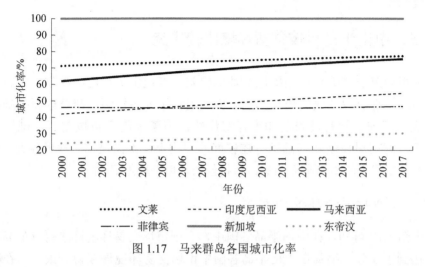

图1.17　马来群岛各国城市化率

（九）制造业适用加权平均关税税率

由图1.18可以看出，在马来群岛各国中，文莱在2000～2003年的制造业适用加权平均关税税率最高，振幅也最大，在2000～2004年上下起伏近7个百分点。新加坡制造业适用加权平均关税税率最低，一直维持着零关税。东帝汶制造业适用加权平均关税税率一直保持着水平状态。菲律宾制造业适用加权平均关税税率在2%上下波动。马来西亚制造业适用加权平均关税税率在1.5%～5%波动。

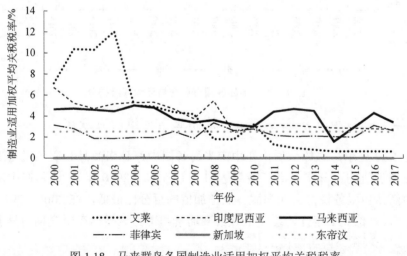

图1.18　马来群岛各国制造业适用加权平均关税税率

三、中南半岛科技创新环境比较研究

老挝和柬埔寨的科技创新地缘基础较差。老挝由于是内陆国家，创新基础相对更差；拥有海岸线的柬埔寨则因内战消耗了太多资源，科技创新基础也不容乐观。缅甸虽拥有漫长的印度洋海岸线，但整个国家科技创新基础处于较低水平。越南科技创新基础维持在较好的层次上。泰国是第二次世界大战后唯一没有发生战争的中南半岛国家，科技创新环境基础最好。

（一）市场交易环境评级

由图 1.19 可知，在中南半岛各国中，泰国市场交易环境评级得分最高，最高分达到了 5 分。缅甸在中南半岛各国中市场交易环境评级得分最低，在研究期内一直保持 3.5 分的水平。老挝和柬埔寨关于市场交易环境评级的得分进步最大，都进步了 1 分，是越南和泰国的两倍。

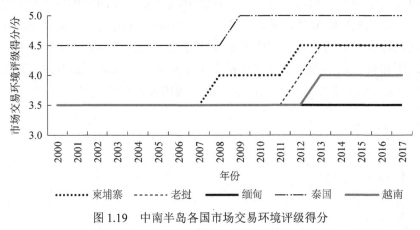

图 1.19　中南半岛各国市场交易环境评级得分

（二）商品和服务税占工业和服务业增加值的百分比

图 1.20 显示，总体来看，在中南半岛各国中，越南商品和服务税占工业和服务业增加值的百分比最高，最高达到了 15.52%（2010 年）。缅甸在中南半岛各国中商品和服务税占工业和服务业增加值的百分比最低，在 2000～2012 年呈下降趋势，自 2012 年开始缓慢上升。柬埔寨和泰国该指标在研究期内呈上升趋势，老挝先轻微下降再缓慢上升。

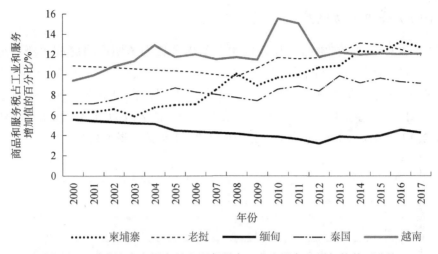

图 1.20　中南半岛各国商品和服务税占工业和服务业增加值的百分比

（三）贿赂发生率

图 1.21 显示，在中南半岛各国中，柬埔寨和缅甸的贿赂发生率较高，泰国的贿赂发生率最低。除柬埔寨以外，中南半岛其他各国的贿赂发生率整体上都呈下降趋势，2000～2003 年，各国贿赂发生率由高到低依次为：缅甸、柬埔寨、老挝、越南、泰国；2004～2005 年，越南贿赂发生率超越老挝，在中南半岛五国中排第 3 位，老挝排第 4 位，其余各国排名保持不变；2006 年、2008～2013 年，各国贿赂发生率由高到低依次为：柬埔寨、缅甸、老挝、越南、泰国；2007 年、2014～2017 年，各国贿赂发生率由高到低依次为：柬埔寨、缅甸、越南、老挝、泰国。

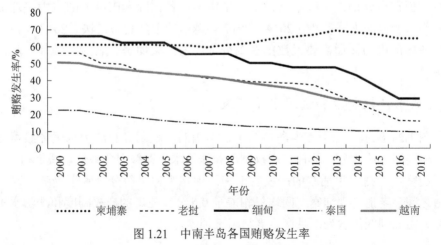

图 1.21　中南半岛各国贿赂发生率

（四）公权力透明度清廉度评级

图 1.22 显示，在中南半岛各国中，泰国公权力透明度清廉度评级得分最高，最高分达到了 4.5 分。缅甸和老挝的平均得分较低。越南在中南半岛各国中关于公权力透明度清廉度评级的得分仅低于泰国，在中南半岛各国中排名第二，同时在研究期内一直呈水平发展状态。缅甸的公权力透明度清廉度评级得分在 2012～2014 年持续进步了 1 分，但在 2017 年又下降了 0.5 分。

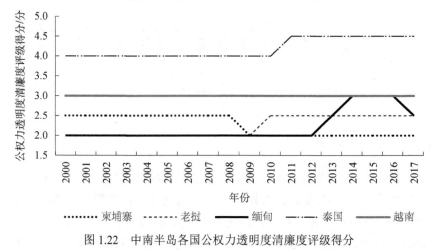

图 1.22　中南半岛各国公权力透明度清廉度评级得分

（五）电力接通需要天数

由图 1.23 可知，柬埔寨在中南半岛各国中，电力接通需要天数最多，但在研究期内一直呈阶梯式下降态势。泰国在中南半岛各国中的电力接通需要天数最少，但在研究期内下降幅度最小。中南半岛各国除泰国以外的电力接通需要天数都有明显的下降趋势，2014～2017 年越南的下降趋势最快。2017 年，中南半岛各国的电力接通需要天数由多到少依次为：柬埔寨、老挝、缅甸、越南、泰国。

（六）产权制度和法治水平评级

图 1.24 显示，在中南半岛各国中，泰国的产权制度和法治水平评级得分最高，最高得分达 4 分；缅甸的产权制度和法治水平评级得分最低，最低得分为 2 分。越南、老挝和柬埔寨的产权制度和法治水平评级得分呈水平趋势，越南与老挝之间、老挝与柬埔寨之间均只相差了 0.5 分，三者的产权制度和法治水平评级得分由高到低依次为：越南、老挝、柬埔寨。

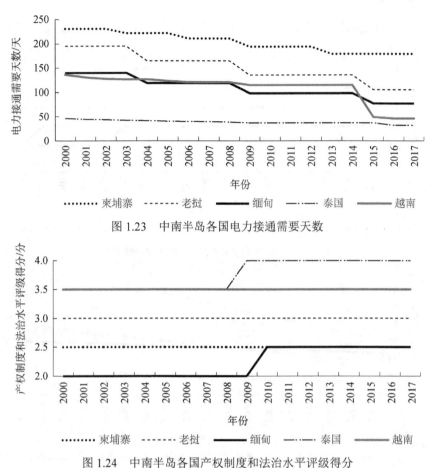

图 1.23　中南半岛各国电力接通需要天数

图 1.24　中南半岛各国产权制度和法治水平评级得分

（七）营商管制环境评级

由图 1.25 可知，在中南半岛各国中，泰国关于营商管制环境评级的得分最高，最高分达到了 4.5 分；缅甸在中南半岛各国中关于营商管制环境评级的得分最低，最低分达到了 2.5 分。越南在中南半岛的各国中关于营商管制环境评级的得分呈水平发展趋势，在中南半岛的各国中排名第二。老挝的营商管制环境评级得分自 2010 年后进步了 0.5 分，随后在 2017 年又下降了 0.5 分；柬埔寨的营商管制环境评级得分在 2014～2017 年持续退步了 1 分。

（八）城市化率

图 1.26 显示，泰国的城市化率相对于中南半岛的其余国家的城市化率要高许多，最高点为 49.2%。柬埔寨的城市化率相对于中南半岛的其余国家的城市化率要低许多，最低点至 18.6%。研究期内，中南半岛各国的城市化率都呈上升的

趋势，上升速度由快到慢依次为：泰国、越南、老挝、柬埔寨、缅甸。

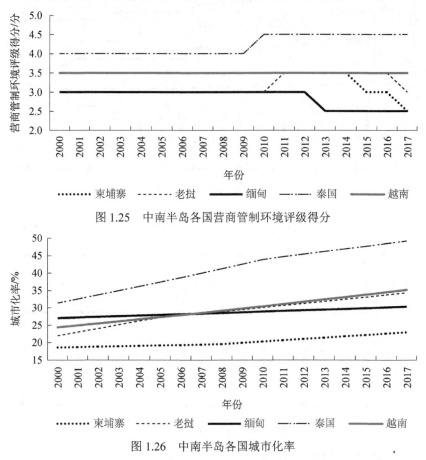

图 1.25　中南半岛各国营商管制环境评级得分

图 1.26　中南半岛各国城市化率

（九）制造业适用加权平均关税税率

由图 1.27 可以看出，2000～2017 年，柬埔寨制造业适用加权平均关税税率年平均最高，自 2003 年阶梯式下降到 2014 年的 4.09%，随后上升到 2016 年的 9.71%。缅甸制造业适用加权平均关税税率年平均最低，2000～2011 年缓慢下降，随后在 6% 左右波动。泰国与越南制造业适用加权平均关税税率总体下降趋势明显。老挝制造业适用加权平均关税税率在 2008 年达到第一个高峰 12.63%，在 2015 年达到了第二个高峰 14.31%。

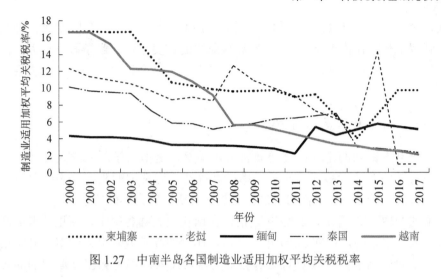

图 1.27　中南半岛各国制造业适用加权平均关税税率

第二节　科技创新人力基础比较研究

科技创新人力基础指实际从事或有潜力从事系统性科学和技术知识的产生、促进、传播和应用活动的人力资源，主要指接受过教育尤其是高等教育的人员。人力资源是科技创新的主体，是创新活动中最活跃、最重要的因素，对经济和社会发展有着战略性和决定性的影响。

选定高等教育毛入学率、成年人识字率、教育支出占 GDP 比例 3 个指标度量科技创新人力基础。

一、南亚次大陆科技创新人力基础比较研究

研究南亚次大陆科技创新人力基础离不开分析南亚次大陆整体的教育发展状况，整体上分析南亚次大陆各国的教育发展，可以从南亚区域合作联盟（South Asian Association for Regional Cooperation，SAARC）教育倡议入手。南亚区域合作联盟成立于 1985 年，该组织现已发展成一个完全由发展中国家组成的区域一体化国际组织。但迄今，该组织并没有取得较为杰出的合作成果，南亚自身在社会文化历史、种族宗教等方面的复杂性，导致了较大的贫富差距、社会政治不公平等一系列严重的社会问题，而人口教育及文化水平问题是南亚区域合作联盟国家社会经济持续高速、优质发展的最大瓶颈。2013 年 6 月，由南亚国家商品展更名的首届中国-南亚博览会在昆明举行，该博览会每两年举行

一次，至今已举办五届①。2014 年，第二届南亚区域合作联盟国家教育部长会议，强调了教育在南亚 2015 年后发展事业中的重要地位，赋予教育更大的优先发展权，以此实现南亚教育的进步②。如能有效实施会议提出的倡议，将会显著改善南亚国家科技创新人力基础。

（一）高等教育毛入学率

按照世界银行的定义：高等教育毛入学率，是指大学总入学人数（不论年龄）与官方公布的适龄人口数的比率。高等教育通常把顺利完成中学阶段的教育作为入学的最低条件，而对候选人是否具有研究能力不做要求。

由图 1.28 可以看出，2009 年之前，在南亚次大陆各国中，斯里兰卡的高等教育毛入学率最高。但在 2009 年及之后，印度的高等教育毛入学率上升为第一位，这主要归因于印度政府对高等教育的持续投入。不丹和巴基斯坦的高等教育毛入学率较低。整体上看，南亚次大陆各国的高等教育毛入学率均呈上升趋势。

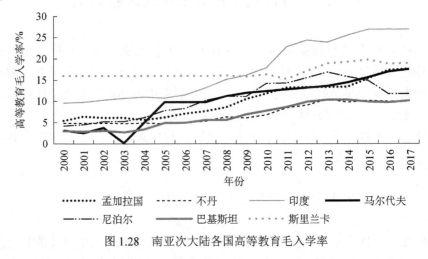

图 1.28　南亚次大陆各国高等教育毛入学率

（二）成年人识字率

按照世界银行的定义：成年人识字率，是指 15 岁及以上、能够读写并理解日常交流中常用的简短语句人口占总人口的百分比。

由图 1.29 可以看出，在南亚次大陆各国中，马尔代夫的成年人识字率最

---

① 原定于 2020 年 6 月 14～20 日在昆明滇池国际会展中心举办的第六届博览会因疫情防控需要而取消，第 6 届博览会计划到 2022 年 11 月在昆明举行。

② 杨成明，和震. 南亚全民教育发展：现状、愿景及挑战——基于 SAARC 国家 2000—2015 教育数据与 UNESCO 最新政策的分析. 外国教育研究，2017（7）：98-114.

高，其次是斯里兰卡，排名第三的则是印度。南亚次大陆各国的成年人识字率总体都呈上升趋势，其中印度和孟加拉国的上升速度最快。不丹和巴基斯坦的成年人识字率在 45%～61% 波动，尼泊尔的成年人识字率在 45%～65% 波动。

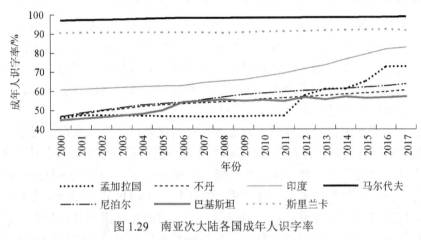

图 1.29　南亚次大陆各国成年人识字率

（三）教育支出占 GDP 比例

按照世界银行的定义：教育支出占 GDP 比例，是指在教育方面投入的费用占国家 GDP 的百分比，以中央政府及地方政府的教育经费支出（流动资金、资本和转移支付）占 GDP 的百分比表示，包括国际渠道向各级政府转移的教育资金。

由图 1.30 可知，总体来看，在南亚次大陆的各国中，不丹的教育支出占 GDP 比例最高，最高点至 7.4%。斯里兰卡、孟加拉国与巴基斯坦的教育支出占 GDP 比例较低。印度的教育支出占 GDP 比例呈整体上开口向上的抛物线形变化，变化范围在 3%～5%。尼泊尔的教育支出占 GDP 比例在 2.9%～5.1% 波动，马尔代夫的教育支出占 GDP 比例在 3.4%～6% 波动。

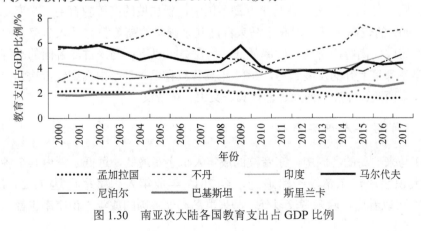

图 1.30　南亚次大陆各国教育支出占 GDP 比例

二、马来群岛科技创新人力基础比较研究

研究马来群岛各国的科技创新人力基础，从东盟角度分析是一个合适的选择。东盟是 1967 年成立的东南亚国家联盟的简称，其从最初的抱团发展到目前的一体化进程，深刻影响了域内各国社会经济的各个方面。教育方面的发展也是东盟关系的主要议题之一，通过定期的东南亚教育部长组织会议和东盟教育部长会议商议教育方面的合作与交流，东盟各国达成共同遵守的规范、协议或条约，进而建立东盟高等教育组织或机构。

由于东盟各国国情差异巨大，各国存在地理环境、资源状况、民族构成和历史发展水平等差异，虽经历 50 多年的建设，但目前东盟各国高等教育水平仍参差不齐，高等教育一体化是一个困难而复杂的过程，一体化进程还在路上。从高等教育毛入学率、成年人识字率、教育支出占 GDP 比例等指标来看，马来群岛六国虽有相同的发展趋势，但差距还是非常明显，因此科技创新人力基础存在显著差距，既有各项指标都显著优秀的新加坡，也有各项指标都较差的东帝汶。

截至 2022 年 10 月，东帝汶是东南亚国家中唯一还未加入东盟的国家，目前仍被列为东盟观察员国，自 2002 年独立以来，该国历届政府为实现加入东盟的目标做出了诸多努力。东帝汶加入东盟面临的障碍包括经济脆弱、社会发展落后、人力资源匮乏、国家能力有限、政治和社会问题丛生等。但东帝汶加入东盟也存在有利因素，东帝汶政府正从国家层面积极推动自身建设和发展，正寻求进一步加强与东盟各国的合作，以及域外大国和有关组织机构的帮助，东帝汶离加入东盟目标已越来越近。

（一）高等教育毛入学率

由图 1.31 可以看出，在马来群岛各国中，新加坡的高等教育毛入学率稳定在 80%～90% 的较高水平，远高于马来群岛其余国家的高等教育毛入学率。总体来看，东帝汶的高等教育毛入学率最低，仍在 20% 以下；马来群岛各国的高等教育毛入学率都呈上升的发展趋势，2017 年高等教育毛入学率由高到低依次为：新加坡、马来西亚、印度尼西亚、菲律宾、文莱、东帝汶。

（二）成年人识字率

在马来群岛的各国中，东帝汶的成年人识字率最低，远低于域内其余各国的成年人识字率，东帝汶一路追赶，至 2017 年成年人识字率已达 71.23%。由图 1.32 可以看出，除东帝汶以外，马来群岛其他各国的成年人识字率也都呈上升

趋势。总体来看，马来群岛各国的成年人识字率由高到低依次为：新加坡、文莱、菲律宾、印度尼西亚、马来西亚、东帝汶。

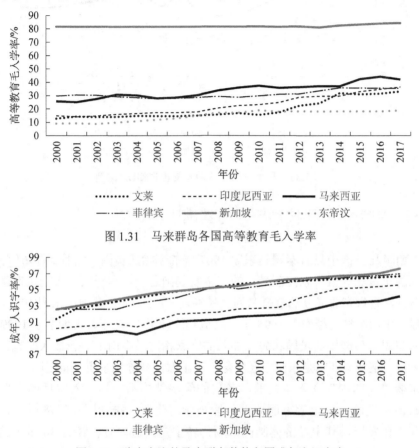

图 1.31　马来群岛各国高等教育毛入学率

图 1.32　除东帝汶外马来群岛其他各国成年人识字率

（三）教育支出占 GDP 比例

由图 1.33 可知，在马来群岛各国中，马来西亚的教育支出占 GDP 比例最高，最高点至 7.66%；东帝汶的教育支出占 GDP 比例最低，最低点至 1.25%。新加坡的教育支出占 GDP 比例在 2.7%～4.1%波动，印度尼西亚的教育支出占 GDP 比例在 2.5%～3.5%上下波动，菲律宾的教育支出占 GDP 比例在 2.4%～3.6%波动。文莱在 2010 年及之前呈下降趋势，2010 年之后总体呈上升趋势，2016 年上升至 4.43%。

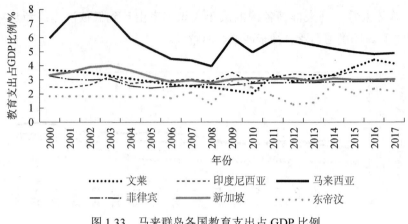

图 1.33　马来群岛各国教育支出占 GDP 比例

三、中南半岛科技创新人力基础比较研究

中南半岛五国中只有泰国是东盟 1967 年的创始成员国，而且是 1961 年在曼谷成立的东南亚联盟（东盟前身）的三个发起国之一，东盟成立大会也在泰国的曼谷召开，宣告东盟成立的宣言名为《曼谷宣言》，因此，泰国在东盟中的地位非同一般。中南半岛的越南于 1995 年、老挝和缅甸于 1997 年、柬埔寨于 1999 年相继加入东盟。与创始成员国和先期加入的国家相比，中南半岛新加入的越南、缅甸、老挝、柬埔寨四国是东盟中经济落后的国家，被称为东盟"新四国"。

东盟"新四国"在入盟之前，各自的经济结构不一样，入盟后的主要任务是从政治、经济、安全等方面向其他盟员学习借鉴，推动国家经济增长、社会进步和文化发展，其中经济体制向市场化转型是关键内容。经过 30 多年的转型发展，四国都取得了显著进步，并促成第二十七届东盟峰会于 2015 年 11 月召开，会议宣布东盟共同体将于 2015 年 12 月 31 日正式成立。除了经济体制市场化改革之外，四国在教育方面也取得显著发展，高等教育毛入学率、成年人识字率、教育支出占 GDP 比例等科技创新人力基础指标与东盟老成员国的差距正在缩小。

（一）高等教育毛入学率

由图 1.34 可知，总体来看，泰国的高等教育毛入学率最高，远高于中南半岛其他国家。越南的高等教育毛入学率排名第二。柬埔寨的高等教育毛入学率最低。中南半岛各国的高等教育毛入学率都呈上升趋势，上升速度由快到慢依次为：越南、泰国、老挝、柬埔寨、缅甸。

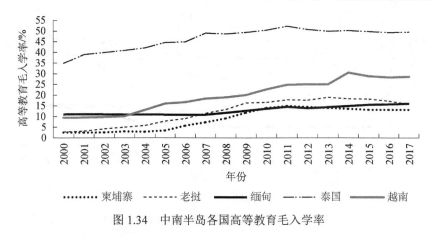

图 1.34　中南半岛各国高等教育毛入学率

（二）成年人识字率

由图 1.35 可知，总体来看，在中南半岛各国中，泰国的成年人识字率最高，越南排名第二。缅甸、老挝和柬埔寨的成年人识字率都呈上升的趋势，其中上升速度最快的是老挝，其次是柬埔寨，最后是缅甸。2017 年，中南半岛各国的成年人识字率由高到低依次为：泰国、越南、老挝、柬埔寨、缅甸。

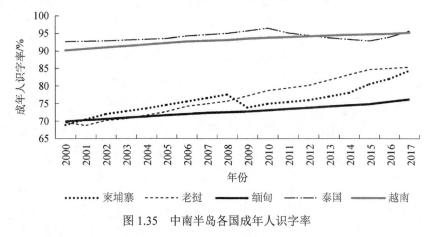

图 1.35　中南半岛各国成年人识字率

（三）教育支出占 GDP 比例

由图 1.36 可知，在中南半岛各国中，泰国和越南的教育支出占 GDP 比例远高于中南半岛的其余国家。同时，在中南半岛的各国中，缅甸的教育支出占 GDP 比例最低，最低点至 0.6%。老挝的教育支出占 GDP 比例总体高于柬埔寨。

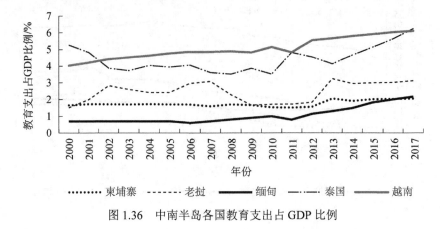

图 1.36 中南半岛各国教育支出占 GDP 比例

第二章
科技创新投入比较研究

科技创新投入反映国家对创新活动的资源投入力度，包括资金投入和人力投入，其中资金投入转化成从事科技活动的经费支出，如购买固定资产的支出、劳务费支出等，人力投入转化成从事科技活动人员的工时支出等①。

第一节　科技创新人力投入比较研究

拥有一定知识、技术与能力的劳动力即人力资本是进行科技创新的重要源泉之一。人力资本引起物质资本、资金和技术投入的增加，是推动科技创新的基础力量，从而促进基础科学进步、新技术发明和制度创新，导致要素投入状况的改变及其使用效率的提高。人力资本的积累类似于能量积累，一旦达到相当程度并得以释放，就会出现科技创新、生产率提高和社会文明进步，全面提高生产过程中物与人两类因素的效率。

选定百万人口 R&D 科学家数、百万人口 R&D 工程技术人员数、接受过高等教育人口的劳动参与率 3 个指标度量科技创新人力投入。

一、南亚次大陆科技创新人力投入比较研究

一国科技创新人才的多寡与该国的高等教育普及程度高度相关。第二次世界大战后，南亚次大陆各国独立兴办教育，其高等教育发展差异很大，造成了科技创新人才数量和质量上的差异。印度比较重视高等教育，其培养的软件工程师全球知名，但其中小学教育发展不平衡、不充分的问题非常突出，大部分人受教育年限不高。印巴分治后，巴基斯坦仅继承了英国殖民期间建立的 21 所

---

① 曹志来. 科技创新投入产出绩效的评价与解析：基于东北三省一区的相对分析. 东北亚论坛，2008（4）：63-64.

大学中的旁遮普大学，在后来的独立办学中，虽然高等教育取得长足进展，但仍然比不上印度。马尔代夫的各类学校都采用英语教学，国内可提供的最高学历证书为伦敦高级水平普通证书，其国内仅有一所大学—马尔代夫国立大学，大学教育基本采用留学方式实施。山地国家尼泊尔仅有 5 所大学，由于尼泊尔的高校数量较少，且高等教育发展水平有待提高，尚难以满足本国人才求学的需要，因此，出境留学是尼泊尔学生的一大求学选择。因为尼泊尔采用的是英式教育，所以北美、西欧等地的发达国家更多地受到尼泊尔留学生的青睐。

在英国《泰晤士高等教育》发布的 2019 年亚洲大学前 100 名排名中，除印度入选 8 所大学外，其余南亚次大陆国家无一入选，印度入选大学排名如下，印度科学研究所排 29 位，印度理工学院印多尔分校排第 50 位，印度理工学院孟买分校排第 54 位，印度理工学院卢克里分校排第 55 位，印度圣加索瓦高等教育和研究学院排第 62 位，印度理工学院卡拉格普尔分校排第 76 位、印度理工学院坎普尔分校排第 81 位、印度理工学院德里分校排第 91 位①。

（一）百万人口 R&D 科学家数

按照世界银行的定义，百万人口 R&D 科学家数是指百万人口中从事 R&D 的研究人员数量，这里的研究人员指那些专门从事科学理论研究、技术仪器模型改进或操作方法软件开发的专业人员。R&D 包括基础研究、应用研究和实验开发。

图 2.1 显示，南亚次大陆七国中，巴基斯坦和印度两国的百万人口 R&D 科学家数最多，处于南亚诸国中的领先位置，且从 2000 年以来，大体上呈现上升的趋势。山地国家尼泊尔和不丹，百万人口 R&D 科学家数较少，基本处于南亚次大陆的末尾，但也有缓慢增加的趋势。岛国斯里兰卡和马尔代夫显得比较平稳，变化幅度不大，百万人口 R&D 科学家数在 100 人左右波动。孟加拉国百万人口 R&D 科学家数在 2010 年之前波动中缓慢增加，但在 2010 年后有略微下降的趋势。

（二）百万人口 R&D 工程技术人员数

按照世界银行的定义，百万人口 R&D 工程技术人员数是指百万人口中参与 R&D 的工程技术人员数量，这里的工程技术人员指那些将科学家研究的理论、改进的技术仪器模型、开发的软件操作方法等应用到生产实践活动的专业人员，通常情况下，需要在科学家的指导下完成这些科学技术任务。

① 《泰晤士高等教育》2019 年亚洲大学排名．https://www.timeshighereducation.com/cn/world-university-rankings/2019/regional-ranking#!/page/0/length/25/sort_by/rank/sort_order/asc/cols/stats[2021-09-01].

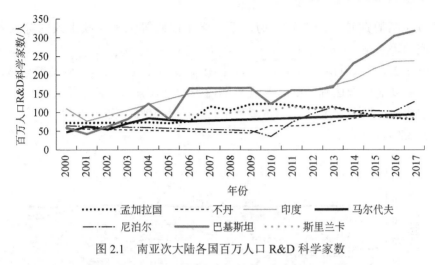

图 2.1　南亚次大陆各国百万人口 R&D 科学家数

图 2.2 显示，印度百万人口 R&D 工程技术人员数在南亚次大陆中一直稳居第一位，且变化幅度不大，马尔代夫、尼泊尔、不丹等国则处于南亚次大陆的末尾。孟加拉国和斯里兰卡百万人口 R&D 工程技术人员数处于中游水平，在40～100 人。

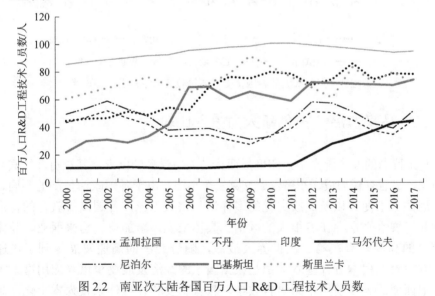

图 2.2　南亚次大陆各国百万人口 R&D 工程技术人员数

（三）接受过高等教育人口的劳动参与率

按照世界银行的定义，接受过高等教育人口的劳动参与率是指接受过高等教育的劳动力占全部劳动力的百分比。根据《国际教育标准分类 2011》（the International Standard Classification of Education 2011，ISCED 2011），高等教育包括周期较短的专科学历水平、学士或同等水平、硕士或同等水平、博士或同等水平。

由图2.3可以看出，南亚次大陆各国接受过高等教育人口的劳动参与率普遍不高，最高值还未达到70%，从观察期内平均值来看，总体水平较高的国家包括马尔代夫、斯里兰卡、孟加拉国和不丹，约为50%，巴基斯坦、印度、尼泊尔约为35%。

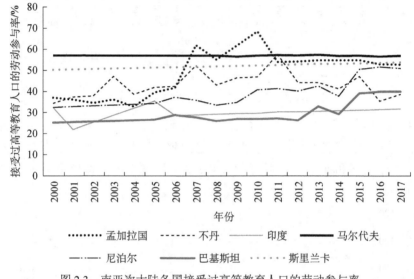

图2.3 南亚次大陆各国接受过高等教育人口的劳动参与率

二、马来群岛科技创新人力投入比较

马来群岛的6个国家中，印度尼西亚是人口最多的国家，其次有菲律宾、马来西亚，最后有新加坡、东帝汶、文莱三个小国。由于各国政治体制的不同、经济发展的不平衡，以及民族文化的多样性与宗教差异，各国高等教育的特点、体制和发展水平也存在着很大的区别。具体来说，新加坡、马来西亚、菲律宾等国家的高等教育在第二次世界大战后，随着经济的高速发展得到了快速提升，其教育的根本方针基本上都是根据国家的经济发展要求培养应用型人才。印度尼西亚的大学使用本国语言教学，教育制度和课程体系较为本土化，高等教育较为落后。

在英国《泰晤士高等教育》发布的2019年亚洲大学前100名排名中，马来群岛六国共有5所大学入选，入选大学如下：新加坡国立大学列第2位，新加坡南洋理工大学列第6位，马来西亚大学列第38位，菲律宾大学列第95位，马来西亚国油大学列第 98 位①。

（一）百万人口 R&D 科学家数

2000～2017 年，新加坡百万人口 R&D 科学家数一直在持续增加，2017 年已超过 7000 人，是马来群岛各国的领先国。图 2.4 显示，东帝汶、印度尼西亚、文莱、菲律宾等国的百万人口 R&D 科学家数较少，属于马来群岛各国的后进者。2002 年以前，马来西亚处于后进者，2002～2008 年，该国的百万人口 R&D 科学家数在 296～603 人波动，2008 年后快速上升，2017 年达到 2700 人左右。

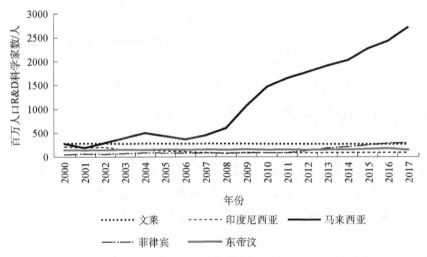

图 2.4　除新加坡外马来群岛其他各国百万人口 R&D 科学家数

（二）百万人口 R&D 工程技术人员数

图 2.5 显示，新加坡百万人口 R&D 工程技术人员数显著高于其他 5 个国家，虽然在 2008 年后呈下降趋势，但仍然远高于其他国家。菲律宾自 2011 年起呈上升趋势，但是菲律宾百万人口 R&D 工程技术人员数的情况不容乐观，仍远低于马来群岛其余国家。印度尼西亚百万人口 R&D 工程技术人员数相对保持平衡，在 100 人左右上下浮动，文莱于 2011 年以前保持相对稳定状态，在 180 人左右上下浮动，2011 年人数有所上升，但 2011～2016 年保持下降状态，直至 2017 年有所上升。马来西亚在 2007 年前保持相对稳定状态，在 60 人左右浮动，2008～2014 年保持上升状态，2015 年有所下降，但之后依然保持上升状态。

---

① 《泰晤士高等教育》2019 年亚洲大学排名. https://www.timeshighereducation.com/cn/world-university-rankings/2019/regional-ranking#!/page/0/length/25/sort_by/rank/sort_order/asc/cols/stats[2021-09-01].

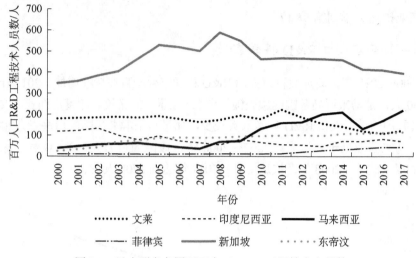

图 2.5　马来群岛各国百万人口 R&D 工程技术人员数

（三）接受过高等教育人口的劳动参与率

图 2.6 显示，新加坡接受过高等教育人口的劳动参与率一直稳居马来群岛第一位，且波动范围不大。马来西亚和菲律宾接受过高等教育人口的劳动参与率比较低，在 60% 上下浮动。2017 年各国家接受过高等教育人口的劳动参与率由高到低排名依次为新加坡、文莱、印度尼西亚、马来西亚、东帝汶和菲律宾。

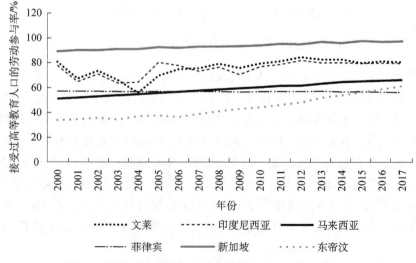

图 2.6　马来群岛各国接受过高等教育人口的劳动参与率

三、中南半岛科技创新人力投入比较

泰国文化深受西方发达国家影响，采用与英美等西方发达国家联合办学的方式，其教育制度、课程体系与西方发达国家接轨，采用英语教学，国际化程度较高。越南、老挝、柬埔寨和缅甸等国由于经济发展水平相对落后，其高等教育发展水平相对较低。

在英国《泰晤士高等教育》发布的 2019 年亚洲大学前 200 名排名中，除泰国入选 2 所大学外，其他中南半岛国家无一入选，泰国入选大学的排名如下：泰国玛希隆大学排第 104 位，朱拉隆功大学排第 176 位。

（一）百万人口 R&D 科学家数

图 2.7 显示，泰国和越南在中南半岛各国家百万人口 R&D 科学家数中处于领先位置，并总体呈上升趋势。截至 2017 年，泰国的百万人口 R&D 科学家数最多，超过 1000 人；其次是越南，接近 800 人；老挝、柬埔寨和缅甸的百万人口 R&D 科学家数明显较少，不足 200 人，处于中南半岛各国的末尾。

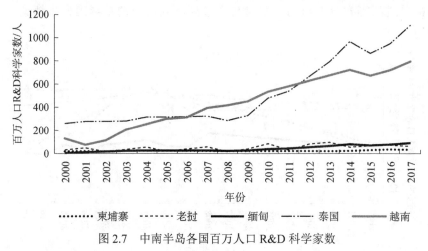

图 2.7　中南半岛各国百万人口 R&D 科学家数

（二）百万人口 R&D 工程技术人员数

图 2.8 显示，总体来看，泰国百万人口 R&D 工程技术人员数在中南半岛处于领先位置，柬埔寨处于末尾，缅甸、越南、老挝处于中间位置。2000～2017年，中南半岛 5 个国家的百万人口 R&D 工程技术人员数总体上呈上升趋势。

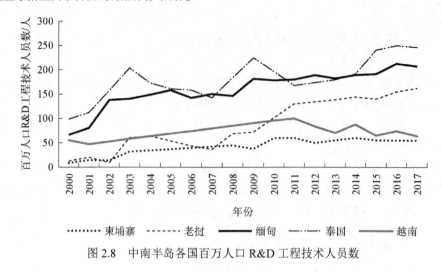

图 2.8   中南半岛各国百万人口 R&D 工程技术人员数

（三）接受过高等教育人口的劳动参与率

图 2.9 显示，中南半岛各国接受过高等教育人口的劳动参与率保持在较高水平，其中越南保持在 88% 左右，最低的缅甸也于 2008 年达到 66%。2017 年，越南接受过高等教育人口的劳动参与率最高，其后分别是泰国、柬埔寨、老挝和缅甸。

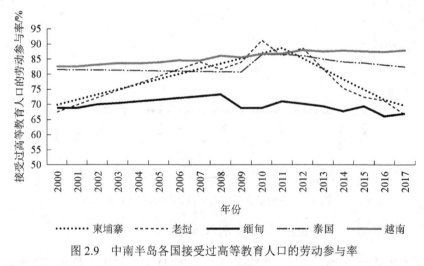

图 2.9   中南半岛各国接受过高等教育人口的劳动参与率

第二节   科技创新资金投入比较研究

从经济学角度来看，科技创新是一项具有高度外部性的活动，因此具有很强的公共品特征，仅靠市场很难使创新活动处于社会需求的最优水平。科技创新需要有良好的环境和一定的外部支持，环境主要靠政府的政策创造，支持也在一定程度上依靠政府。

随着科技进步对经济增长的作用日益突出，财政支持创新成为世界上大多数国家政府的客观选择。政府支持科技创新主要是通过财政政策干预市场中的 R&D 来实现的。R&D 是指为了增加知识的总量，包括有关人类、文化和社会方面的知识以及运用这些知识去创造新的应用而进行的系统的、创造性的工作。它不仅是科技知识的源泉，也是科技创新的重要方式。在经济全球化和科技国际化趋势更加明显的今天，作为国际竞争力核心要素之一，它越来越受到世界各国的广泛关注[1]。

选定 R&D 经费占 GDP 比例与投入 R&D 的企业占比 2 个指标度量科技创新资金投入。R&D 经费指统计年度内全社会实际用于基础研究、应用研究和试验发展的经费支出，包括实际用于研究与试验发展活动的人员劳务费、原材料费、固定资产购建费、管理费及其他费用支出。

一、南亚次大陆科技创新资金投入比较研究

凭借个人力量在实验室甚至在自己家里就能做出科研成果的时代一去不复返了，现代的科学研究与开发，越来越依赖大规模的资本投入和大规模的团队协作，对资金丰裕和人口众多的大国和大公司越来越有利。就全球范围来说，大型的、有技术门槛的中高端产业，基本都被大国占据。尽管如此，无论国家大小，投入研发的经费是国家科技创新的物质保障，而投入经费的多少取决于经济的发展程度，两者互为因果。

南亚是世界上贫困人口集中区域之一，加速经济发展依然是南亚国家的主要任务。但是，由于各种原因的影响，南亚国家在经济发展中仍将面临诸多问题。如印度自 1991 年开始经济自由化改革至今，GDP 年均增长率接近 6%，近 30 年的经济较高速增长，使得其外汇储备增加，经济也变得更加开放，但印度的通货膨胀和国际收支失衡导致其经济频繁波动，而经济结构落后，尤其是制造业发展不充分是其经济频繁波动的根本原因，印度经济依然没有摆脱它头上的"紧箍咒"[2]。

由于长期内战，在 20 世纪末全球化浪潮中，斯里兰卡没能有效利用本国的

① 洪荭. 从 R&D 资金投入看财政对科技创新的支持. 北京工业大学学报（社会科学版），2007，7（6）：14-19，24.
② 刘小雪. 从印度经济增长瓶颈看莫迪改革的方向、挑战及应对. 南亚研究，2017（4）：134-150，155.

地缘位置优势，错过了将自身打造为"印度洋贸易中心"和"东西方连接点"的机遇。2009 年内战结束后，经济重建成为斯里兰卡政府的执政主题。时任总统拉贾帕克萨提出"马欣达愿景"，启动了包括科伦坡南港、汉班托塔港和班达拉奈克国际机场扩建，以及诺罗霍莱燃煤发电厂和科伦坡—卡图纳亚克高速公路建设等多项大型基础设施项目，计划将斯里兰卡建设成为区域航空、投资、商业、能源和知识轴心。2015 年新总统西里塞纳上台后，虽批评拉贾帕克萨大量借债的行为，但其也提出"愿景 2025"计划，认为"不充分的基础设施对斯里兰卡经济增长构成严重阻碍"，将道路、西部大都市发展项目、工业区建设项目和液化天然气站项目等作为建设重点。内战结束以来，斯里兰卡经济走上快速增长的轨道，与之相伴的是斯里兰卡外债规模的不断攀升、负担的日益加重和风险的逐渐累积，外债问题成为困扰斯里兰卡经济的一大难题[①]。

（一）R&D 经费占 GDP 比例

按照世界银行的定义，R&D 经费占 GDP 比例是指研究与开发的国内支出占 GDP 的百分比，主要包括企业、政府、高校和非营利私人机构中用于研究与开发的固定资产购买费用和经常性支出两部分。

图 2.10 显示，印度 R&D 经费占 GDP 比例在南亚次大陆处于领先位置，远超南亚次大陆的其他国家，为 0.6%～0.9%。具体来看，从 2000～2008 年，孟加拉国、斯里兰卡、尼泊尔、不丹与马尔代夫的 R&D 经费占 GDP 比例一直保持稳定的发展趋势，其 R&D 经费占 GDP 比例小于 0.2%。但在 2007～2009

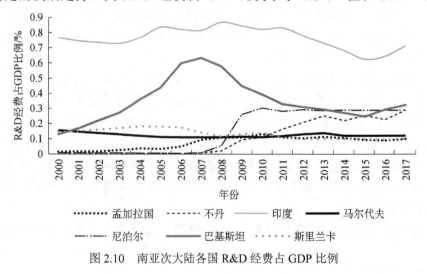

图 2.10　南亚次大陆各国 R&D 经费占 GDP 比例

---

① 宁胜男. 斯里兰卡外债问题现状、实质与影响. 印度洋经济体研究，2018（4）：88-103，139-140.

年，尼泊尔的 R&D 经费占 GDP 比例上升了近 0.3%；不丹的 R&D 经费占 GDP 比例自 2008 年之后总体呈渐进式上升。2000~2007 年，巴基斯坦的 R&D 经费占 GDP 比例呈明显的上升趋势。从 2007 年之后，巴基斯坦的 R&D 经费占 GDP 比例开始下降，至 2015 年后又有轻微的好转。

（二）投入 R&D 的企业占比

按照世界银行的定义，投入 R&D 的企业占比是指在研究与开发方面有投入的企业占全部企业的百分比。

从图 2.11 可知，印度投入 R&D 的企业占比在南亚次大陆各国中处于领先位置，不丹处于末尾；南亚次大陆各国投入 R&D 的企业占比都呈上升趋势。分年度来看，2000~2008 年尼泊尔与不丹投入 R&D 的企业占比呈稳定的水平发展趋势，2008 年以后尼泊尔与不丹投入 R&D 的企业占比呈缓慢的上升趋势。南亚次大陆 2000~2017 年各国投入 R&D 的企业占比年平均比例由多到少依次排序为：印度、巴基斯坦、马尔代夫、孟加拉国、斯里兰卡、尼泊尔、不丹。

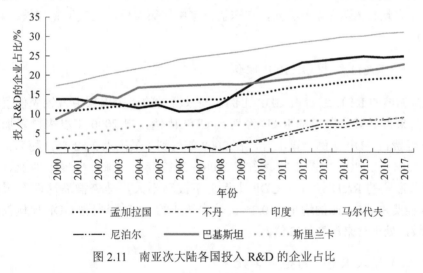

图 2.11　南亚次大陆各国投入 R&D 的企业占比

二、马来群岛科技创新资金投入比较研究

1967 年，东盟在泰国曼谷成立。截至 2022 年 10 月，除东帝汶以外，马来群岛和中南半岛的其他 10 个国家都已是成员国。东盟的宗旨和目标是共同促进本地区经济增长、社会进步和文化发展，为建立一个繁荣、和平的东南亚国家共同体奠定基础，以促进本地区的和平与稳定。2019 年，东盟秘书处发

布的《东盟融合报告》指出，东盟以 3 万亿美元的体量跃升为全球第五大经济体，根据世界经济论坛等机构的测算，到 2030 年，东盟将成为世界第四大经济体，极大改变全球经济版图。21 世纪以来，由于贸易和投资的大幅度增加以及内需的逐步加大，东盟经济整体上处于稳步增长的轨道，增长率为 2.5%～4.5%①。

第二次世界大战后，世界进入和平发展的新时期，很多的国家和地区都开始了经济的高速发展，尤其是在东亚、东南亚有很多的经济体迅速崛起，如包括新加坡在内的"亚洲四小龙"，起飞早、体量小、受中华文化影响深等因素，已经成长为了世界发达经济体。马来群岛的菲律宾、马来西亚和印度尼西亚以及中南半岛的泰国"亚洲四小虎"，一开始经济发展都很迅猛，齐头并进，但是后来菲律宾和印度尼西亚没有保持住增长势头，仍然属于中低收入国家，只有马来西亚继续保持着发展势头。

文莱是东盟人口最少的国家，国土面积为 5765 平方公里，2020 年人口仅为 43.75 万人，经济以石油天然气产业为支柱，非油气产业如制造业、建筑业、金融业，以及农、林、渔业等均不发达。由于近年来文莱政府力推经济多元化，其服务业发展也较快，2016 年服务业占经济总量的 43%。文莱是高收入国家，2016 年人均收入为 2.4 万美元，在东盟国家中居第二位，仅次于新加坡（4.5 万美元）。

（一）R&D 经费占 GDP 比例

新加坡的 R&D 经费占 GDP 比例在马来群岛的诸多国家中占领先位置，远超于马来群岛其余国家的 R&D 经费占 GDP 比例，自 2000 年以来，新加坡的 R&D 经费占 GDP 比例一直上升，在 2008 年达到了最高点 2.621%，随后一直维持在 2.0%～2.5%。由图 2.12 可知，2000～2017 年，文莱、印度尼西亚、菲律宾与东帝汶的 R&D 经费占 GDP 比例上下波动不大，马来群岛这四个国家的 R&D 经费占 GDP 比例均小于 0.2%。马来西亚的 R&D 经费占 GDP 比例仅次于新加坡，处于马来群岛第二位。

（二）投入 R&D 的企业占比

由图 2.13 可知，新加坡投入 R&D 的企业占比在马来群岛中处于领先位置，印度尼西亚处于末尾。同时，印度尼西亚在 2000～2017 年投入 R&D 的企业占比呈水平发展趋势。总体上看，马来群岛各国投入 R&D 的企业占比由多到少依次是：新加坡、菲律宾、东帝汶、马来西亚、文莱、印度尼西亚。

---

① 陈迎春. 东盟经济分析与展望//中国国际经济交流中心. 国际经济分析与展望（2017～2018）. 北京：社会科学文献出版社，2018：107-123.

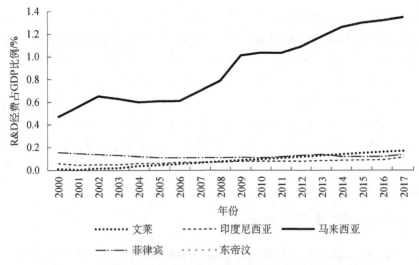

图 2.12　除新加坡外马来群岛其他各国 R&D 经费占 GDP 比例

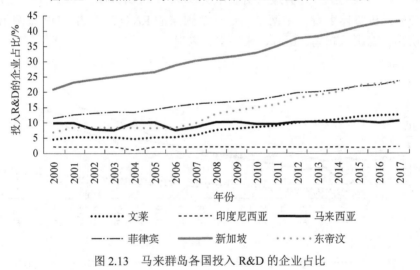

图 2.13　马来群岛各国投入 R&D 的企业占比

三、中南半岛科技创新资金投入比较研究

中南半岛的泰国归属于"亚洲四小虎",从经济起飞以后一直能够保持平稳"飞行"状态。近年来,泰国经济处于复苏之中。2016 年,泰国经济增长率为 3.2%,消费者价格指数变化几乎为 0,再加上失业率仅为 1%,泰国社会保持稳定的状态。泰国是中上等收入国家(2016 年人均 GDP 超过 5900 美元),有望在未来十年内跨入高收入国家行列①。

①　世界银行. https://data.worldbank.org.cn/country/%E6%B3%B0%E5%9B%BD[2021-09-01].

其他四个中南半岛国家经济一直未能平稳发展。近年来，柬埔寨积极发展农业、制造业、建筑业和旅游业，大力改善营商环境，建立经济特区来吸引外商直接投资，促进了宏观经济的稳定增长，经济增长保持着较高的速度。柬埔寨从亚洲最贫穷的国家之一发展为经济增长最快的国家之一，人均 GDP 已从 1995 年的 342 美元（2010 年不变价）上升到 2017 年的 1137 美元（2010 年不变价），22 年内增长了 2.3 倍，从最不发达国家成功升级为中低收入国家。但柬埔寨近几年来改革步伐有所放慢，没有从根本上摆脱贫穷和落后的状况，目前仍是落后的农业国，经济、教育、基础设施等方面仍然比较落后，对经济发展造成了阻碍。

（一）R&D 经费占 GDP 比例

从图 2.14 可知，中南半岛五个国家的 R&D 经费占 GDP 比例都呈上升趋势。其中，泰国的上升趋势最为明显，从 2000 年的 0.24%，一直上升到 2017 年的 0.63%。从整体上看，中南半岛这五个国家的 R&D 经费占 GDP 比例由多到少依次为：泰国、越南、缅甸、柬埔寨、老挝。

图 2.14　中南半岛各国 R&D 经费占 GDP 比例

（二）投入 R&D 的企业占比

由图 2.15 可知，总体来看，泰国投入 R&D 的企业占比在中南半岛中处于领先位置，缅甸处于末尾。缅甸投入 R&D 的企业占比在 2013 年以前呈水平发展状态。老挝在 2000~2017 年投入 R&D 的企业占比呈缓慢的上升趋势。越南与柬埔寨投入 R&D 的企业占比在 2009 年以前呈水平发展趋势，自 2009 年后开始显著上升。2000~2011 年泰国投入 R&D 的企业占比呈上升趋势，在 2011 年达到最高点 15.66%，2011 年之后一路下降到 2016 年的 11%，随后又开始上升。

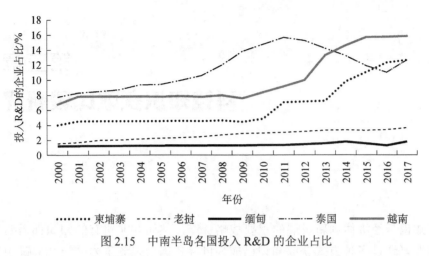

图 2.15　中南半岛各国投入 R&D 的企业占比

第三章
科技知识获取比较研究

知识是经济体创新发展的重要战略资产，然而并非所有的知识都需要在内部开发，通过多种方式获取知识已成为世界各国增强竞争力的一个关键因素。科技知识获取反映国家从外部获取科技知识的能力和向外传播科技知识的能力，包括科技合作、技术转移和外商直接投资（FDI）。

第一节　科技合作比较研究

通过开展科技合作来获取外部优质创新资源，实现科技资源的重新配置与组合，为本国科技进步和经济可持续发展奠定基础。科技合作的基础是必要的资源条件，南亚东南亚大部分国家都是发展中国家，资源、资金相对短缺，开展国际科技合作必须在先期获取一定的国际援助，而国际援助在第二次世界大战以后得到了空前发展。国际援助不仅形成了相当完备的国际体系，而且具有制度化、经常性、大规模的特点，援助内容既包括物质形式的资金、技术、物品、人力，也包括智力和信息等多种要素。

国际援助包含两类，第一类是国家间的政府开发援助，按援助方式可分为财政、技术、粮食等援助，财政援助所提供的资金或物资是为了帮助受援国开发经济或缓解政府的财政困难；技术援助主要是转让技术专利、培养技术人才、传授管理知识、提供咨询服务等；粮食援助有直接提供谷物的，也有为发展粮食生产而投资农业生产的。按使用方向，国家间的政府开发援助可分为项目援助和方案援助，前者是把援助资金或物资直接用于具体的援助项目，后者是向特定的经济发展计划提供援助①。

国际援助的第二类是指含赠予比例的官方发展援助，由经济合作与发展组

---

① 沈丹阳. 官方发展援助：作用、意义与目标. 国际经济合作，2005，（9）：30-32.

织（OECD）下的发展援助委员会[①]29 个成员方和 20 个非发展援助委员会国家和地区[②]及其他国际机构作为援助方。

选定收到的技术合作和转让补助金、收到的官方发展援助和官方资助净额两个指标度量科技合作。收到的技术合作和转让补助金属于国家间的政府开发援助，收到的官方发展援助和官方资助净额属于含赠予比例的官方发展援助。

一、南亚次大陆科技合作比较研究

南亚次大陆七国于 1985 年 12 月建立了南亚区域合作联盟（简称南盟），2005 年阿富汗被吸收为新成员。南盟是南亚次大陆纯粹的区域经济一体化组织，然而南盟自成立后一直缺乏活力，并没有向一体化方向发展。区域经济一体化对南亚小经济体尤为重要，南盟可以作为小成员国与区域外市场接轨的起点，进而为小成员国生产的多样化高附加值产品提供出口机遇；南盟成员国之间扩大贸易，则能推动小成员国加强基础设施的建设；小成员国还能因为加入南盟而受益于信息、技术和知识的外溢，以及国外直接投资的增加，为本国经济增添活力。

南盟的宗旨除了增进南亚次大陆各国人民的福祉并改善其生活质量，促进技术和科学的积极合作和相互支持也是其主要任务。但南盟成立 30 多年来，成员国之间的科技合作与交流没有取得预期的成效。

（一）收到的技术合作和转让补助金

按照世界银行的定义，收到的技术合作和转让补助金包括技术合作补助金和专门项目技术转让补助金，前者是指支持一国用于获取生产和管理的技巧或获取提升国家常规科技创新而非专门用于某项投资的技术的补助金，后者指支持一国用于获取专门用于某类投资项目的技术转让补助金，数据用现价美元表示，以"亿美元"为单位。收到的技术合作和转让补助金收集了发展援助委员会 29 个成员方和 20 个非发展援助委员会国家和地区对相关国家的援助数据。

如图 3.1 所示，在收到的技术合作和转让补助金方面，印度一直处于南亚次大陆的领先地位，不过波动较大，出现了两次尖峰，在 2003 年和 2014 年超过

---

① 发展援助委员会（Development Assistance Committee，DAC），是经济合作与发展组织属下的委员会之一，该委员会负责协调向发展中国家提供官方发展援助，是国际社会援助发展中国家的核心机构，是向全球提供 90%以上援助的组织，被称为"援助国俱乐部"。

② 既遵循发展援助委员会的相关对外援助规则，同时也向 OECD 报告其对外援助情况的非发展援助委员会国家和地区，共 20 个。

了4亿美元。巴基斯坦也有较大波动，但整体来看呈上升状态，并在2011年后在南亚次大陆各国中位居第二，仅次于印度。马尔代夫和不丹作为小国的代表，其收到的技术合作和转让补助金都较低，且处于平稳状态。斯里兰卡和尼泊尔的数值也比较平稳，二者仅有较小的波动。孟加拉国也处于波动之中，2000～2005年处于南亚次大陆第二位，仅次于印度，但其缺乏持久性，在2010年后被巴基斯坦超越。

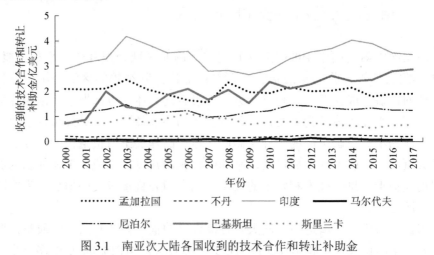

图3.1　南亚次大陆各国收到的技术合作和转让补助金

（二）收到的官方发展援助和官方资助净额

按照世界银行的定义，官方发展援助（official development assistance，ODA）净额是指发展援助委员会成员方、非发展援助委员会国家和地区，以及其他多边机构为促进及提高ODA受援国名单中的国家和地区的经济发展及福利，给予的（偿还本金）优惠贷款和赠款，优惠性赠予比例衡量值不低于25%（按10%的贴现率计算）；官方资助净额是指援助国和机构对ODA受援国名单中第Ⅱ部分中的国家和地区的援助流量（还款净额），这部分名单包括中欧和东欧较发达的国家、苏联解体后形成的国家，以及某些较发达的发展中国家和地区[1]。官方资助的条款与ODA条款类似，ODA名单第Ⅱ部分已在2005年取消，因此官方资助数据只收集到2004年。数据以2015年美元不变价表示，以"亿美元"为单位。

如图3.2所示，在收到的官方发展援助和官方资助净额方面，巴基斯坦、印度和孟加拉国在南亚次大陆各国处于领先地位，在2015年都超过了25亿美

---

① 本研究样本中，新加坡和文莱属于ODA受援国名单中第Ⅱ部分中的国家，2004年以后无数据，其余17国属于第Ⅰ部分。

元，前两者的波动较大，后者波动较小。马尔代夫和不丹两国的数值最少，始终保持在较低的水平上。斯里兰卡和尼泊尔居中，其中尼泊尔波动较小，而斯里兰卡波动较大。在 2005 年后，斯里兰卡开始逐年下降，在 2011 年后降至 5 亿美元以下。

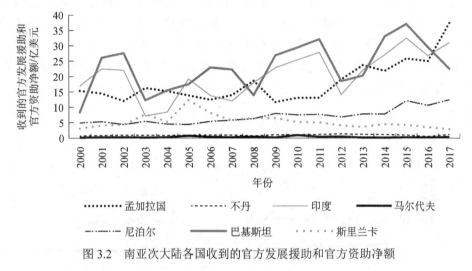

图 3.2　南亚次大陆各国收到的官方发展援助和官方资助净额

二、马来群岛科技合作比较研究

马来群岛六国经济发展水平差异较大，两个高收入小国新加坡和文莱属于 ODA 受援国名单中第 II 部分中的国家，从 2005 年开始已被从受援国名单中删除，国际社会已经将其公认为发达经济体。以新加坡为例，该国创新发展成效显著，从技术、人才、资本、文化等多个方面制定实施了一系列政策措施，推动新加坡成功转型为以知识经济为基础的创新型国家，成为亚洲乃至全球重要的科技创新中心。但马来群岛的三个人口大国印度尼西亚、马来西亚和菲律宾仍位于发展中国家行列，在科技创新方面仍需大量的国际援助。东帝汶被联合国开发计划署列为亚洲最贫困国家和全球 20 个最落后的国家之一，经济以农业为主，基础设施落后，粮食不能自给，没有工业体系和制造业基础，自独立以来经济主要依靠外国援助和国际机构拉动当地消费，近年来，其政局逐渐趋于平稳，经济发展也有所起步。对于一个 120 万人口、处于重要地缘区位的国家，只要政局平稳，经济发展和民生福利改善只是时间问题。

（一）收到的技术合作和转让补助金

在收到的技术合作和转让补助金方面，新加坡和文莱作为 ODA 受援国名单第Ⅱ部分的国家，在 2000～2004 年收到的技术合作和转让补助金始终保持比较低的稳定水平。印度尼西亚收到的技术合作和转让补助金一直遥遥领先于马来群岛各国，且 2000～2012 年总体保持增加态势，2012 年到达 7 亿美元，之后开始下降至 2017 年的 4 亿美元，如图 3.3 所示。菲律宾也与印度尼西亚类似，不过它整体在 1.5 亿～3 亿美元波动。东帝汶和马来西亚居中。东帝汶出现明显的波动，也是先增后减的趋势；马来西亚比较平缓，但整体是下降的。

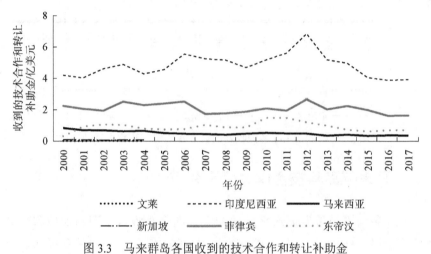

图 3.3　马来群岛各国收到的技术合作和转让补助金

（二）收到的官方发展援助和官方资助净额

在收到的官方发展援助和官方资助净额方面，新加坡和文莱 2000～2004 年保持在一个很低的水平，均低于 0.1 亿美元。印度尼西亚在 2000～2003 年和 2005～2012 年均领先于马来群岛其他国家，2004 年大幅降至 5 亿美元以下，而 2005 年超过了 25 亿美元，之后下降幅度也较大，在 2014 年又降到了−5 亿美元，由此可见其波动幅度之大（图 3.4）。菲律宾、东帝汶和马来西亚居中，菲律宾和马来西亚波动幅度较大，菲律宾在 5 亿美元上下波动，而马来西亚总体却不及菲律宾，始终在 5 亿美元以下，甚至在 2013 年降为了负值；东帝汶整体大致保持水平，没有明显的波动，略有下降趋势。

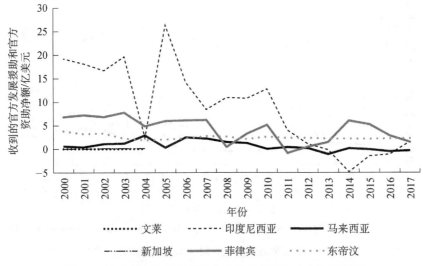

图 3.4　马来群岛各国收到的官方发展援助和官方资助净额

三、中南半岛科技合作比较研究

泰国是中南半岛五国中经济发展水平最高的国家。近年来，泰国在接收官方发展援助的同时，也积极对其他国家进行援助，其援助对象以东盟国家为主，其科技合作已经达到较高水平，不仅能从外部引进科学技术，而且能向外辐射知识和技能。东盟"新四国"——柬埔寨、老挝、缅甸和越南属于东盟中的落后国家，但也具备更广阔的发展空间。在入盟以后，四国在东盟的指导下，各方面都取得了显著进步，所接受的官方发展援助有力推动了其经济发展、科技进步，为科技合作夯实了基础。

（一）收到的技术合作和转让补助金

如图 3.5 所示，在各国收到的技术合作和转让补助金方面，越南遥遥领先于中南半岛上的其他国家，其波动较大，具体表现为从 2000 年开始上升，到 2012 年达到最高（超过 4 亿美元），随后开始大幅下降。缅甸和老挝大部分年份居于末尾，其趋势在 2000～2013 年都比较平缓；缅甸在 2013 年后继续上升，超过了老挝、柬埔寨和泰国，逐渐占据第二位。泰国和柬埔寨居中，柬埔寨的波动较大，泰国在 2000～2015 年的总体变化趋势是下降的，从 2014 年开始已经降到了最后一位。

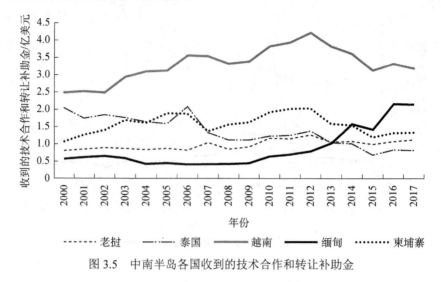

图 3.5　中南半岛各国收到的技术合作和转让补助金

（二）收到的官方发展援助和官方资助净额

如图 3.6 所示，在收到的官方发展援助和官方资助净额方面，越南领先于中南半岛各国，总体趋势是上升的，但波动较大，2015 年开始出现下降。泰国和缅甸波动幅度大，缅甸前期比较平稳，到 2012～2014 年出现巨大波动，先增后减，出现明显尖峰；泰国则是在 2000～2017 年均有波动，一度降为负值，后期的波动较小，并呈现缓慢上升的趋势。老挝和柬埔寨则常年处于平缓状态，几乎没有波动，柬埔寨的值略高。

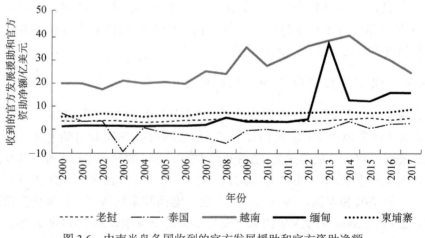

图 3.6　中南半岛各国收到的官方发展援助和官方资助净额

第二节　技术转移比较研究

根据美国《1988 年综合贸易与竞争法》第 1301~1310 节包含关于知识产权的"特别 301 条款"的定义，技术"包括生产和交付商品和服务所需的知识和信息，以及用于解决实际技术或科学问题的其他方法和过程，除受专利权、版权、商标、商业秘密和其他类型知识产权保护的信息外，还包括专有技术，如生产流程、管理技术、专业知识及人员"。

技术转移改变世界，技术转移包括技术援助和有偿转让两类，接受技术援助是企业免费获取外部知识的方式，但这类知识来源有限、数量不足，而且企业很难通过这种方式获得先进的知识和技术。技术往往以知识产权尤其是专利权的形式出现，是企业在国外打败竞争对手、垄断市场的根本要素。世界贸易组织（WTO）与贸易有关的知识产权协议（TRIPS 协议）第 63.2 条款对发达国家向最不发达国家转让技术做出了规定："发达国家应当采取鼓励措施，促进和鼓励其境内的企业和机构向最不发达国家转让技术，以使这些国家能创立健全和有活力的技术基础。"[①]为保护本国投资者的知识产权利益，促进知识产权贸易的保护和进一步发展，许多技术大国禁止将技术转移的履行要求纳入其投资条约，以及在向发展中国家转让技术的时候附加条件。

选定知识产权使用费、知识产权出让费、信息通信数据等高技术服务出口额占总服务出口额比例、信息通信数据等高技术服务进口额占总服务进口额比例 4 个指标度量技术转移。

一、南亚次大陆技术转移比较研究

南亚次大陆七国在知识产权保护和高技术产品进出口方面，制定的政策与英国和欧洲的政策有许多相似之处。以印度为例，印度是世界上软件产业出口最多的国家之一，早在 1957 年就制定了《版权法》，1994 年对《版权法》进行了相应的修改与补充，将计算机软件列入保护范围，1999 年则对《版权法》进行再度修订，修订后的《版权法》与 TRIPS 协议相关条款完全一致，严格的产权保护促进了印度软件产业大发展。除此之外，印度对信息技术（IT）的保护还有《专利法》和《信息技术法》，印度是当时世界上少数几个有《信息技术法》的国家之一。进入 21 世纪，印度实行重点赶超的科技战略，集中力量，谋

---

① Moon S. TRIPS 协议第 66.2 条款鼓励向最不发达国家转让技术吗：关于 TRIPS 理事会国家报告的分析（1999~2007）. 韩志杰译//国家知识产权局条法司. 专利法研究 2007. 北京：知识产权出版社，2008：35-46.

求在一些重点领域实现突破。为履行 TRIPS 协议要求的调整国内立法的义务，印度政府于 2005 年 1 月 1 日前在食品、药品等领域施行 TRIPS 协议要求的专利体制。印度政府颁布"印度制造""印度印记""创业印度"等一系列政策，这些政策如能有效实施，可以帮助印度科技创新迈上新台阶。

（一）知识产权使用费

按照世界银行的定义，知识产权使用费是指一国居民和非居民为了获得知识产权的使用授权和许可协议所支付的使用费，包括专有产权（如专利、商标、版权、具有商业秘密的工业流程和设计、专营权）的授权使用、制作原件或原型（如书籍和手稿、计算机软件、电影作品、录音作品的版权）的使用许可协议，以及其他相关权利（如现场直播和电视转播、线缆传播或卫星广播）的使用许可协议；数据使用现价美元表示，单位为亿美元。

在知识产权使用费方面，印度一直高居南亚次大陆榜首，且总体呈上升趋势，从 2000 年的 2.8 亿美元上升到 2017 年的 65.2 亿美元，远高于南亚次大陆其他国家。居于次位的巴基斯坦也是如此，虽不如印度，却也领先于其他国家，波动比印度大，总体保持上升的发展趋势，并在 2017 年达到了 2.3 亿美元。南亚次大陆其他国家的情况如图 3.7 所示，不丹处于最末，整体保持较低稳定水平，研究期内最高的年份——2014 年也仅有 66 万美元（0.0066 亿美元）；马尔代夫高于不丹，研究期内最高的年份——2012 年也仅有 371 万美元（0.0371 亿美元），总体趋势是有所增加的，但不显著。孟加拉国有明显的波动，接连出现多次尖峰，不过整体趋势是不断增加的，2011 年后增幅明显，2016 年接近 0.5 亿美元。尼泊尔和斯里兰卡的趋势和增幅大致相同，也都出现一些波动，且整体的发展趋势都是上升的。

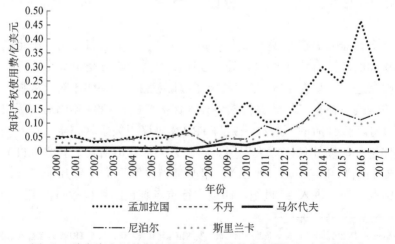

图 3.7　除印度和巴基斯坦外南亚次大陆其他各国知识产权使用费

（二）知识产权出让费

按照世界银行的定义，知识产权出让费是指一国居民和非居民在知识产权的使用授权和许可协议中所收取的使用费，包括专有产权（如专利、商标、版权、具有商业秘密的工业流程和设计、专营权）的授权使用、制作原件或原型（如书籍和手稿、计算机软件、电影作品、录音作品的版权）的使用许可协议，以及其他相关权利（如现场直播和电视转播、线缆传播或卫星广播）的使用许可协议；数据使用现价美元表示，单位为亿美元。

在知识产权出让费方面，印度居于南亚次大陆的领先地位，波动较大，总体呈上升趋势，从 2000 年的 0.8 亿美元增加到 2017 年的 6.6 亿美元。如图 3.8 所示，总体来看，斯里兰卡的波动不显著，整体呈上升趋势。孟加拉国、不丹和尼泊尔居于末尾，没有明显的变化。马尔代夫整体的发展趋势趋于平稳，在 2003～2007 年比较接近 0.1 亿美元。巴基斯坦波动较大，在 2005～2009 年保持较高的值，其中 2006 年达到最大值 0.53 亿美元。

图 3.8 除印度外南亚次大陆其他各国知识产权出让费

（三）信息通信数据等高技术服务出口占总服务出口比例

按照世界银行的定义，高技术服务是指下列 9 项服务——通信、计算机、信息和其他涵盖国际电信的服务，计算机数据，居民和非居民获取的新闻相关服务，建筑服务，特许权使用费，普通、专业和技术性服务，个人、文化和娱乐服务，他人物质资本投入的生产服务，其他项目未列入的维修服务和政府服务。

如图 3.9 所示，在信息通信数据等高技术服务出口额占总服务出口额比例方面，孟加拉国领先于南亚次大陆各国，虽然存在波动，幅度却不大，整体趋势有所下降。斯里兰卡在 2009 年以前变化趋势比较平缓（20%～30%），但之后逐年下降，2013 年降到 20% 以下；不丹也类似，2007 年前保持平缓（20% 左右），之后下降到 10% 以下。马尔代夫保持在 4% 左右，总体保持稳定平缓的发展趋势。印度为 60%～70%，波动并不大。巴基斯坦和尼泊尔的波动较大，巴基斯坦 2003 年之前是大幅上升的，2003 年之后在轻微波动中上升；尼泊尔在 2003 年和 2009 年都降到了 40% 以下，随后上升在 2012 年后超过了 60%。

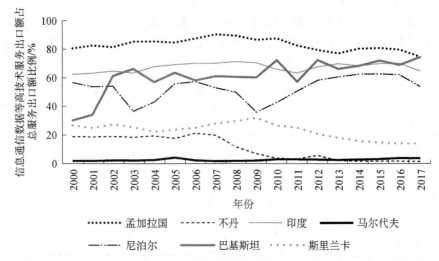

图 3.9　南亚次大陆各国信息通信数据等高技术服务出口额占总服务出口额比例

（四）信息通信数据等高技术服务进口占总服务进口比例

如图 3.10 所示，在信息通信数据等高技术服务进口额占总服务进口额比例方面，印度有明显的领先优势，虽有波动，不过大部分年份都呈上升趋势。巴基斯坦的变化波动较大，但总体趋势仍然是上升的。孟加拉国和马尔代夫，前者于 2006 年出现峰值，其余年份均趋势比较平缓；后者波动大，总体上大幅上升。尼泊尔于 2000～2002 年有明显下降趋势，2002 年之后在 12%～20% 波动。不丹 2006 年出现顶峰（60%），且常年处于较大的波动状态，整体的趋势是有所上升的。斯里兰卡总体呈下降趋势，波动不大，维持在 10% 之上。

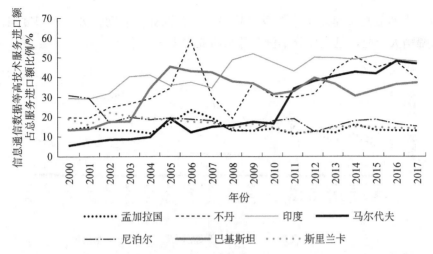

图 3.10 南亚次大陆各国信息通信数据等高技术服务进口额占总服务进口额比例

二、马来群岛技术转移比较研究

除东帝汶外,马来群岛国家都是东盟的老成员国,各国在知识产权保护和高技术产业上都有不错表现。以印度尼西亚为例,印度尼西亚是世界贸易组织与贸易有关的知识产权协议委员会中的活跃成员。在世界贸易组织知识产权论坛上,印度尼西亚提倡将遗传资源和相关传统知识信息的披露整合进 TRIPS 协议,认为发展中国家并没有从遗传资源和传统知识的开发中获益,且在使用由他人创造的新发明时,支付了更多金额。

从政府立法上看,印度尼西亚政府正在根据其所参加的国际协议和公约,不断加强对知识产权权利人的保护。目前,印度尼西亚的知识产权法由工业产权框架构成,工业产权中包括商标、地理标识、原产地标识、专利、外观设计、集成电路版图设计、商业机密和版权等;版权又称为著作权,包括著作人身权与著作财产权。适应国内商业、技术、工业等急速发展的现实需要,印度尼西亚对本国的知识产权法律、法规和政策进行了一系列的修改与完善。

(一)知识产权使用费

在知识产权使用费方面,新加坡遥遥领先于马来群岛各国,比排第二位次的国家高出 10 倍以上;从 2000 年到 2013 年都是逐渐上升的,其知识产权使用费一度超过了 200 亿美元,2014 年之后发展较为平缓。如图 3.11 所示,东帝汶和文莱排在最后,整体保持水平发展趋势,几乎没有波动。菲律宾总体呈上升状态,于 2013 年达到 5 亿美元之上,其后继续保持上升的发展趋势。印度尼西亚和马来西亚总体呈现上升的发展趋势，马来西亚的波动较大，而印度尼西亚的增幅稍大一些，且大部分年份在马来西亚之上。

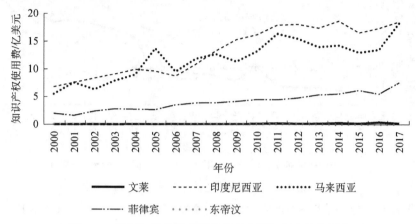

图 3.11　除新加坡外马来群岛其他各国知识产权使用费

注：图中代表文莱和菲律宾的曲线几近重叠。

（二）知识产权出让费

在知识产权出让费方面，新加坡处于马来群岛的领先地位，基本呈逐年增加的趋势，一度达到了 80 亿美元以上。如图 3.12 所示，菲律宾、文莱和东帝汶在末尾，前两者相近，基本保持水平状态；东帝汶在 2008 年以前发展都比较平缓，2009 年后开始上升，到 2011 年超过 0.5 亿美元后又开始大幅下降。马来西亚波动较大，总体呈增加的发展趋势，印度尼西亚在 2005 年大幅下降，之后缓慢上升。

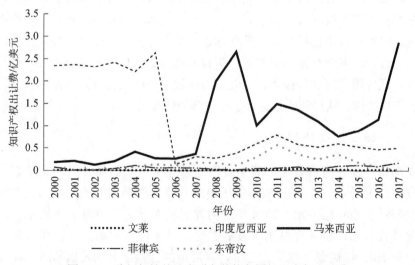

图 3.12　除新加坡外马来群岛其他各国知识产权出让费

（三）信息通信数据等高技术服务出口额占总服务出口额比例

如图 3.13 所示，在信息通信数据等高技术服务出口额占总服务出口额比例方面，总体来看，菲律宾处于马来群岛的领先地位，发展趋势是从平缓到小幅上升，再到小幅下降；东帝汶在 2011 年达到高点后掉头向下，2017 年仅为 19%。文莱在末端，呈现先增后减的发展趋势，且波动不大。印度尼西亚前期都保持很低的比例，2003～2004 年该指标急速上升，从 10% 以下上升到 40% 以上，2004 年出现峰值，之后有一个先减后增的波动，因此整体上趋于上升。新加坡和马来西亚居中，前者平缓上升，而马来西亚整体在 25%～46% 轻微波动。

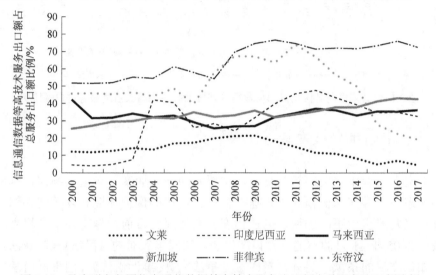

图 3.13　马来群岛各国信息通信数据等高技术服务出口额占总服务出口额比例

（四）信息通信数据等高技术服务进口额占总服务进口额比例

如图 3.14 所示，在信息通信数据等高技术服务进口额占总服务进口额比例方面，东帝汶遥遥领先，其总体发展态势直到 2011 年后变为下降。主要原因在于 2002 年东帝汶独立后，许多国家派遣维和人员进入东帝汶，相应的信息通信数据等高技术服务进口增加，相对于该国较少的总服务进口来说，占比较高，2012 年维和人员撤出后，数据变小。文莱 2009 年及之前波动较小，之后直到 2015 年处于上升趋势，在 2015 年达到了第二位，后排名有所下降；菲律宾排名处于末尾，且呈 W 形变化趋势，波动较大。新加坡、马来西亚和印度尼西亚居中。新加坡总体上不断增加，尤其是后期大部分国家都出现下降的情况下，新加坡逐渐占据马来群岛的领先地位，2017 年达到了 51.2%；马来西亚前期出现小幅减少，后期慢慢开始有所回升。印度尼西亚在 2000～2008 年逐渐下降，2009 年回升，后趋于平缓。

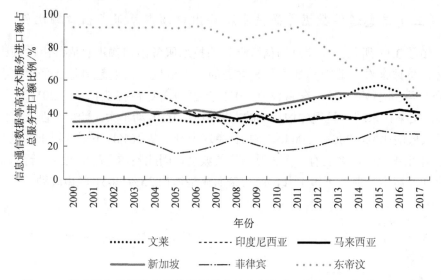

图 3.14　马来群岛各国信息通信数据等高技术服务进口额占总服务进口额比例

三、中南半岛技术转移比较研究

中南半岛近年来发展势头良好，主要归功于柬埔寨、老挝、缅甸、越南成功加入东盟，并在东盟指导下迅速改善知识产权的保护环境。以越南为例，越南近年来发展步伐不断加快，开放程度日渐加深。目前，越南知识产权立法主要依据 2005 年 11 月颁布的《知识产权法》和同年颁布的《民法》《商业法》中关于知识产权的条款。另外，越南《竞争法》《民事诉讼法》《刑事诉讼法》等多部法律也涉及知识产权保护内容。2015 年修改的《刑事诉讼法》修正案引入了与商标和其他知识产权有关的多项重要变革，在知识产权保护工作上已迈出积极一步，有效改善了越南知识产权的保护环境。

越南是多项知识产权条约和公约的成员国，目前正在完善国内知识产权保护体系。越南积极参加多边和双边自由贸易协定谈判，2016 年签署的 TPP 协定以及 2018 年开始执行的《越南-欧盟自由贸易协定》都对知识产权保护做出了高水平承诺。

（一）知识产权使用费

如图 3.15 所示，在知识产权使用费方面，越南领先于中南半岛诸国，除了个别年份出现小幅下降，其余年份都在不断地攀升。泰国与越南的趋势大致相同，在 2013 年之后均保持平缓状态。缅甸、柬埔寨和老挝都在一个较低的比例保持稳定，几乎没有出现波动。

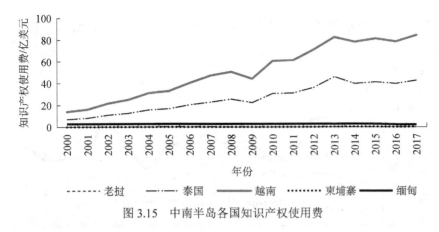

图 3.15 中南半岛各国知识产权使用费

（二）知识产权出让费

如图 3.16 所示，在知识产权出让费方面，依然是越南优于泰国，且这两者都遥遥领先于其他的中南半岛国家。越南总体上呈上升的发展趋势，波动不大；泰国总体上也是上升的，但波动较大，有多个尖峰产生。老挝和柬埔寨处于末尾，常年保持水平状态，无显著变化。缅甸整体是平缓上升的过程，2009年先减后增产生了小低谷，2014 年后出现了明显的下降趋势。

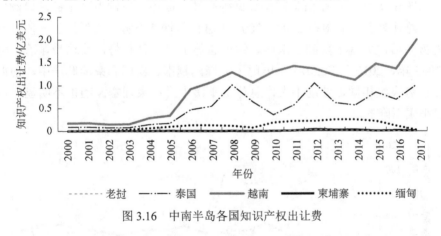

图 3.16 中南半岛各国知识产权出让费

（三）信息通信数据等高技术服务出口额占总服务出口额比例

如图 3.17 所示，在信息通信数据等高技术服务出口额占总服务出口额比例方面，总体来看，缅甸处于中南半岛的领先地位，但整体的发展趋势是下降的，波动较大。柬埔寨和老挝位于末尾，前者波动较小，大致可分为两个阶段，2007 年前是增加的，随后开始减少；老挝除了 2006～2009 年有小幅度上升外，其余年份一直保持下降的趋势。泰国和越南居于中间，不过两者的发展趋势一致，都有较小的波动，且存在不显著的下降，越南的比例一直都高于泰国。

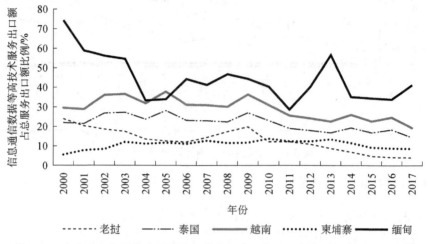

图 3.17　中南半岛各国信息通信数据等高技术服务出口额占总服务出口额比例

（四）信息通信数据等高技术服务进口额占总服务进口额比例

如图 3.18 所示，在信息通信数据等高技术服务进口额占总服务进口额比例方面，总体来看，老挝在 2000～2007 年总体呈增加态势，在保持了一段时间的领先势头后，大幅下降到了末尾。缅甸总体上呈上升趋势，波动最显著，分别在 2005 年、2010 年和 2013 年出现了尖峰。越南、泰国和柬埔寨居中，前两者发展趋势大致相同，波动不大，总体上平缓上升；柬埔寨波动也不明显，但却是呈小幅下降的。

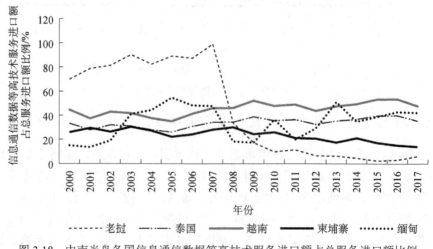

图 3.18　中南半岛各国信息通信数据等高技术服务进口额占总服务进口额比例

第三节 外商直接投资比较研究

外商直接投资是实现技术跨国扩散的重要途径。外商直接投资不仅能帮助引入国提高技术效率，而且能够推进引入国技术向前沿移动，这两种作用力可缩小引入国与发达国家的技术差距，有助于后发国家技术升级和经济增长。

外商直接投资可以通过技术溢出效应对引入国的技术进步产生影响，包括行业内水平溢出效应和行业间垂直溢出效应。水平溢出效应是指外资中蕴含着先进技术，其先进技术会在引入国的行业内起到示范效应，引起其他企业的模仿或复制，同时，行业内人员流动也会使技术发生水平扩散。垂直溢出效应则是通过对产业链上下游企业的关联效应实现技术溢出的，外资企业向下游企业提供产品时，其产品的质量和价格会促进下游企业的技术进步，产生前向溢出效应；向供货商购买原材料或中间品时，会对上游企业提出质量要求，并提供技术指导，产生后向溢出效应[①]。

选定外商直接投资净流入额、外商直接投资净流入额占 GDP 的比重 2 个指标度量外商直接投资。

一、南亚次大陆外商直接投资比较研究

进入 21 世纪以来，南盟大多数国家大力推行自由化政策，认识到引进外商直接投资可以促进本国 GDP 的稳健增长，因此，南盟及其成员国不断修改外商直接投资政策，希望通过政策修改来吸引外国资本进入本国投资，弥补本国国内资金的不足。事实证明，南盟国家的政策效果是明显的，这些国家的外商直接投资获得了前所未有的增长，引起了发达国家和新兴经济体的高度关注，并伴随着大量的外商直接投资流入该地区。

政局波动对尼泊尔引进外资影响很大，尼泊尔的政策性文件主要有以下几个。1987 年颁布的《投资与工业企业法》，该法对尼泊尔吸引外资起到了较大的作用。《外国投资和一个窗口政策法案》为尼泊尔利用外资奠定了基调。1992 年颁布、2017 年最近一次修订的《外国投资及技术转移法》拓宽了外资在尼泊尔的投资领域，取消了外资在投资额度、用地等方面的部分限制，尼泊尔政府期待借助进一步改善投资环境来吸引更多的外商投资。1992 年颁布并于 1996 年和2000 年进行修订的《工业法》鼓励私有外商投资进入尼泊尔每一个工业部门，

---

① 王林辉，江雪萍，杨博. 异质性 FDI 技术溢出和技术进步偏向性跨国传递：来自中美的经验证据. 华东师范大学学报（哲学社会科学版），2019，51（2）：136-151，187-188.

并规定了合资企业是吸引外商投资的首选形式[①]。

尼泊尔经济落后，是联合国确定的最不发达国家之一。尼泊尔给世界人民的印象是政治不稳定、腐败严重、劳动法对劳动力过度保护、社会秩序失衡，这些问题必须逐步解决，才能吸引更多高质量的外商投资。因此，尼泊尔要成为对外商直接投资有吸引力的投资东道国，依然任重道远，需要继续推进经济改革和政治改革进程、稳定政治秩序、优化经济环境，使外商直接投资政策免受内部冲突的干扰。

（一）外商直接投资净流入额

按照世界银行的定义，外商直接投资净流入额是指直接投入到国家中的权益资金量，是权益资本投入量、利润再投资量和其他资本投入量的总和。直接投资是指与企业管理控制权相关联的一类跨国投资类别。这类投资中，一国居民对设在其他国家的企业拥有绝对或较大程度的管理控制权；对于由表决权普通股构成的企业，拥有 10%或以上股份是判断其是否存在直接投资关系的标准。外商直接投资净流入额以现价美元表示，单位为亿美元。

在外商直接投资净流入额方面，印度遥遥领先于南亚次大陆其他诸国，它所呈现的趋势为总体上升且存在较大波动，于 2008 年和 2011 年出现了两个尖峰。如图 3.19 所示，巴基斯坦虽不及印度，但在大多数年份均超过其余各国，有很大波动，2007 年出现尖峰。尼泊尔、不丹和马尔代夫处于落后的位置，前两者保持水平发展态势；马尔代夫则是平缓上升的发展趋势，不过与前两者的差距始终不大。孟加拉国和斯里兰卡处于中部，都呈现上升趋势，但前者的增幅和波动较大。

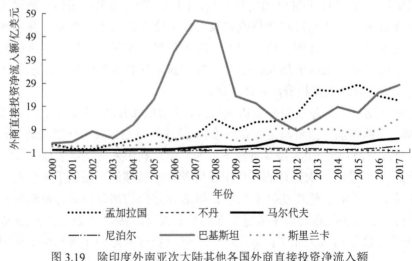

图 3.19　除印度外南亚次大陆其他各国外商直接投资净流入额

---

①　Kalyan Raj Sharma. 后冲突转型国家的 FDI 研究：以尼泊尔为例. 上海：复旦大学，2011：69-82.

（二）外商直接投资净流入额占 GDP 的比重

按照世界银行的定义，外商直接投资（净流入）是指投资者为了获得在他国营运企业的持续管理权益（拥有10%或以上表决权股份）的投资净流入。它是权益资本、利润再投资、其他在财务报表上反映的长期资本和短期资本的总和。外商直接投资净流入额占 GDP 的比重指标度量国家来自外国投资者的净流入（新投资流入减去撤资）与 GDP 的比值。

在外商直接投资净流入额占 GDP 的比重方面，马尔代夫领先于南亚次大陆各国，波动较大，整体呈上升趋势。如图 3.20 所示，尼泊尔起伏不大，整体的趋势是有所上升的；巴基斯坦和斯里兰卡波动较大，整体趋势很不稳定，巴基斯坦在 2009 年达到峰值，斯里兰卡在 2013 年达到峰值。孟加拉国、不丹和印度在南亚次大陆各国排名中居中。孟加拉国波动大，在 2007 年和 2008 年跌到最低，之后开始回升，回到初期的水平；不丹的波动也较大，在 2010 年达到峰值，但在 2017 年直接跌为负值；印度则呈上升的趋势，在 2014 年之后上升到仅次于马尔代夫的位置。

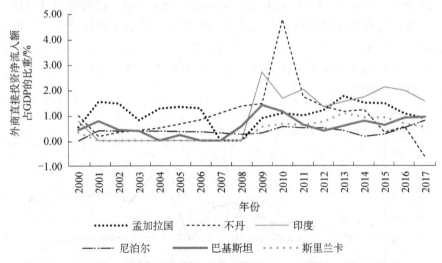

图 3.20 除马尔代夫外南亚次大陆其他各国外商直接投资净流入额占 GDP 的比重

二、马来群岛外商直接投资比较研究

21 世纪以来，马来群岛仍然是外商直接投资十分青睐的区域，外商直接投资大量流入马来群岛各国。从投资数额上看，新加坡作为经济发达地区对外商直接投资吸引力最大，人力资源丰富的印度尼西亚、马来西亚、菲律宾对外商直接投资吸引力也较强，相对来说，文莱、东帝汶对外商直接投资的吸引力较弱。对马来群岛最主要的外商直接投资来源地分别是美国、欧盟、日本。

外商对马来群岛国家的直接投资涉及农林渔业、矿产采掘业、制造业、建筑业、贸易业、金融保险业、房地产业和服务业，其中矿产采掘业和制造业是外商直接投资的重点，而从长期来看，与贸易相关的服务业是外商直接投资所青睐的热点。以外商独资、合资、收购兼并等形式进入马来群岛国家的外商直接投资，拓宽了马来群岛国家的资金来源。外商直接投资为马来群岛国家创造了巨大的就业岗位，为马来群岛国家经济增长作出了贡献[①]。

东帝汶独立后，百废待兴，但投资环境较差，一直未能有效吸引外资，尤其是其 2010 年颁布的国家 2011~2030 年中长期战略发展规划，需要外资进入才有实现的可能，预计东帝汶的投资环境将会逐步改善。

（一）外商直接投资净流入额

在外商直接投资净流入额方面，新加坡处于马来群岛诸国中的领先地位，虽然波动幅度较大，但整体趋势是在上升的，2013 年后达到了 650 亿美元。如图 3.21 所示，东帝汶和文莱居末位，整体趋势是水平的，没有显著性变化。印度尼西亚、马来西亚和菲律宾在马来群岛诸国排名中处于中间位置。印度尼西亚波动最为明显，从开始的负值增加到正值，并在 2014 年达到顶峰后开始下降；马来西亚的波动也较大，总体趋势呈上升状态；菲律宾则是平缓上升，没有出现明显的波动。

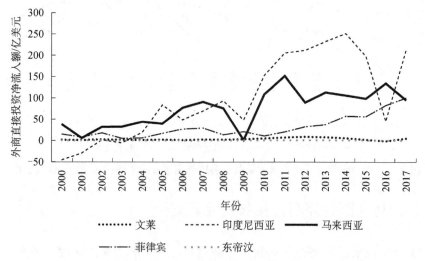

图 3.21　除新加坡外马来群岛其他各国外商直接投资净流入额

① 蔡琦. 外商直接投资、资本形成、经济增长关系研究：以东盟为例. 法制与经济，2014，（12）：112-114.

（二）外商直接投资净流入额占 GDP 的比重

在外商直接投资净流入额占 GDP 的比重方面，新加坡领先于马来群岛其他国家，虽然整体趋势是上升的，但波动较大，在 2001～2011 年均有下降。如图3.22 所示，总体来看，东帝汶、文莱和印度尼西亚处于末尾。文莱前期波动较小，到 2012 年后有较大波动，在 2013 年达到了峰值；东帝汶和印度尼西亚前期大致相同，以较小的波动幅度变化，后期波动明显，整体均呈上升的趋势。马来西亚波动幅度较大，出现了多个峰值，其中 2008 年最为突出。菲律宾整体波动幅度大，2007 年出现峰值，有上升的发展趋势。

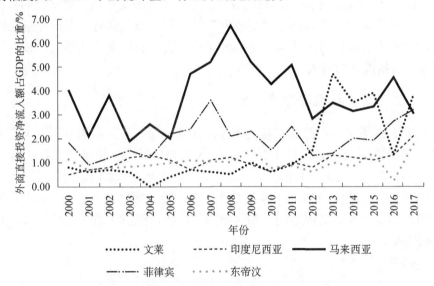

图 3.22　除新加坡外马来群岛其他各国外商直接投资净流入额占 GDP 的比重

三、中南半岛外商直接投资比较研究

在中南半岛外商直接投资参与国中，中国、韩国、日本和新加坡是主要的参与者。在东盟"新四国"中，中国是柬埔寨和老挝的最大投资来源国。柬埔寨的农业和旅游业两大主导产业的发展，高度依赖基础设施建设，而基础设施建设实际上依靠国外的融资和技术。因此，柬埔寨出台了一系列吸引外国投资者的政策，如修订投资条例以增强外国投资者的信心，为外国投资者让利和提供便利，扩大财产的所有权和拥有权的范围（不包括土地），外国投资者可以在50 年内租赁最大至一万公顷的土地，还允许有免费的资金调动。此外，任何公司都可以聘请熟练的专业人员，如工程师、科学家和金融业者。可以说，在大湄公河次区域中，柬埔寨吸引外国投资者的政策是最宽松的①。

老挝在过去较长时期内，崇尚自力更生，基本不对外开放。在世界经济一体化的潮流下，老挝政府充分意识到外资对于落后国家社会经济发展的重要性，这引起了老挝法律体系的变化，有关外国投资的政策和法律也纷纷出台。从法律角度看，老挝政府对外商直接投资政策较为宽松，为吸引外资制定了比较优惠的投资税收政策。自 1988 年制定《外资投资法》以来，老挝政府不断对其进行补充、修改和完善，并相继颁布了一系列与之相关的法律，如 2001 年颁布的《老挝人民民主共和国促进和管理外国投资法实施细则》和 2009 年颁布的《投资促进法》等。这些法令法规的颁布，给予了外商更宽松、更安全的投资贸易环境，对外国投资者起到了"定心丸"的作用。与此同时，老挝还从法律上对外国投资者的国民待遇予以了确认和保护。良好的投资法律环境，极大地吸引了外商直接投资的流入②。

（一）外商直接投资净流入额

如图 3.23 所示，在外商直接投资净流入额方面，泰国和越南领先中南半岛各国。泰国波动大，尤其是在 2009～2015 年起伏很大，出现了三次尖峰，到 2016 年竟然降到了 2000 年的水平；越南整体呈现上升的发展趋势，波动较小，在 2014 年及以后超过了泰国。老挝处于末尾，没有明显的波动，整体上是平缓上升的。缅甸和柬埔寨在中间，都是增加的趋势，但前者波动明显较大，后者则比较缓和。

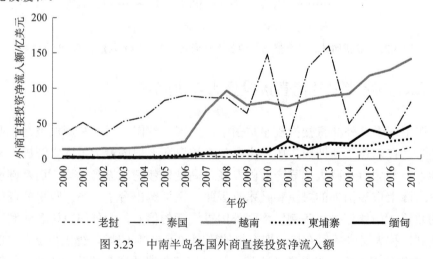

图 3.23　中南半岛各国外商直接投资净流入额

① Panthamit N, 郝楠."一带一路"背景下中国在柬老缅越（CLMV）的投资：现状与建议. 公共外交季刊, 2018,（1）: 130-133.
② 刘颖."一带一路"倡议下中国企业对老挝直接投资问题研究. 乐山师范学院学报, 2018, 33（12）: 66-73.

（二）外商直接投资净流入额占 GDP 的比重

如图 3.24 所示，在外商直接投资净流入额占 GDP 的比重方面，越南和缅甸比较靠前，都在波动中上升，其中缅甸波动得更为明显，甚至在 2010 年降到了 2%。泰国大致趋势为先增后减，2009 年后有较多峰值产生。老挝则在波动中上升，也存在多个峰值。柬埔寨的变化幅度最大，波动最为明显，2007 年及之后直接从中间跃居到第一位，整体是不断上升的趋势。

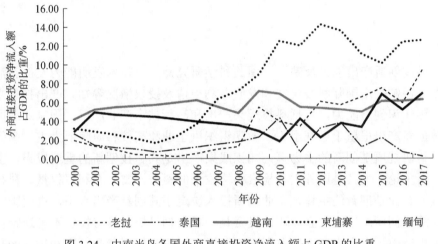

图 3.24　中南半岛各国外商直接投资净流入额占 GDP 的比重

第四章
科技创新产出比较研究

科技创新产出能力反映了一国的科学研究能力、技术发明能力及创新活跃程度。通常采用国际科技论文和发明专利申请及授权情况等知识产出指标来衡量一国知识创造能力，包括科技成果产出和高新技术产业产出。国家或地区的科技创新产出根植于微观组织，微观组织以企业和高校科研院所为主。高等院校、科研院所是创新的主力军，知识成果产出是其科技创新的重要成果，主要包括科技论文尤其是国外主要检索机构收录的科技论文、专利授权量、科技奖励等。企业是创新的主体，企业创新投入决定了其创新产出水平，进而影响整个经济体创新总产出。企业研发投资是一项长期投资，具有投资不可逆特征，商标申请数、专利申请数、非居民工业设计知识产权申请数、高新技术产品出口额（现价亿美元）、信息通信技术产品出口额占商品出口总额的百分比等是其科技创新产出常用的指标。

第一节 科技成果比较研究

科技成果是指人们在科学技术活动中通过复杂的智力劳动所得的具有某种被公认的学术或经济价值的知识产品。可分解为科学成果和技术成果两部分，科学成果是指在基础研究和应用研究领域取得的新发现、新学说，其成果的主要形式为科学论文、科学著作、原理性模型或发明专利等；技术成果是指在科学研究、技术开发和应用中取得的新技术、新工艺、新产品、新材料、新设备，以及农业（生物）新品种、矿产新品种和计算机软件等。

促进科技成果转化、加速科技成果产业化，已经成为世界各国科技政策的新趋势，科技成果转化大体可以分为两类：原始创新导向的科技成果转化和满足需求导向的科技成果转化。原始创新导向的科技成果转化的特点有：理论创新性较强，得到了行业内的认可，有权威性的论文或专利，往往是对现有技术的颠覆性创新，实验室结果特征突出，但成果偏早期，还需在中试熟化阶段进行大量投入。满足需求导向的科技成果转化的特点有：能满足企业提出的具体技术需求，通常有较成熟的理论基础和人才团队或已进行了部分行业应用，仅做少量技术修改或配套即能被企业采纳，成果的市场定价和后期服务可通过谈判和法律性的协议明确。[①]

选定科技杂志论文数、商标申请数、居民专利申请数、非居民工业设计知识产权申请数 4 个指标度量科技成果。

一、南亚次大陆科技成果比较研究

南亚次大陆七国中，印度凭借人口、大学及科研院所优势取得了遥遥领先的科技成果优势，在科技杂志论文数、商标申请数、居民专利申请数、非居民工业设计知识产权申请数四个方面都比其他国家高出几个数量级，从全球来看，印度的科技成果也占有一席之地。印度的研究产出分布于 22 个基本科学指标（ESI）学科类别，根据发表文章数量不低于 5000 篇的学科类别进行统计，2011～2015 年，在多学科化学、应用物理学和多学科材料科学三个领域，印度的科研成果产出量排金砖五国的第一位[②]。

印度已经成为世界研究与创新的起源地之一，其地位十分突出，发展十分迅速。世界各地的许多跨国公司都在印度设立了研发中心，这是对印度研究能力的证明。为继续保持优势，印度采取了各种措施，如提高研究机构的卓越性，鼓励产业与科研界合作，制定有利于研究与创新的政府政策，资助相关研究等。通过制定知识产权政策，印度政府在改善创新制度环境方面不遗余力。

（一）科技杂志论文数

按照世界银行的定义，科技杂志论文数是指在物理学、生物学、化学、数学、临床医学、生物医学、工程技术、地球空间科学等领域发表的科学和工程论文的数量。

在科技杂志论文数方面，印度遥遥领先于南亚次大陆诸国，2003 年发表科技杂志论文 2.6 万篇，后逐年增加，到 2014 年突破了 10 万篇。南亚次大陆其他国家数据如图 4.1 所示，排第二位的是巴基斯坦，虽不及印度，但还是以巨大优势领先于其他国家，2003 年后也呈现逐年上升的趋势，从 2003 年以 1421 篇增加到 2016 年的 9181 篇。马尔代夫每年发表论文数不足 10 篇，排在最后，不丹

---

① 赵峰，朱巍. 不同导向的科技成果转化及其路径选择. 科技中国，2019，（4）. 23-24.

② 科睿唯安. IPR 政策推动印度创新之势崛起. 科技中国，2017，（5）：52-53.

每年发表论文数不足50篇，整体发展趋势比较平缓，波动不大。孟加拉国、斯里兰卡和尼泊尔居中，孟加拉国保持小幅增长态势，从2003年的574篇增加到2016年的2546篇，同期斯里兰卡从247篇增加到1033篇，尼泊尔从191篇增加到549篇。

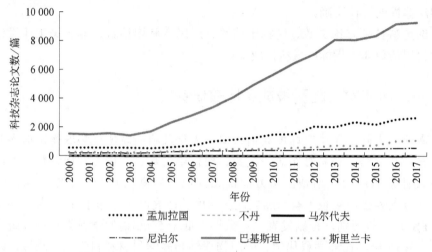

图4.1　除印度外南亚次大陆其他各国科技杂志论文数

注：图中代表不丹的曲线与马尔代夫的曲线几近重叠。

（二）商标申请数

按照世界银行的定义，商标申请数是指向国家或地区知识产权局提交的注册商标申请数，商标是区别特定个人或企业生产或提供的商品或服务的独特标志；商标保护拥有人的独享权，确保其用商标标识特定商品和服务或通过收费授权他人使用，保护期不一而论，但在保护期满前，可以通过重新缴费来无限期续期。

在商标申请数方面，印度以巨大的优势领先于南亚次大陆的其他国家，呈逐年增加的趋势，到2016年突破了35万项。如图4.2所示，巴基斯坦虽然距印度的差距很大，但远高于其他国家，且整体呈上升趋势，2016年达到36 000多项。不丹每年商标申请数为400~100项，马尔代夫每年商标申请数不足100项，两国处于末尾，始终保持平缓的发展趋势。尼泊尔保持小幅增长的势头，2013年接近5000项。孟加拉国和斯里兰卡居中，两者都呈现逐渐上升的发展趋势，但幅度较小，后者的波动比较明显。

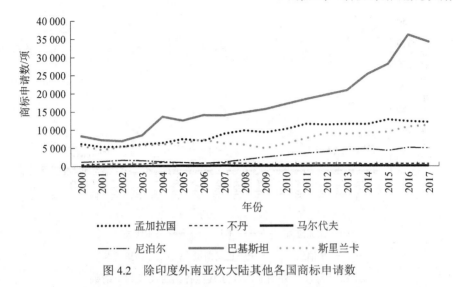

图 4.2　除印度外南亚次大陆其他各国商标申请数

（三）居民专利申请数

按照世界银行的定义，居民专利申请数是指一国居民发明了某项生产过程中的新方法或者开发了某个问题的技术解决方案所产生的新产品或新工艺后，根据专利合作条约规定的程序向世界知识产权组织或国家专利局申请发明专利的数量（专利合作条约主要涉及专利申请的提交、检索及审查以及其中包括的技术信息传播的合作性和合理性，不对国际专利授权，授予专利的任务和责任仍然只能由寻求专利保护的各个国家专利局或行使其职权的机构掌握），专利权为专利所有者提供的发明保护期是有限制的，一般为 20 年。

另一项姐妹指标是非居民专利申请数，其定义与居民专利申请数类似，区别在于居民和非居民。两项数据的合计即为一国专利申请数。按照国际货币组织的规定：凡是在某个国家（或地区）居住期满一年和一年以上的个人，不论其国籍如何，都是这个国家的居民。但是，一个国家的外交使节、驻外军事人员仍然是其所代表国的居民。凡在一国领土上从事经营活动的企业，不管是公有的还是私有的，也不管是本国的还是外国的，或者是本国与外国合资、合作的，都是这个国家的居民。一个国家的各级政府，包括中央政府和地方政府，以及坐落在别国领土上的使馆、领事馆、军事机构和其他的政府驻外机构都是这个国家的居民。

在居民专利申请数方面，印度领先于南亚次大陆其他国家，且整体呈大幅上升趋势，2014 年突破 1.2 万项。如图 4.3 所示，不丹每年居民专利申请数不足10 项，排在最末。尼泊尔每年居民专利申请数不足 20 项，排在倒数第二位。斯里兰卡和巴基斯坦波动较大，不过两者均呈上升的趋势；前者在 2013 年达到最大峰值，后者则有多次峰值。孟加拉国每年居民专利申请数为 20～80 项。

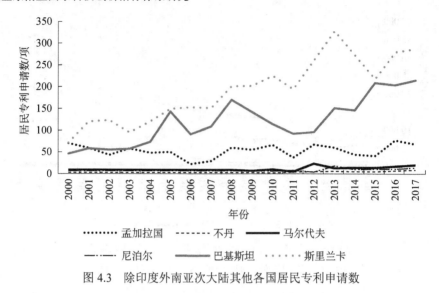

图 4.3　除印度外南亚次大陆其他各国居民专利申请数

（四）非居民工业设计知识产权申请数

按照世界银行的定义，非居民工业设计知识产权申请数是指一国非居民根据海牙体系（Hague System）规定的程序，向国家或地区知识产权局和相关部门指定的产权管理机构注册工业设计的申请数量；工业设计涉及领域宽泛，涵盖工业产品和手工艺品等领域；为了装饰或美化一件工业产品或手工艺品，并设计独特的外观，在流线、颜色和立体空间等方面的设计组合的创意就是工业设计知识产权；已登记注册工业设计的持有人拥有对第三方未经授权复制或模仿该设计的排他性专有权；工业设计的注册有效保护期是有限的，大多数司法管辖区的保护期通常为 15 年，但也存在其他规定的司法管辖区，比如中国（规定从申请之日起保护期为 10 年）；非居民申请，是指无固定住所或其行为代表其他国际组织或司法管辖区的第一申请人向某国知识产权局提交的申请；采用非居民工业设计知识产权申请数汇总，是为了方便各知识产权局的工业设计知识产权申请数据具有可比性，因为一些知识产权局遵循单一类别/单一设计备案制，而其他知识产权局采用多类别/单一设计备案制。

另一项姐妹指标是居民工业设计知识产权申请数，其定义与非居民工业设计知识产权申请数类似，区别在于居民和非居民。

在非居民工业设计知识产权申请数方面，印度远超南亚次大陆诸国，每年申请量在 1000 项以上，比第二名高 5～10 倍。其他国家的情况如图 4.4 所示。巴基斯坦和孟加拉国总体趋势是上升的，但波动大，接连出现了多次峰值；尼泊尔每年申请数在 1～35 项，并在 2013 年达到 35 项的最高纪录；不丹的申请数只有个位数，有的年份则无申请，斯里兰卡的波动较大，且有明显的上升趋势，到 2016 年申请数为 145 项。

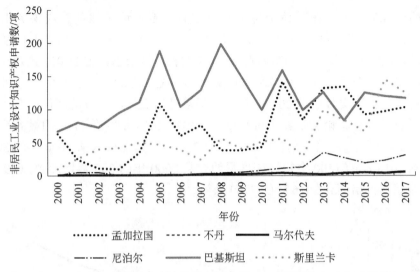

图 4.4　除印度外南亚次大陆其他各国非居民工业设计知识产权申请数

二、马来群岛科技成果比较研究

马来群岛主要国家，近 30 年来经济持续增长，科技成果也随之持续增长。以新加坡为例，新加坡已成为全球科技创新中心之一，人才是新加坡知识创造及科技创新的关键要素，新加坡极为重视本土人才的培育及海外人才的引进，构建开放型的创新人才引进培养机制，通过引才育才，新加坡在生物医药、信息技术等重点领域积累了一大批高素质人才。新加坡政府建立了"联系新加坡"网络，并在全球各地的大城市设立专门服务人才招募的办公室；通过设立专门的研究计划，如具有世界竞争力的新加坡国立研究基金会（NRF）项目，从全球成功吸引一大批青年科学家和研究人员到新加坡开展自由研究，对外籍高层次人才实施外劳税优惠、长期工作签证、永久居民等便利政策，从世界各地引进专业人才；通过国际合作培养本土人才，与世界一流大学建立人才培养合作关系，如国立新加坡大学与约翰斯·霍普金斯大学、斯坦福大学等开展合作[①]。

新加坡在东盟的示范作用非常明显，一批马来群岛国家科技成果增长很快，在科技杂志论文发表方面有马来西亚、菲律宾和印度尼西亚，在商标申请方面有印度尼西亚和马来西亚，马来群岛科技成果已形成以新加坡领头的雁形梯队。

① 廖晓东，袁永，胡海鹏，等. 新加坡创新驱动发展政策措施及其对广东的启示. 科技管理研究，2018，. 38（10）：53-59.

（一）科技杂志论文数

如图 4.5 所示，在科技杂志论文数方面，新加坡虽然科技成果突出，但 2011～2017 年每年发表的科技杂志论文数仅 10 000 多篇，受制于人口基数太小，增长速度较为缓慢；马来西亚 2010 年发表科技杂志论文 11 057 篇，超越新加坡，位列马来群岛发表科技杂志论文数第一位，之后一直快速增长，到 2016 年其科技杂志论文数已达 20 332 篇，差不多是第二位新加坡的两倍；东帝汶每年发表的科技杂志论文数在个位数以内，仅在 2014 年发表 11 篇的最高纪录；文莱从 2000 年的 30 篇增加到 2016 年的 200 余篇；菲律宾从 2000 年的 300 篇增加到 2016 年的 1500 余篇；印度尼西亚从 2000 年的 300 篇增加到 2009 年的 1000 余篇，再增加到 2016 年的 7000 余篇。

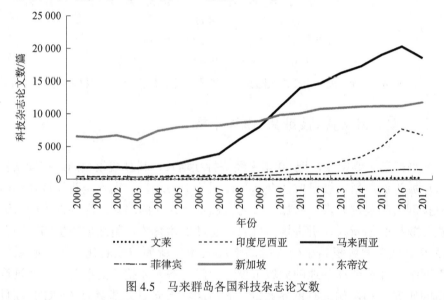

图 4.5 马来群岛各国科技杂志论文数

（二）商标申请数

如图 4.6 所示，在商标申请数方面，印度尼西亚领先于马来群岛诸国，波动较大，但整体趋势是上升的，2001 年共 38 648 项，2016 年达到了 62 939 项。文莱的情况比较特殊，在 2000 年申请数为 1423 项，接下来从 2001 年的 758 项上升到 2014 年的 1175 项。总体来看，马来西亚、菲律宾和新加坡中，马来西亚处于领先地位，且上升趋势明显，2000 年的申请数为 18 803 项，到了 2016 年达到了 39 107 项；菲律宾与马来西亚趋势类似，从 10 623 项（2000 年）增加到 32 776 项（2016 年）；新加坡波动比较大，整体呈现 W 形，最低为 14 603 项（2009 年），最高为 22 740 项（2016 年）。

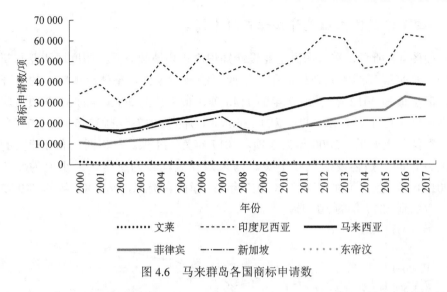

图 4.6　马来群岛各国商标申请数

（三）居民专利申请数

如图 4.7 所示，在居民专利申请数方面，新加坡和马来西亚领先于马来群岛其他国家。新加坡保持大幅的上升趋势占据领先优势，从 2000 年的 516 项增加到 2017 年的 1652 项；马来西亚在较大的波动中仍保持增加态势，从 209 项（2000 年）上升到 1256 项（2017 年）。文莱处于末位，整体没有出现明显的波动，在 2014 年数目达到最高，为 26 项。印度尼西亚和菲律宾居中，前者上升幅度较大，在 2017 年达到了 1156 项；菲律宾在 2013 年之前保持在 135～225 项，随后开始增加，2017 年达到 358 项。

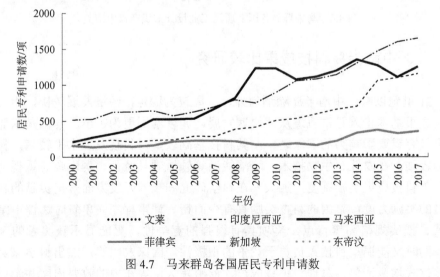

图 4.7　马来群岛各国居民专利申请数

（四）非居民工业设计知识产权申请数

如图4.8所示，在非居民工业设计知识产权申请数方面，印度尼西亚和新加坡处于马来群岛的领先地位。印度尼西亚的波动较大，整体出现明显的下降趋势，最小值为2012年与2017年的1140项，最大值为2005年的3179项；新加坡则持续大幅上升，从2001年的1366项上升到2017年的3745项。文莱在末位，整体是上升的，2000年为3项，2017年为114项。马来西亚和菲律宾的趋势大致相同，整体发展比较平缓。马来西亚波动较为明显，最小值为597项（2001年），最大值为1374项（2013年）；菲律宾类似，从2000年的340项，缓慢增加到2017年的501项。

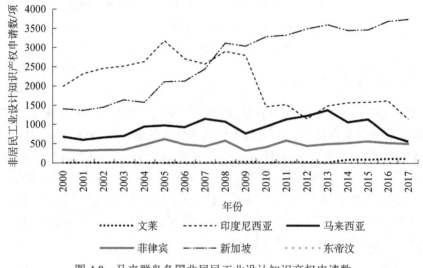

图4.8　马来群岛各国非居民工业设计知识产权申请数

三、中南半岛科技成果比较研究

21世纪以来，中南半岛除缅甸外，政局较为稳定，经济发展较快，相应的科技成果基本步入正常轨道从而快速发展，尤以泰国更为突出。泰国是东盟国家中具有重要影响力的国家之一，其科技基础较好，科技发展水平较高，科技实力较强，在农业、生物技术、清洁能源等领域颇具特色。泰国政府重视建立和完善科技成果奖励制度，加大其在科学研究和技术开发方面做出贡献的科技人员的奖励力度，泰国的科技奖励具有少而精、评审程序简单省时、评审结果权威、授奖规格高等特点，奖项具有很强的竞争性，更能显示获奖者的荣誉感，同时又能调动科技人员勇于竞争的积极性。国家发明奖、杰出科学家奖等颁奖仪式均邀请包括总理、王室成员、枢密院大臣等在内的政要出席并亲自授奖。这不但显示出泰国政府对科学技术奖励活动的重视程度，而且更能激发科技人员的奋斗献身精神①。

（一）科技杂志论文数

在科技杂志论文数量方面，中南半岛各国虽然在绝对数量上微不足道，但其增长率非常高，说明中南半岛各国发表科技杂志论文已步入正轨。泰国从2000年的2000余篇，逐年上升到2017年的9622篇，增加了近4倍，高居中南半岛国家首位；越南位居中南半岛第二，从2000年321篇，逐年上升到2017年的3102篇，增长了近9倍。其他三国数据如图4.9所示，2000～2016年，柬埔寨从28篇增加到125篇，增长约3.5倍，缅甸从13篇增加到93篇，增长约6倍，老挝从23篇增加到93篇，增长约3倍。

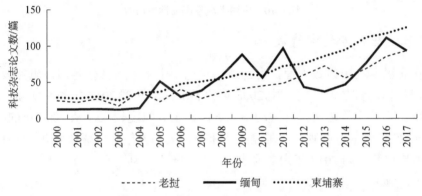

图 4.9　除泰国、越南外中南半岛其他各国科技杂志论文数

（二）商标申请数

如图4.10所示，在商标申请数方面，泰国和越南处于中南半岛领先地位，且两者都呈上升发展态势。泰国一直处于领先位置，泰国从2000年的27 055项增加到2017年的51 014项。同期越南从8098项增加到47 844项，大幅缩小了与泰国的差距，以2007年作为分水岭，前段越南上升幅度较快，后期增速有所放缓。老挝每年的商标申请数保持在800项左右，一直处于末位。缅甸和柬埔寨居中，缅甸的年申请数在1646～9000项，柬埔寨从2000年的1939项稳步上升到2013年的5854项，之后掉头向下，2015年仅为677项。

① 王同涛，孔江涛，朱晓暄，等. 泰国科技发展现状及趋势. 全球科技经济瞭望，2013，（7）：48-53.

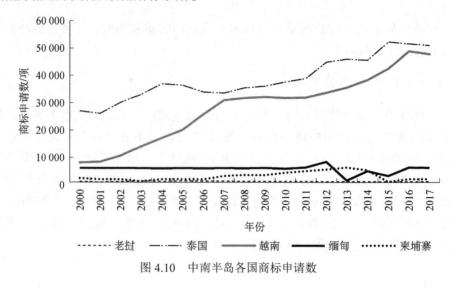

图 4.10　中南半岛各国商标申请数

（三）居民专利申请数

在居民专利申请数方面，泰国遥遥领先于中南半岛其他各国，虽然波动较大，但整体趋势是上升的，由 2000 年的 561 项上升到 2017 年的 979 项。如图 4.11 所示，其次是越南，其波动不显著，但上升幅度较大，从 2000 年的 34 项上升到 2017 年的 592 项。柬埔寨处于末位，大部分年份申请数为 0，只有少数年份有申请数，如 2014 年为 2 项。

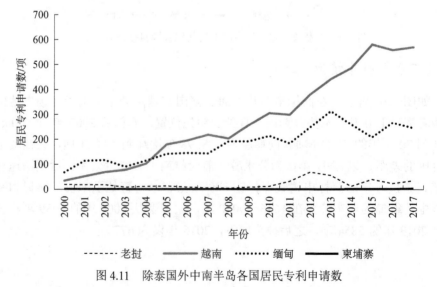

图 4.11　除泰国外中南半岛各国居民专利申请数

（四）非居民工业设计知识产权申请数

如图 4.12 所示，在非居民工业设计知识产权申请数方面，泰国和越南处于中南半岛的领先地位，大多数年份都是前者高于后者；泰国波动很大，出现一个明显的向下的尖峰，但总体趋势是上升的，由 2000 年的 758 项上升至 2017 年的 1424 项；越南呈上升的发展趋势，如从 2010 年的 618 项增加到 2017 年的 1420 项。柬埔寨的趋势较为平缓，不过也出现了小幅的增加，在 2007 年为 19 项，增加到 2015 年的 60 项。

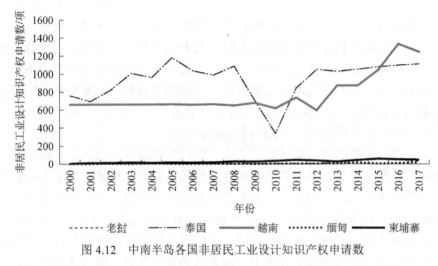

图 4.12　中南半岛各国非居民工业设计知识产权申请数

第二节　高新技术产业比较研究

世界经济竞争日益激烈，科技在经济竞争中的地位不断提高，科技创新已经成为各个国家和地区提高综合实力的关键因素。高新技术产业作为高科技的代表，日益受到重视，加快发展高新技术产业成为越来越多国家和地区的共同选择。高新技术产业以高新技术为基础，从事一种或多种高新技术及其产品的研究、开发、生产和技术服务的企业集合，这种产业所拥有的关键技术往往开发难度很大，但一旦开发成功，却具有高于一般产业的经济效益和社会效益。高新技术产业是知识密集、技术密集的产业。

经济合作与发展组织出于国际比较的需要，使用研究与开发的强度来定义及划分高新技术产业，并于 1994 年选用 R&D 总费用（直接 R&D 经费加上间接 R&D 经费）占总产值比重、直接 R&D 经费占产值比重和直接 R&D 经费占增加值比重 3 个指标重新提出了高新产业的四分类法，即将航空航天制造业、计算机与办公设备制造业、电子与通信设备制造业、医药品制造业等确定为高新技术产业，这一分法为世界大多数国家所接受。

选定每千人（15～64 岁）注册新公司数、信息通信技术产品出口额占商品出口总额的百分比、高新技术产品出口额（现价亿美元）、高新技术产品出口额占制造业出口额比重 4 个指标度量高新技术产业。

一、南亚次大陆高新技术产业比较研究

高科技改造了传统服务业，带动新的服务业的出现，促进了南亚次大陆各国传统服务业和现代服务业的转型发展。随着高新技术的发展，各国逐渐形成了一些新的高新技术产业，推动了相关国家劳动生产率和工作效率的提高，加速了经济增长。以高新技术产业发展最全面的印度为例，印度历届政府都很重视发展与国家优先战略目标和资源相适应的本国科学技术，并取得了显著成果，比如印度公司开发的部分软件质量堪称世界一流。

软件产业发展的核心基础在于人才，而印度在这一方面具有传统优势，印度历来重视数理逻辑、英语教育，软件工程师的数量在世界居于前列，同时劳动力价格低廉，且印度的软件人才与美国硅谷联系紧密，印度公司承接了众多美国跨国公司的非核心业务，服务外包业也就应运而生。同时，班加罗尔大学、印度科学院、印度管理学院、国家高级研究学院和印度信息技术学院等大学、研究机构为印度提供了高水平、高素质的软件人才，有力地支撑了软件产业的升级发展。

信息科技产业的发展壮大，使软件出口成为印度最为重要的出口项目之一，年出口额达 300 多亿美元，是世界第二大软件出口国。高科技及其产业发展，极大地促进了外国公司向印度投资，有效提高印度利用外商直接投资质量。以软件开发等信息技术产业为主要标志的高新技术产业迅速发展，促使印度利用外国投资不断增加。现在，印度利用的外商直接投资越来越多地与高新技术及其产业发展密切联系。

印度的信息产业尤以班加罗尔知名，班加罗尔已被列入全球第五大信息产业集群和世界十大硅谷之一，吸引了全球 1000 多家软件企业，其中包括了 400 多家著名的信息产业公司，100 多家著名的跨国公司以及 60 余家世界 500 强企业，诸如 IBM 公司、思科公司等。据统计，班加罗尔软件产业产值占整个印度软件总产值的一半左右①。

---

① 韩博. 国际知名高新区战略产业培育特点和模式研究. 价值工程，2018，37（33）：283-285.

（一）每千人（15～64岁）注册新公司数

按照世界银行的定义，注册新公司数是指一个日历年内新注册的有限责任公司的数量。

在每千人（15～64岁）注册新公司数方面，马尔代夫领先于南亚次大陆其他国家，为5家左右。其他国家的情况如图4.13所示，尼泊尔排在南亚次大陆的第二位，并且有稳步上升的趋势，2017年已达0.84家。印度作为人口大国，在每千人（15～64岁）注册新公司数方面不占优势，约维持在0.1家。巴基斯坦、不丹和孟加拉国的数值也比较低，巴基斯坦约为0.06家，孟加拉国约为0.1家，不丹约为0.1家，各年有所变化，但总体上变化不大。斯里兰卡约为0.5家。

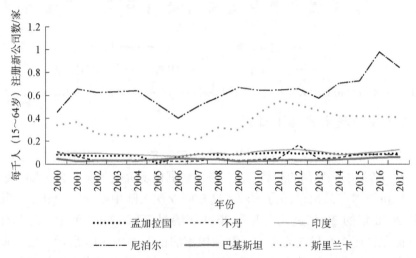

图4.13 除马尔代夫外南亚次大陆其他各国每千人（15～64岁）注册新公司数

（二）信息通信技术产品出口额占商品出口总额的百分比

按照世界银行的定义，信息通信技术产品出口包括计算机及其配件设备、通信设备、消费电子设备、电子元器件等信息技术产品（杂项）的出口。

在信息通信技术产品出口额占商品出口总额的百分比方面，不丹的数据波动很大，2011年为9.87%，2008年为0，其他国家的情况如图4.14所示。尼泊尔除2007年、2010年与2011年超过0.15%外，其他年份都在0.1%以下，在南亚次大陆诸国中排末位。马尔代夫2005年之前都在0.1%以下，2005年及之后均高于0.1%，于2009年达到峰值0.56%。孟加拉国也与尼泊尔类似，大部分年份都在0.1%以下，仅在2007年达到0.57%。巴基斯坦大部分年份都在0.1%以上，并在2006年达到0.61%的峰值。斯里兰卡和印度处于南亚次大陆各国的第二梯队，印度在 2009 年达到 3.45% 的峰值，但平均来看，约在 1% 的水平上，近年有下降的趋势；斯里兰卡从 2000 年的 2.79% 下滑至 2017 年的 0.56%。

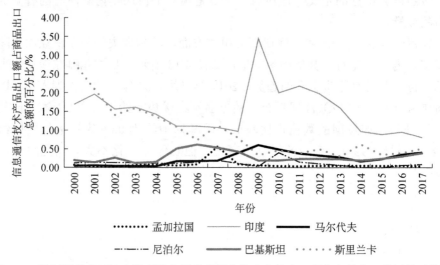

图 4.14 除不丹外南亚次大陆其他各国信息通信技术产品出口额占商品出口总额的百分比

（三）高新技术产品出口额

按照世界银行的定义，高新技术产品出口额是指航天、计算机、医药、科学仪器、电机等研发强度高的产品的出口额，数据以现价美元计，单位为亿美元。

在高新技术产品出口额方面，印度是南亚次大陆中唯一上 100 亿美元的国家，从 2000 年的 20 亿美元上升到 2014 年的最高值 173 亿美元，之后有所下滑，但也保持在 140 亿美元左右。其他国家的情况如图 4.15 所示。巴基斯坦从 2000 年的 0.3 亿美元上升到 2017 年的 3.5 亿美元，列南亚次大陆第二位。马尔代夫、尼泊尔和不丹处于落后的位置，这三国的数据的最大值不超过 0.1 亿美元。具体来说，马尔代夫的数据单位只能用百美元表示；尼泊尔从 2000 年的 8236 美元增加到 2017 年的 584 万美元；不丹既有 2006 年 1000 万美元的最大值，也有 2009 年 272 美元的最小值。斯里兰卡和孟加拉国属于南亚次大陆的第三梯队，斯里兰卡既有 2000 年 1.23 亿美元的最大值，也有 2002 年 0.19 亿美元的最小值，近年来稳定在 0.7 亿美元左右；孟加拉国与斯里兰卡类似，既有 2007 年 1.34 亿美元的最大值，也有 2001 年 0.09 亿美元的最小值，近年来稳定在 0.7 亿美元左右。

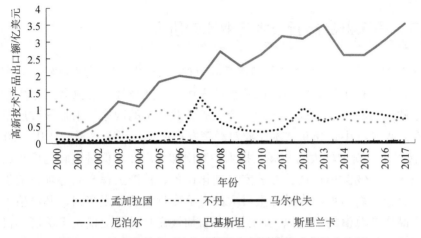

图 4.15　除印度外南亚次大陆其他各国高新技术产品出口额

（四）高新技术产品出口额占制造业出口额比重

如图 4.16 所示，在高新技术产品出口额占制造业出口额比重方面，印度是南亚次大陆最高的国家，为 5.8%～8%，最高值达 9.09%（2009 年）。马尔代夫、孟加拉国和尼泊尔处于落后的位置，马尔代夫每年约为 0.05%，孟加拉国每年约为 0.2%，最高达到 1.15%（2007 年）；尼泊尔呈波动上升的趋势，2017 年达到 1.16%。巴基斯坦、斯里兰卡和不丹处于南亚次大陆国家的中游水平，巴基斯坦从 2000 年的 0.39% 上升到 2017 年的 2.13%；同期斯里兰卡从 3.09% 下降到 0.84%；不丹的数值在 2000～2006 年呈现总体上升趋势，在 2007 年剧烈下降，在 2008～2017 年发展较为平稳。

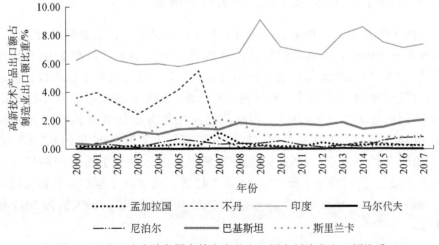

图 4.16　南亚次大陆各国高技术产品出口额占制造业出口额比重

二、马来群岛高新技术产业比较研究

进入 21 世纪，马来群岛各国都把高新技术产业发展作为推动经济发展的重要手段，并取得了显著成绩。以新加坡为例，新加坡经济的繁荣在很大程度上得益于政府对科技的重视。作为一个以服务业为主的国家，新加坡政府早就认识到在知识经济中，高新技术产业对经济发展所起的至关重要的作用。20 世纪80 年代以来，新加坡大力发展高技术和高附加值产业，促进电脑与资讯科技、通信设备、生物医药科技、办公室自动化设备、精密工程产品等项目的生产和开发。目前，新加坡成为世界上最大的电脑磁盘驱动器生产国，其产值占世界同类产品生产总值的 70%以上。另外，新加坡还是世界上仅次于美国、日本、马来西亚和韩国的第五大半导体生产国。有数据显示，新加坡资讯科技业已是国内产值增长最快的产业部门[①]。

马来群岛高新技术产业发展较好的国家还有马来西亚。21 世纪以来，马来西亚积极进行产业结构调整与升级，促进国内经济向知识经济转型。马来西亚政府于 2001 年发布的《第 3 经济展望纲要》，规划将马来西亚发展成为知识经济国家，提出 21 世纪将以发展知识经济为基础，制造业重点发展电子电器业，并向高增值和多元化转化。在首都吉隆坡附近建立的"多媒体信息走廊"已经成型，发展以多媒体超级走廊为标志的信息通信产业。经过 20 多年来的发展，电子产品出口已占全国出口总值的一半以上，说明电子制造业已成为马来西亚最重要的工业之一[②]。

（一）每千人（15～64 岁）注册新公司数

如图 4.17 所示，总体来看，在每千人（15～64 岁）注册新公司数方面，新加坡处于领先地位，波动比较显著，呈 W 形上升发展态势；在 2014 年出现了最大值（9.5 家），2006 年出现了最小值（6.1 家）。东帝汶处于第二位，波动也较大，接连产生了多个尖峰，整体呈上升趋势，2008 年出现最小值（0.77 家），2010 年出现最大值（7.8 家）。印度尼西亚在这方面的数值比较小，保持在0.15～0.34 家波动。菲律宾类似，2006 年以来最小值为 2009 年的 0.2 家，最大值为 2017 年的 0.36 家。马来西亚和文莱居中，前者有小幅增加的趋势，从2006 年的 2.21 家缓慢增加到 2017 年的 2.42 家；后者在小幅的降低后又逐渐回升，最后超过了马来西亚，其最小值为 2011 年的 1.29 家，最大值为 2017 年的2.61 家。

---

① 陶杰. 新加坡：创新推动经济转型. 经济日报，2012 年 7 月 15 日（07）.
② 户怀树. 新世纪以来马来西亚经济结构调整与发展研究. 武汉：中南民族大学，2009：26.

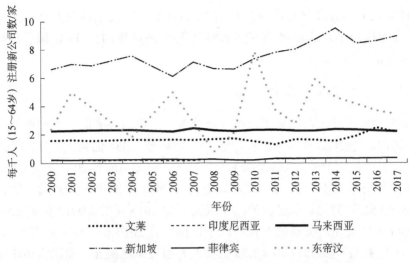

图 4.17　马来群岛各国每千人（15～64 岁）注册新公司数

（二）信息通信技术产品出口额占商品出口总额的百分比

如图 4.18 所示，在信息通信技术产品出口额占商品出口总额的百分比方面，新加坡、马来西亚和菲律宾处于马来群岛的领先地位。新加坡的波动最大，在 2005 年和 2006 年比较低，分别为 15.88%和 14.46%，随后回升到 30%左右；马来西亚则是下降的，且没有出现明显的回升，从 2000 年的 52.68%降到 2017 年的 31.02%；菲律宾也有较大的波动，集中体现在 2004～2015 年，出现了三次尖峰。文莱排在最后，从 2000 年到 2015 年，其比例始终处于 0.11%～0.41%。东帝汶和印度尼西亚居中，且趋势差别很大，但波动均不显著，东帝汶

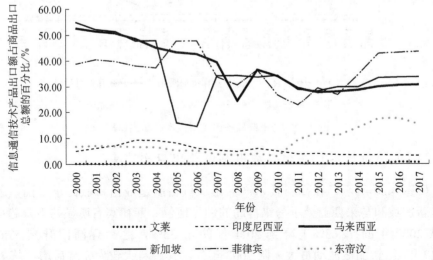

图 4.18　马来群岛各国信息通信技术产品出口额占商品出口总额的百分比

从 2004 年的 6.51%缓慢上升到 2013 年的 11.00%；印度尼西亚整体是先升后降的，变化幅度很小，从 2000 年的 5.02%上升到 2003 年的 9.31%，随后逐渐下降到 2016 年的 3.37%。

（三）高新技术产品出口额

如图 4.19 所示，总体来看，在高新技术产品出口额方面，新加坡领先于马来群岛诸国，除 2005 年（391 亿美元）和 2006 年（434 亿美元）外，整体波动不大，且趋势是上升的，即从 2000 年的 739 亿美元增加到 2017 年的 1362 亿美元。其次是马来西亚，波动较大，最小值为 2001 年的 409 亿美元，最大值为 2007 年的 652 亿美元。东帝汶的水平很低，如 2013 年的 0.0019 亿美元和 2017 年的 0.0015 亿美元。文莱情况较好，不过也只有 2010 年（1.05 亿美元）、2011 年（1.04 亿美元）和 2017 年（1.59 亿美元）超过 1 亿美元。菲律宾和印度尼西亚居中，但两者差距比较明显，菲律宾的数值较高，且有波动，最小值是 129.5 亿美元（2011 年），最大值达到 321.1 亿美元（2017 年）；印度尼西亚则常年保持平稳，在 39 亿～67 亿美元波动。

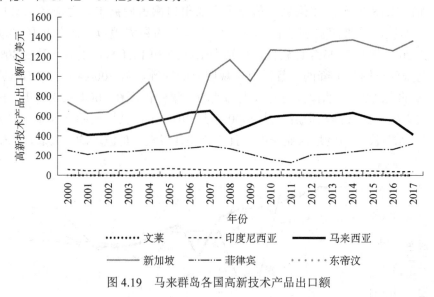

图 4.19　马来群岛各国高新技术产品出口额

（四）高新技术产品出口额占制造业出口额比重

如图 4.20 所示，在高新技术产品出口额占制造业出口额比重方面，菲律宾、新加坡和马来西亚处于马来群岛的领先地位。菲律宾有明显的下降趋势，即从 2000 年的 72.63%下降到 2011 年的 43.35%，之后逐渐回升到 57.68%（2017 年）；新加坡波动最大，除 2003 年外，其趋势大致为先减后增，从 2000

年的 62.79% 下降至 2006 年的 34.38%，随后缓慢上升至 2017 年的 49.17%；马来西亚没有出现波动，从 2000 年的 59.57% 逐年下降到 2017 年的 43.12%。文莱、东帝汶和印度尼西亚所占比例较少。文莱的波动较大，导致其出现多个尖峰，最大值达到 25.98%（2010 年）；东帝汶呈现缓慢下降的趋势，如从 2013 年的 9.78% 下降至 2017 年的 7.69%；印度尼西亚整体比较平缓，在 5%～20% 波动。

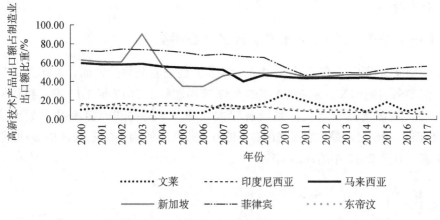

图 4.20　马来群岛各国高新技术产品出口额占制造业出口额比重

三、中南半岛高新技术产业比较研究

从发达国家经验来看，工业化是其经济蓬勃发展的核心动力，而制造业则是工业化进程中的核心要素，高水平工业化推动经济发展。对仍未完成工业化的中南半岛五国而言，大力发展制造业是参与国际竞争的迫切需要。对任何一个现代经济体来说，制造业都是其经济体系的关键组成部分。

一方面，2008 年全球金融危机以后，发达工业化国家在总结和反思金融危机的教训后相继实施"再工业化"和"制造业回归"战略，再次强调发展先进制造业。同时，中南半岛上越南、柬埔寨等工业化水平较低的发展中国家，开始以更低的成本优势加速推进工业化。

另一方面，跨国公司开始将其加工工厂从中国转移到东南亚国家。作为被转移国家之一，泰国是东南亚最大的汽车和电脑硬件制造与装备的基地。2016 年，泰国政府提出"泰国 1.0"战略，该战略将"创新驱动和高附加值经济"规划为泰国未来 20 年的发展目标。在"泰国 1.0"战略下，泰国政府推动了"东部经济走廊"项目，计划在东部沿海的春武里、罗勇和北柳三府发展高新技术产业集群，希望将该处打造为东盟工业、基础设施和城市发展的龙头经济区。被中国政府认定为首批"境外经济贸易合作区"的泰中罗勇工业园就位于"东部经济走廊"内，园区面积共 12 平方公里，截至 2021 年 8 月，已有 167 家中资制造业企业入园，累计工业总值超 160 亿美元，雇佣当地员工达 4 万人①。在这一改革计划下，泰国经济将更倚重创新和技术推动。为此，泰国制定了十大目标产业：一半为加持高新技术的已有优势产业——现代汽车制造、智能电子、高端旅游及保健旅游、农业和生物技术、食品加工，一半为提供投资新机会的未来产业——机器人制造、航空、生物燃料和生物化学、数字经济、全方位医疗产业。

（一）每千人（15～64 岁）注册新公司数

如图 4.21 所示，在每千人（15～64 岁）注册新公司数方面，泰国遥遥领先于中南半岛其他国家，从 2000 年的 0.57 家增加到了 2017 年 1.13 家，整体呈上升态势。柬埔寨处于末位，且没有较大波动。老挝存在一定波动，最小值是 2008 年的 0.08 家，最大值是 2011 年的 0.3 家；缅甸则小幅上升，由 2000 年的 0.04 家上升至 2017 年的 0.21 家。

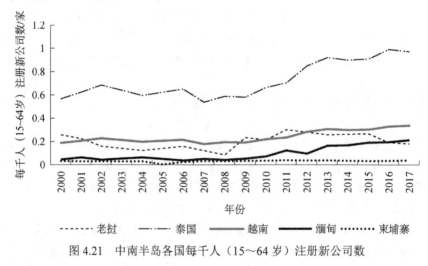

图 4.21　中南半岛各国每千人（15～64 岁）注册新公司数

（二）信息通信技术产品出口额占商品出口总额的百分比

在信息通信技术产品出口额占商品出口总额的百分比、高新技术产品出口额、高新技术产品出口额占制造业出口额比重三个指标上，越南自 2010 年以后持续发力，发展势头迅猛，显示了其强大的科研潜力和国家动员能力。

如图 4.22 所示，在信息通信技术产品出口额占商品出口总额的百分比方面，泰国和越南处于中南半岛的领先地位，且两者呈此消彼长的趋势，其中前者从 2000 年的 28.69% 下降到 2017 年的 11.05%；后者由 2000 年的 5.42% 增加到

---

① 孙广勇. "为泰国经济复苏增添动力". https://m.gmw.cn/2021-08/06/content-1302463466.html[2021-09-01].

2017 年的 32.89%。柬埔寨以缓慢的趋势增加，从 2000 年的 0.04%上升到 2015 年 2.18%。缅甸的比例也比较低，在 0.01%～1.64%波动。

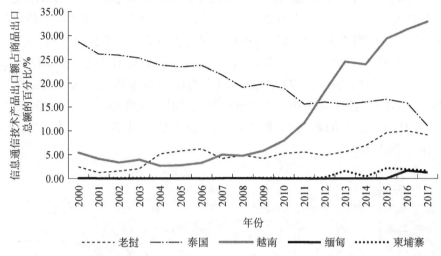

图 4.22　中南半岛各国信息通信技术产品出口额占商品出口总额的百分比

（三）高新技术产品出口额

如图 4.23 所示，在高新技术产品出口额方面，泰国和越南领先于中南半岛其他国家，两者都呈上升的发展趋势。泰国的上升幅度小，存在较小的波动，从 2000 年的 173 亿美元增加到 2017 年 346 亿美元；越南上升幅度较大，由 2000 年的 6.8 亿美元增加到 2017 年的 377 亿美元，最高峰出现在 2016 年。柬埔寨从 2000 年的 0.01 亿美元增加到 2017 年的 0.5 亿美元。缅甸数值较低，没有较大波动，最高为 2017 年的 2.86 亿美元，最小值为 2010 年的 4 万美元；老挝从 2000 年的 0.54 亿美元上升到 2017 年的 3.90 亿美元。

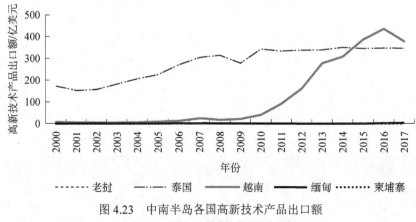

图 4.23　中南半岛各国高新技术产品出口额

注：老挝、缅甸、柬埔寨的曲线基本重合。

（四）高新技术产品出口额占制造业出口额比重

如图 4.24 所示，总体来看，在高新技术产品出口额占制造业出口额比重方面，泰国 2000～2011 年在中南半岛各国中处于领先地位，但其下降的趋势使得这种地位优势逐渐丧失，具体是从 2000 年的 33.36% 下降到 2017 年的 21.71%。缅甸和柬埔寨排在最后，前者波动大，不过整体趋势是上升的，最小值为 2010 年的 0，最大值为 2016 年 7.61%；柬埔寨的比例整体都比较低，始终保持在 0.03%～0.76%。老挝的波动较大，最小值是 2010 年的 6.62%，最大值是 2015 年的 35.21%。越南的趋势与老挝类似，整体呈上升的趋势，从 2000 年的 11.07% 上升到 2017 年的 30.15%。

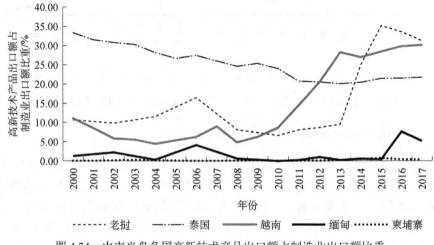

图 4.24　中南半岛各国高新技术产品出口额占制造业出口额比重

第五章
科技创新促进经济社会可持续发展比较研究

　　经济社会可持续发展是科技创新的根本目的。科技创新不仅会产生直接的经济效益，其产生的技术外溢效应还会对生态环境的改善、产业结构的升级起到重要的推动作用，因此也必须将其纳入科技创新能力的内涵之中。经济社会可持续发展包含经济发展、社会生活、环境保护三个维度的可持续发展，核心是追求经济子系统、社会子系统、环境子系统的协调发展。整个系统发展的可持续能力虽然由这些子系统共同作用而决定，但最根本、最关键的因素还取决于科技创新的作用。科技创新是起点，作为一种生产要素的"新组合"直接注入经济子系统、社会子系统与环境子系统中，科技创新作用的结果改变了系统的结构状态。可持续发展是系统结构呈现出来的一种发展状态，处于被动的地位，它主要是科技创新对系统结构状态发生正作用的结果，主要体现在对经济增长的促进、对社会形态的进化、对自然生态和资源的保护与节约上①。

　　经济社会可持续发展和创新能力是区域经济社会发展的两翼，两者具有既相互促进又相互制约的关系。一方面，经济社会可持续发展可以带来资金、信息和环境等优势，吸引人才和技术的流入，为区域产业结构升级创造可能，从而带动经济发展；另一方面，持续不断的创新能力是经济增长的不竭动力，为经济增长提供活力，而创新能力的枯竭则会提高经济社会可持续发展的成本，进而制约区域经济社会的发展。二者不断地相互作用、相互影响，进而形成高效的、相互促进的良性循环体系。

　　① 刘守珍，李俊莉. 区域科技创新与可持续发展空间差异研究：以山东省国家可持续发展实验区为例. 水土保持通报，2018，38（4）：259-265.

第一节　经济发展比较研究

经济学理论认为,除了资本和劳动外,科技创新是经济发展的重要解释变量,尤其是知识经济时代,科技创新已经成为区域经济发展的关键动力。科技创新通过向生产要素、生产工艺、管理方法及思维方式的全面渗透,引起劳动手段的提升、生产工艺和管理方法的创新以及思维方式的转换,科技创新性越强,生产转化率越高,对社会经济进步的作用就越大。科技创新还通过对经济制度的影响,引起经济运行机制、体制和制度的一系列变迁,进而影响经济发展,推动产业结构的优化,提高各产业的技术含量,最终提高经济体劳动人口平均(简称劳均)GDP。

选定劳均GDP(美元/人)、GDP年增长率、商品和服务出口总额占GDP的比重、农林渔劳均增加值、工业(含建筑业)劳均增加值、服务业劳均增加值、制造业增加值年增长率7个指标度量经济发展。

一、南亚次大陆经济发展比较研究

21世纪以来,南亚次大陆七国大都经历了经济的高速发展,除了马尔代夫波动较大,各国年均增长速度保持在5%~6%。南亚区域大国印度,其经济在研究期内一直稳定增长,年增长速度在3.8%~7.5%,确保了南亚经济增速的平稳性。尤其是近年来,印度政府提出"印度制造""数字印度""智慧城市"等战略,目的是将印度打造成制造业大国,发展数字经济,保持经济高速增长,让21世纪成为"印度世纪"。在税制改革方面,2014年印度推动建立全国统一的商品和服务税务法案(GST),以改变此前分散混乱且税赋过高的税收环境。2017年7月1日,印度正式实施该法案,长期困扰投资者的难题有望得到解决。

巴基斯坦是南亚第二大国,研究期内其经济增长速度虽然低于印度,但也保持在较快增长速度上,2007年GDP增长率达到较高水平(4.7%),推动巴基斯坦经济增长的主要因素包括中巴经济走廊建设稳步推进,以及投资环境的改善:出台系列扩大发展,鼓励出口,对纺织、农业等重点行业予以支持的政策。特别是中巴铁路沿线早期项目逐步建成,例如,一些大型电力项目陆续建成发电,有效缓解了一直困扰巴基斯坦的电力短缺问题,2018年已经实现电力盈余;喀喇昆仑公路升级改造项目二期和卡拉奇至拉合尔高速公路木尔坦—苏库尔段两大项目进展顺利。这些项目的顺利推进以及中巴产能合作的深入，给巴基斯坦带来了就业机会，增加了投资①。

岛国马尔代夫为小型开放经济体，旅游业是国民经济的第一支柱产业，是国家财政和外汇收入的主要来源，也是国内重要的就业渠道；渔业资源十分丰富，是其主要的外汇收入来源之一；工业基础薄弱，基本没有现代化工业。马尔代夫经济易受国际国内环境的影响，一旦赴马旅游的游客急剧减少，对其经济将是一个很大的打击，反之，外国游客增多，经济又会回到之前的高增长状态。例如，2004 年 12 月 26 日，印度尼西亚苏门答腊岛附近海域发生了罕见的强烈地震。地震引起了巨大海啸，海啸一度淹没了马尔代夫 2/3 的国土，旅游设施严重受损，致使其 2005 年旅游接待能力大幅下降，拖累经济负增长 13%；经过一年的维护，2006 年马尔代夫恢复接待能力，经济正增长 26%。马尔代夫是抗风险能力弱但恢复快速的小国经济代表。

南亚次大陆其他小国的经济增长也基本维持在较高水平上。在研究期内，孟加拉国增速稳定，最低增速为 2002 年的 3.8%，最高为 2017 年的 4.3%；不丹波动较大但增速较高，最低增速为 2013 年的 2.1%，最高为 2007 年的 14.9%；尼泊尔也都保持正增长，最低增速为 2016 年的 0.6%，最高为 2017 年的 4.9%；斯里兰卡增速波动最大，曾有年份为负增长。

（一）劳均 GDP

按照世界银行的定义，劳均 GDP 是指按购买力平价（PPP）计的国内生产总值（GDP）除以经济中的总就业人数。按购买力平价计的 GDP 是使用购买力平价转换为 2011 年美元不变价的国内生产总值。

从图 5.1 可知，总体来看，在劳均 GDP 方面，马尔代夫和斯里兰卡较高。马尔代夫居第一位，但是变化幅度较大，尤其是在 2004~2005 年有着显著的下降。斯里兰卡 2000~2017 年稳定增长，2017 年达到 31 054 美元左右。山地国家尼泊尔最低，不足 5000 美元。孟加拉国略高于尼泊尔，且有缓慢增长的趋势。不丹和印度从 2000 年的不足 10 000 美元增长到 2017 年的 18 000 美元左右。巴基斯坦变化不大，在 10 000~15 000 美元波动。

---

① 陈利君，熊保安. 2017 年南亚地区经济发展形势综述. 东南亚南亚研究，2018，（1）：44-51，108.

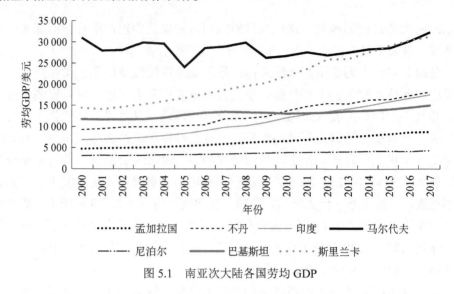

图 5.1 南亚次大陆各国劳均 GDP

（二）GDP 年增长率

按照世界银行的定义，GDP 年增长率是指按当地货币不变价格计算的国内生产总值年增长率。当地货币采用 2010 年不变价计算，因此，计算的最终基础为 2010 年美元不变价。GDP 是所有居民生产者在经济中的总增加值加上所有产品税的总和，减去产品价值中未包括的任何补贴，计算时不扣除资产折旧或自然资源的消耗和退化。

由图 5.2 可以看出，马尔代夫的 GDP 年增长率变化幅度最大，尤其是在 2005～2006 年，从 13.1% 的负增长到 26.1% 的正增长。不丹的变化幅度也较为明显，在 2007 年达到顶点，接近 18%。斯里兰卡、巴基斯坦和印度等国家的变化幅度不大。

图 5.2 南亚次大陆各国 GDP 年增长率

（三）商品和服务出口总额占 GDP 的比重

按照世界银行的定义，商品和服务出口总额代表向世界其他地区提供的所有商品和其他市场服务的价值，包括商品、运费、保险、运输、旅行、特许权使用费、许可费以及其他服务的价值，如通信、建筑、财务、信息、商业、个人和政府服务，不包括雇员报酬和投资收入（以前称为要素服务）和转移支付。

由图 5.3 可以看出，马尔代夫的商品和服务出口总额占 GDP 的比重变化最大，其中 2006～2007 年增长最快，2007～2017 年在 65%～100%波动。其次是山地国家不丹，其增长也较快，尤其在 2001～2006 年。巴基斯坦不足 20%。另一个岛国斯里兰卡总体呈下降趋势，从 2000 年的 40%左右降至 2017 年的 20%左右。

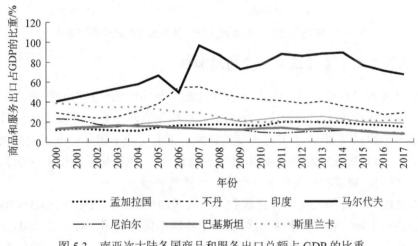

图 5.3　南亚次大陆各国商品和服务出口总额占 GDP 的比重

（四）农林渔劳均增加值

按照世界银行的定义，农林渔劳均增加值是劳动生产率的衡量标准——每单位投入产生的增加值。增加值表示将所有输出相加并减去中间输入后的净输出。数据以 2010 年美元不变价计算。第一产业符合国际标准工业分类（ISIC）制表类别 A 和 B（修订版 3）或制表类别 A（修订版 4），包括林业、狩猎和捕鱼以及作物和畜牧生产的种植。

马尔代夫的农林渔劳均增加值最多，虽然波动幅度较大，但是一直保持在第一位，分别在 2001 年和 2006 年达到顶点，而 2010 年最低，仅有 5500 美元左右。从图 5.4 可以看出，尼泊尔农林渔劳均增加值最少，且变化不大，较为稳定。除马尔代夫和斯里兰卡 2011 年后高于 2000 美元外，其余各国 2000～2017

年分布在 400～2000 美元，斯里兰卡、印度、孟加拉国和不丹呈现缓慢增长的趋势，而巴基斯坦在 2002～2011 年略微有所下降。

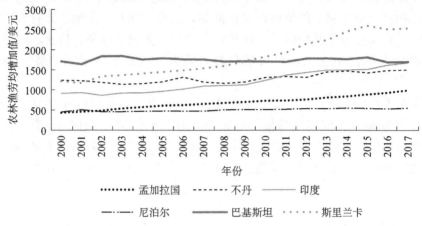

图 5.4　除马尔代夫外南亚次大陆其他各国农林渔劳均增加值

（五）工业（含建筑业）劳均增加值

按照世界银行的定义，工业（含建筑业）劳均增加值是劳动生产率的衡量标准——每单位投入的附加值。增加值表示将所有输出相加并减去中间输入后的净输出。数据以 2010 年美元不变价计算。工业对应于国际标准工业分类制表类别 CF（修订版 3）或制表类别 BF（修订版 4），包括采矿和采石（包括石油生产）、制造、建筑和公用事业（电力、天然气和水）。

山地国家不丹的工业（含建筑业）劳均增加值最多，虽然在 2003～2006 年有着急剧地下降，但是依然在南亚次大陆各国中保持着第一位，在 2007～2017 年比较稳定。由图 5.5 可知，总体来看，尼泊尔最低，且在 2008～2017 年比较稳定。岛国马尔代夫和斯里兰卡仅次于不丹，徘徊在第二位和第三位。印度居中，总体呈现稳定的上升趋势。

（六）服务业劳均增加值

按照世界银行的定义，服务业劳均增加值是劳动生产率的衡量标准——每单位投入的附加值。增加值表示将所有输出相加并减去中间输入后的净输出。数据以 2010 年美元不变价计算。服务对应于国际标准工业分类制表类别 G～P（修订版 3）或制表类别 G～U（修订版 4），包括批发和零售贸易以及餐饮和酒店、运输、储存和通信、融资、保险、房地产和商业服务、社区、社会和个人服务。

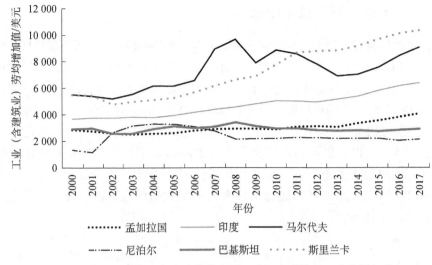

图 5.5 除不丹外南亚次大陆其他各国工业（含建筑业）劳均增加值

由图 5.6 可知，总体来看，马尔代夫的服务业劳均增加值排名第一，受 2004 年海啸的影响，2005 年只有 15 216 美元，之后逐年稳步上升，2017 年达到 20 836 美元。斯里兰卡排在第二位，呈缓慢地上升的趋势，从 6931 美元上升到 11 726 美元。孟加拉国和尼泊尔处于落后的位置，尼泊尔从 2000 年的 2409 美元上升到 2017 年的 3118 美元，同期孟加拉国从 3171 美元上升到 3674 美元。不丹和巴基斯坦稍好一些，同期不丹从 6643 美元上升到 7120 美元，巴基斯坦从 4492 美元上升到 5708 美元。印度从 2000 年的 3119 美元上升至 2017 年的 7730 美元，2012 年后超越不丹居第三位。

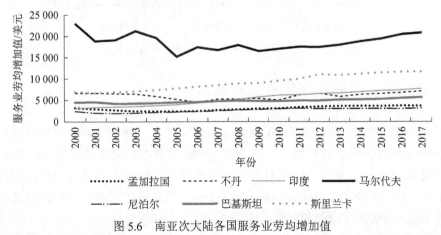

图 5.6 南亚次大陆各国服务业劳均增加值

（七）制造业增加值年增长率

按照世界银行的定义，制造业增加值年增长率是指按当地货币不变价格计算的制造业增加值的年增长率。当地货币采用 2010 年不变价计算，因此，计算的最终基础为 2010 年美元不变价。制造业是指属于国际标准工业分类部门 15～37 的行业。增加值是将所有输出相加并减去中间输入的净输出。计算时不扣除制造资产折旧或自然资源的消耗和退化。增加值的起源由国际标准工业分类第 3 版确定。

由图 5.7 可以看出，马尔代夫和不丹的制造业增加值年增长率变化幅度较大，在图中呈现出多个峰值。2009 年马尔代夫为−21%，为研究期内历年最低。不丹在 2007 年和 2010 年超过 20%，在南亚次大陆所有国家中最高。斯里兰卡和孟加拉国变化不大。

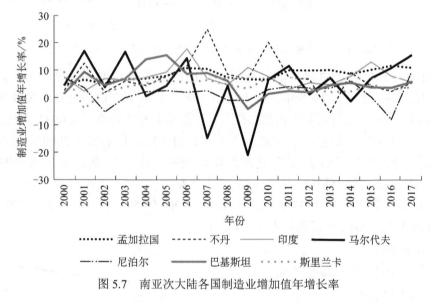

图 5.7　南亚次大陆各国制造业增加值年增长率

二、马来群岛经济发展比较研究

迈入 21 世纪后，马来群岛国家经济高速发展。2008 年全球金融危机爆发，在全球经济增长放缓的形势下，马来群岛国家经济增长速度普遍减缓，2009 年除印度尼西亚和菲律宾保持正增长外，马来群岛其他国家都是负增长；但各国经济继续保持了弹性，2010 年除东帝汶以外，都实现了正增长，马来群岛仍是世界上经济最活跃的地区之一。

印度尼西亚是东盟经济总量最大的国家，其 GDP 占东盟 GDP 总量的 30% 左右，是研究期内马来群岛各国中经济每年都保持正增长的两个国家之一，年均经济增长率达 2.6%，仅次于中国和印度，是全球经济增长的亮点。马来群岛各国中另一个年年保持经济增长的国家是菲律宾。2012 年以来，菲律宾经济保持强劲的增长势头，经济增长率一直领先于其他马来群岛国家，宏观经济基本向好，基础设施建设、外商直接投资、消费支出、海外劳工汇款和业务流程外包成为其主要经济增长动力[①]。

2015 年底，东盟宣布东盟经济共同体正式建成，标志着东盟区域经济一体化进入一个新阶段。随后，东盟制定了《2025 年东盟经济共同体发展蓝图》，为未来 10 年东盟经济共同体建设制定了远景规划。马来群岛国家是东盟成员国的较发达国家，东盟用一个声音说话的愿景，主要靠马来群岛国家带动，但马来群岛的文莱在 2008 年世界金融危机后经济增长速度一直未能得到有效恢复，2013～2016 年连续 4 年负增长，马来群岛国家带领东盟走上经济共同体大道任重道远。

（一）劳均 GDP

如图 5.8 所示，从劳均 GDP 来看，马来群岛各国家都已超过 1 万美元。文莱最高，在 2003 年达到最高，但是从 2004 年开始有下降的趋势，2017 年为157 300 美元，与新加坡相差无多。新加坡从 2000 年的 108 725 美元不断上升到2017 年的 150 325 美元。菲律宾最低，从 2000 年的 11 424 美元上升到 2017 年的 19 117 美元，有上升趋势。东帝汶的波动较大，2006～2012 年较高，2012 年后有所下降。马来西亚和印度尼西亚呈缓慢上升状态，马来西亚从 2000 年的40 892 美元上升到 2017 年的 56 939 美元，印度尼西亚从 2000 年的 13 206 美元上升到 2017 年的 23 933 美元。

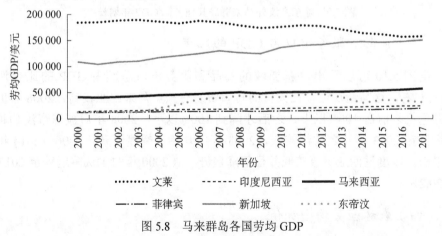

图 5.8　马来群岛各国劳均 GDP

---

① 王勤. 2017—2018 年东盟经济形势：回顾与展望. 东南亚纵横，2018，（2）：22-27.

（二）GDP 年增长率

东帝汶的 GDP 年增长率变化幅度非常大，2004 年为 64%，2005 年为 35%，2006 年为 41%，2014 年为-26%。由图 5.9 可以看出，文莱在-5%～5%浮动，波动较大，且增长率在马来群岛各国中处于末位。新加坡的 GDP 年增长率也处于不断波动中，2010 年达到最高值。印度尼西亚变化较小，维持在 5%左右。

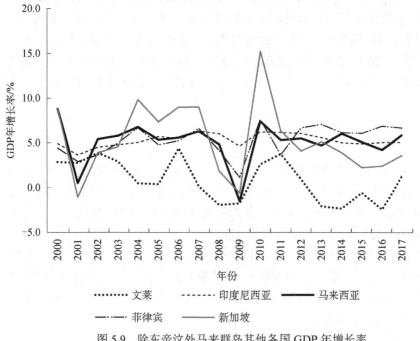

图 5.9　除东帝汶外马来群岛其他各国 GDP 年增长率

（三）商品和服务出口占 GDP 的比重

由图 5.10 可以看出，新加坡的商品和服务出口总额占 GDP 的比重达到 200%左右，这与新加坡存在大量的转口贸易有关。马来西亚较高，2008 年世界金融危机之前在 100%以上，之后才降到 100%以下，2008 年后被东帝汶超越。东帝汶在 2003 年及之前都较低，2003 年后开始大幅度上升，2006～2014 年保持平稳。印度尼西亚一直较低并呈下降趋势，从 2000 年的 41%附近跌至 2017 年的 20.2%。

（四）农林渔劳均增加值

岛国文莱的农林渔劳均增加值位居第一且远超过马来群岛其他国家，从 2000 年的 37 918 美元增加到 2017 年的 103 384 美元，增长了近 2 倍。由图 5.11 可以看出，新加坡的变化比较大，在 2000～2001 年以及 2010～2011 年显著下降，在

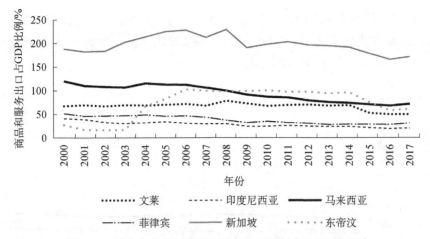

图 5.10　马来群岛各国商品和服务出口总额占 GDP 的比重

2008～2009 年以及 2015～2016 年显著上升。东帝汶、菲律宾和印度尼西亚比较低，2000～2017 年，东帝汶从 1341 美元增加到 1915 美元，菲律宾从 1734 美元增加到 2422 美元，印度尼西亚从 1776 美元增加到 3642 美元。马来西亚的变化也不大，2017 年相对 2000 年有所上升，达到接近 20 000 美元。

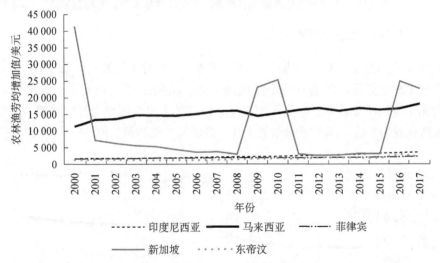

图 5.11　除文莱外马来群岛其他各国农林渔劳均增加值

（五）工业（含建筑业）劳均增加值

岛国文莱的工业（含建筑业）劳均增加值位居第一且远超过马来群岛其他国家，但呈缓慢下降的趋势，从 2000 年的 31.9 万美元下降到 2017 年的 23.4 万美元。由图 5.12 可以看出，菲律宾和印度尼西亚最低，但略有增长趋势；菲律宾从 2000 年的 9216 美元上升到 2017 年的 13 331 美元，印度尼西亚从 2000 年

的 13 343 美元上升到 2017 年的 16 552 美元。东帝汶的变化较为明显，在
2003～2006 年大幅度上升，2008～2014 年又开始下降。新加坡从 2009 年开始
显著上升，2017 年达到 14.49 万美元。

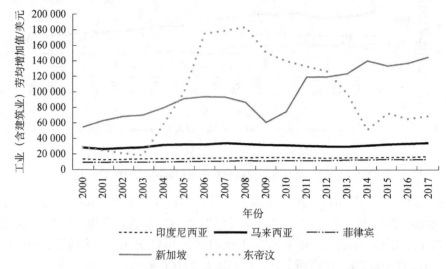

图 5.12   除文莱外马来群岛其他各国工业（含建筑业）劳均增加值

（六）服务业劳均增加值

新加坡的服务业劳均增加值最高，在 6 万～9 万美元波动，在 2010 年达到
最高值 8.5 万美元，随后开始小幅度地下降。由图 5.13 可以看出，东帝汶、菲
律宾和印度尼西亚较低，不足 1 万美元，但总体上呈现缓慢上升的趋势。文莱和
马来西亚较为平稳，都有着略微的上升，分居第二位和第三位。

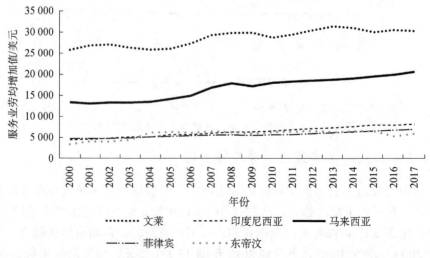

图 5.13   除新加坡外马来群岛其他各国服务业劳均增加值

（七）制造业增加值年增长率

由图 5.14 可以看出，马来群岛各国制造业增加值年增长率都较为波动，尤其是以东帝汶和新加坡最为突出。东帝汶在 2012～2015 年从-10.8%增长到 36.3%左右，在 2015～2016 年又下降了超过 10 个百分点。变化较为平稳的是印度尼西亚，一直在 5%左右波动。马来西亚和菲律宾的波动较为突出，在-10%和 20%之间变化。

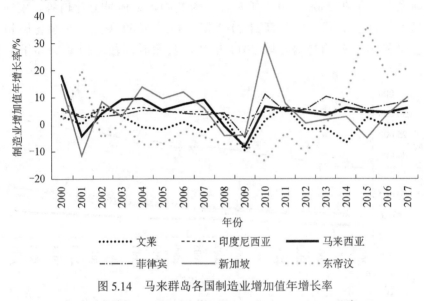

图 5.14　马来群岛各国制造业增加值年增长率

三、中南半岛经济发展比较研究

近年来，面对世界经济复苏缓慢、国际市场需求不振、经济增长的不确定性增加等情况，中南半岛国家积极调整经济发展战略，加强宏观经济调控，实施经济转型和结构调整，加快国内基础设施建设，改善投资环境以实现国内经济的持续稳定发展。在国际市场需求波动和国内经济增长放缓的背景下，中南半岛国家积极调整经济发展战略，制定中长期经济发展规划，实施经济重组和结构调整的政策措施，加快经济转型和产业升级的步伐以促进国内经济的持续稳定发展。

研究期内，越南经济平稳高速发展，即使在国际金融危机期间也不受影响，年均增幅在 6%左右，最低也达到了 2.2%（2012 年）。不仅如此，近年来越南还提出了建设经济特区的战略，并于 2016 年 12 月发布《政府第 103 号决议》，决定建立云屯、北云峰和富国岛三个行政经济特区。2017 年 3 月，越南发布《关于设立云屯、北云峰和富国岛特别经济行政单位法（草案）》（简称《经济特区法》），指出要把握机遇，吸引投资，引领越南经济转型，推动特区、周边及至全国经济取得突破性发展。研究期内，除泰国在 2009 年呈负增长外，中南半岛各国各年全部呈正增长。

（一）劳均 GDP

由图 5.15 可知，泰国的劳均 GDP 在中南半岛各国中位居第一，且显著高于其他国家，除了在 2009～2011 年有轻微的波动，总体呈上升趋势。柬埔寨最低，虽然一直在上升，但是直到 2012 年才超过 5000 美元。其余各国相差不大，且呈稳定上升的趋势，除 2017 年外，其余时间段老挝要略高于缅甸和越南。

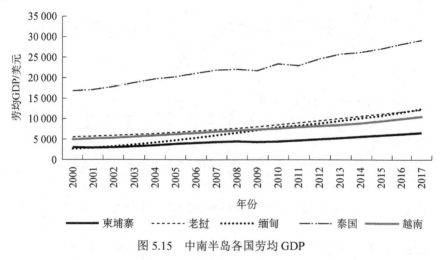

图 5.15　中南半岛各国劳均 GDP

（二）GDP 年增长率

由图 5.16 可以看出，中南半岛各国 GDP 年增长率变化都较为明显。缅甸的 GDP 年增长率较高，2010 年之前（含 2010 年）一直稳居第一位。柬埔寨在 2005～2009 年有着大幅度下降。老挝的变化稍缓和，在 5.5%～9.0% 波动。2009 年，泰国为负值，柬埔寨也仅为 0.1%。

（三）商品和服务出口总额占 GDP 的比重

由图 5.17 可以看出，2017 年越南的商品和服务出口总额占 GDP 的比重在各国中最高，总体呈上升的趋势。缅甸最低，2011 年之前（含 2011 年）只有 0.3% 左右，接近水平线，2011 年后才有所上升，2017 年达到 20%，说明缅甸 2011 年后经济开始逐步对外开放，开始融入国际分工体系。泰国在 2006 年及之前排名第一，之后保持在 70% 左右。

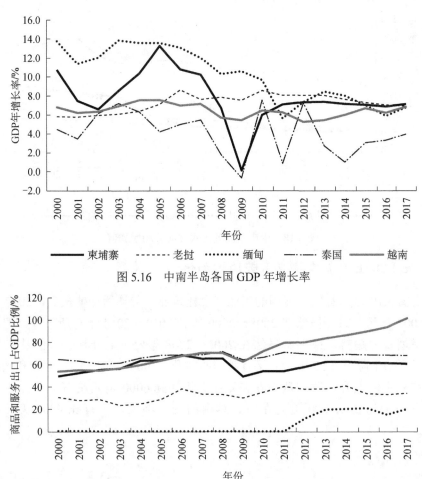

图 5.16　中南半岛各国 GDP 年增长率

图 5.17　中南半岛各国商品和服务出口总额占 GDP 的比重

（四）农林渔劳均增加值

由图 5.18 可以看出，泰国的农林渔劳均增加值显著高于中南半岛其他国家，虽然在个别年份有所下降，但是总体趋势是上升的，最高达到 3000 美元左右。总体来看，老挝最低，但是一直处于增长的状态，从 2000 年的 577 美元上升到 2017 年的 888 美元。缅甸和柬埔寨上升的速度相对较快，2017 年均达到 1500 美元以上。

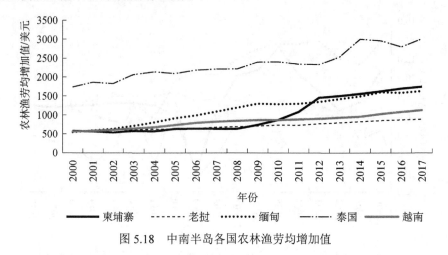

图 5.18 中南半岛各国农林渔劳均增加值

（五）工业（含建筑业）劳均增加值

由图 5.19 可以看出，泰国的工业（含建筑业）劳均增加值最高，2017 年达到 18 000 美元左右，虽然在 2008～2009 年和 2012～2014 年有所下降，但是总体上呈增长的趋势。柬埔寨虽然在 2001～2008 年处于上升状态，但是在 2008 年后又开始下降，2012 年之后又有微弱的回升。2000～2017 年，缅甸和老挝总体也在稳步地上升，缅甸从 700 美元左右增加到 6000 美元左右，老挝从 8000 美元左右增加到 13 000 美元左右。越南的变化不大，一直在 4000 美元左右波动。

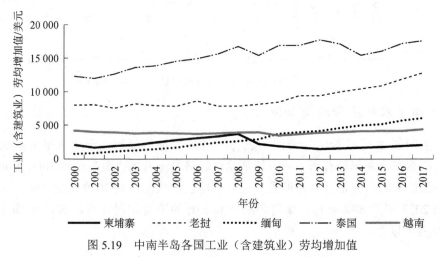

图 5.19 中南半岛各国工业（含建筑业）劳均增加值

（六）服务业劳均增加值

由图 5.20 可以看出，泰国的服务业劳均增加值在中南半岛国家中最高，从

2000 年的 9963 美元上升到 2017 年的 13 000 美元左右，其间在 2008～2009 年和 2013～2014 年有下降趋势。柬埔寨最低，虽然在 2008 年前保持上升，但 2008～2012 年不断下降，2013 年之后呈上升趋势，2017 年达到 1600 美元左右。老挝稳定在 5000 美元左右。缅甸和越南总体上缓慢增长。

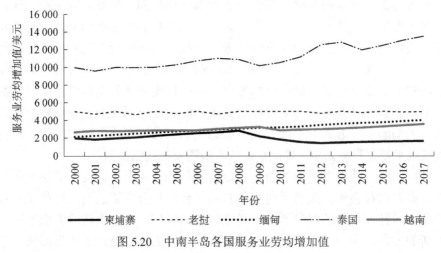

图 5.20　中南半岛各国服务业劳均增加值

（七）制造业增加值年增长率

由图 5.21 可以看出，2008 年的国际金融危机对中南半岛制造业造成的冲击还是非常显著的，但这些国家恢复起来也很快，影响期只有 1～2 年。中南半岛各国制造业增加值年增长率都波动明显。尤其是柬埔寨，该国在 2009～2010 年从−15.5%增长到 29.6%。老挝的变化相对平稳，在 3.2%～15.1%波动。缅甸总体排在第一位，最高达到 35.8%，2017 年为 10%左右。

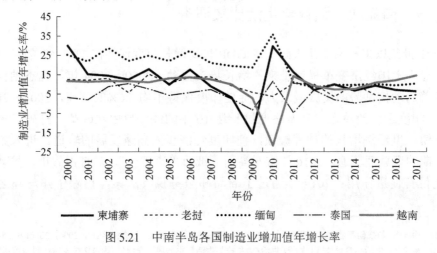

图 5.21　中南半岛各国制造业增加值年增长率

第二节　社会生活比较研究

人类历史中发生的变化及其演变过程都和科技创新的发展联系在一起。科学技术大发展的时代有 300 年左右时间，而人类社会发生深刻变化的时代也恰在这期间；自从近代自然科学出现以来，科技创新对社会发展的推动作用越来越明显，每一次大的科学发现都极大地推动了社会进步。现代社会中科技创新和经济发展、社会生活的结合更加紧密，不断出现的新发明和新发现以及高科技的不断创新和产业化，推动着社会进步和经济发展，社会产业结构、生产力要素和人们的生产方式、生活方式、思想观念都在不断地发生着变化。提高人民生活水平需要科技创新，提高全民族素质需要科技创新①。

科技创新与社会生活相互融合，难以分割。一方面，社会生活孕育了科技创新，多彩的社会生活提供了科技创新的平台，社会生活的追求提供了科技创新的动力，社会生活的艰辛激发了科技创新的灵感，社会生活的希望展现了科技创新的方向；另一方面，科技创新改变了社会生活，提升了生活品质，扩展了生活半径，加快了生活节奏，也随之带来了一些生活的问题，当然也在不断为这些生活问题提供解决方案②。

科技创新推动经济增长，终极目的是促进民众的生活改善、社会进步。从社会生活来看，科技创新促进民众幸福、社会平等、幸福产出等的改善。选定人均 GDP、基尼（GINI）系数、预期寿命、互联网使用比例、贫困率、千人病床数 6 个指标度量社会生活。

一、南亚次大陆社会生活比较研究

21 世纪以来，南亚次大陆七国 GDP 年均增长速度保持在 5%～6% 的经济成果，缘于七国经济变革提速带来的增长势头强劲。2000～2004 年，瓦杰帕伊总理靠着启动核试验的民族凝聚力，促使印度保持年均 5.6% 的增速，2004～2014 年，"印度经济改革之父"辛格通过长达 10 年的经济自由化改革，打破了多年来束缚印度经济增长的种种枷锁，使印度经济步入高速发展的轨道。进入第二任任期的现总理莫迪，2016 年宣布高面额纸币"废钞令"，对打击假币、推动线上支付有促进作用；2017 年通过了商品和服务税收法案，扫除了邦与邦之间

---

① 徐一飞. 科技创新是社会经济发展的内在动力. 青岛科技大学学报（社会科学版），2004，20（1）：38-40.
② 崔希栋. 生活孕育科技 科技改变生活："科技与生活"主题展厅介绍//中国科学技术馆：科技馆研究文选（2006—2015）. 北京：科学普及出版社，2016：15-20.

的税收障碍，第一次在印度形成全国统一的单一市场。

研究期内，除印度外的其他南亚次大陆国家整体也保持了较快经济增长。受经济变革提速、出口增加、基础设施投资拉动以及国际产能转移等因素影响，巴基斯坦、孟加拉国等后发优势逐步显现。巴基斯坦加紧落实"2025 愿景"计划，国家电网改造升级及电站、高速公路等重点项目建设取得实质进展，推动了经济稳步回升。孟加拉国政府以实现中高增长、跨越式发展为施政目标，推进市场化改革，改善投资环境。尼泊尔经济走出了 2015 年特大地震灾害以来的低谷。斯里兰卡政府重拾自由市场经济政策，限制国有企业扩张，重点增加机场、港口等基础设施投资，推进工业园区建设。

经济发展推动了社会生活的明显改善。各国贫困发生率稳定持续下降，互联网使用比例、人口预期寿命稳步上升。但受历史积淀、权力架构、政党格局等因素制约，各国社会生活改善进程步调不一，各具特点。各国通过政治转型，促进经济发展、社会改良、民生改善。研究期内，南亚次大陆七国出现了人均 GDP增加、预期寿命增加、互联网使用比例上升、贫困率下降的良好发展趋势。

（一）人均 GDP

按照世界银行的定义，人均 GDP 是用 GDP 除以年终人口来计算。GDP 是指所有居民生产者在经济中的总增加值加上任何产品税的总和，减去产品价值中未包括的任何补贴，计算时没有减扣制造资产的折旧或自然资源的消耗和退化；数据以 2010 年美元不变价计。

马尔代夫的人均 GDP 在南亚次大陆七国中最高，从 2009 年以后一直呈现上升的发展趋势，2016 年达到 9000 美元左右。由图 5.22 可以看出，尼泊尔最低，最高只有 700 美元左右。岛国斯里兰卡排名第二，2017 年达到 3800 美元左右。其次是不丹和印度，二者呈现缓慢增长的趋势。巴基斯坦和孟加拉国略高于尼泊尔，也呈现缓慢增长的趋势。

（二）GINI 系数

按照世界银行的定义，GINI 系数用于衡量经济体内个人或家庭的收入分配（或消费支出）偏离完全平等分配的程度。洛伦兹曲线刻画了累积百分比的个人或家庭所拥有的财富的累积百分比之间的关系，从最贫困的个人或家庭开始。GINI 系数测量洛伦兹曲线与假设的绝对平等线之间的面积，与绝对平等线下最大面积的百分比。GINI 系数为 0，表示完全平等；GINI 系数为 100%，表示绝对不平等。

由图 5.23 可以看出，尼泊尔、斯里兰卡和印度的 GINI 系数相差不大，在30%～45%波动。总体来看，巴基斯坦最低，只有 30%左右。孟加拉国总体略高于巴基斯坦，且走势较为平稳。马尔代夫和不丹的变化不大，在 40%左右波动。2010 年，巴基斯坦、孟加拉国、尼泊尔和印度分别达到低谷，巴基斯坦只有 29.8%。2015 年，大部分国家都有略微的增长，其中尼泊尔达到了 44.8%。

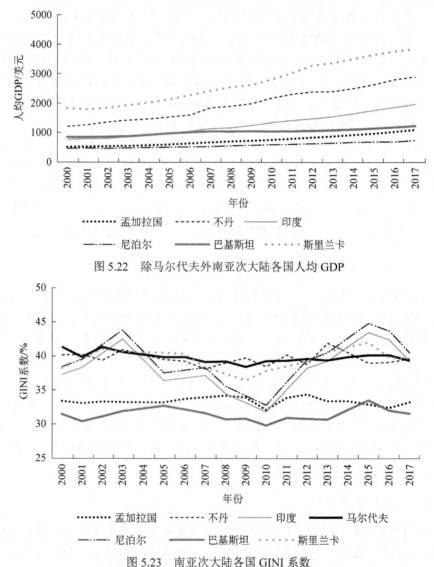

图 5.22　除马尔代夫外南亚次大陆各国人均 GDP

图 5.23　南亚次大陆各国 GINI 系数

（三）预期寿命

按照世界银行的定义，预期寿命是指如果新生儿出生时的主要死亡率模式在其整个生命中保持不变，新生儿的生存年数。

由图 5.24 可知，南亚次大陆所有国家的预期寿命都保持缓慢增长。2017 年，马尔代夫的预期寿命在南亚次大陆七国中最高，达到 77 岁左右；巴基斯坦最低，只有 66 岁左右。2000～2017 年，斯里兰卡从 71 岁涨到了 75.5 岁，孟加拉国从 65.3 岁涨到了 72.8 岁。印度、不丹和尼泊尔等国相差不多，在 70 岁左右。

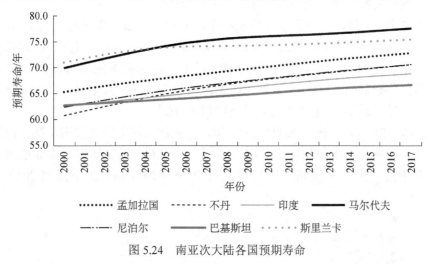

图 5.24　南亚次大陆各国预期寿命

（四）互联网使用比例

按照世界银行的定义，互联网使用比例为互联网用户占该国总人口的百分比，其中互联网用户是指在过去 3 个月内使用过互联网（来自任何地点）的个人。互联网使用可以通过电脑、手机、掌上电脑、游戏机、数字电视等实现。

由图 5.25 可以看出，马尔代夫的互联网使用比例在南亚次大陆七国中最高，而且增长迅猛，2017 年达到 65% 左右。不丹的增长也比较迅速，2017 年达到 50% 左右。尼泊尔、孟加拉国和巴基斯坦最低，不足 25%。所有国家从 2000 年起开始增长，从 2010 年起增长迅速。

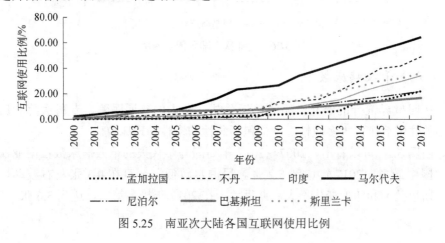

图 5.25　南亚次大陆各国互联网使用比例

（五）贫困率

按照世界银行的定义，贫困率是指生活在国家贫困线以下的人口比例。国家估计数是根据入户调查的人口抽样组估计得出的。

2013 年 10 月，世界银行行长金墉在世界银行与国际货币基金组织 2013 年联合年会召开前夕指出，发展中国家如果能在未来 7 年继续保持经济的强劲增长，那么，全球贫困率就会下落到 10% 以下，标志着贫困率首次降低到个位数。相关数据显示，1990 年发展中国家的极贫人口比例为 43%，之后全球贫困率稳步下降，到 2010 年贫困人口已下降到 12 亿人。

由图 5.26 可以看出，2000～2017 年，南亚次大陆七国的贫困率都在快速下降。其中，斯里兰卡最低，在 2017 年只有 3% 左右。巴基斯坦和孟加拉国虽然一直在下降，但仍然较高，巴基斯坦从 2000 年的 65% 以上下降到 2017 年的 20% 左右。

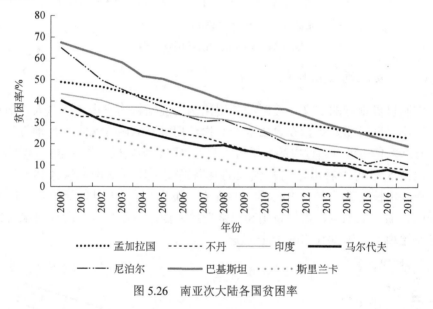

图 5.26　南亚次大陆各国贫困率

（六）千人病床数

按照世界银行的定义，病床包括公共、私人的普通医院、专科医院和康复中心的住院病床；大多数情况下，包括急性和慢性护理床位。

由图 5.27 可以看出，2007～2017 年岛国马尔代夫的千人病床数在南亚次大陆七国中最多，2017 年达到 5.2 张。尼泊尔较低，一直在 0.3 张左右波动。不丹、斯里兰卡和印度变化不大，斯里兰卡在 2017 年排名第二，达到 3.6 张。

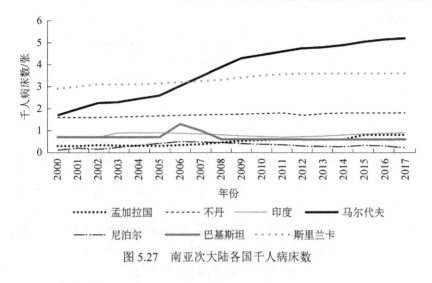

图 5.27　南亚次大陆各国千人病床数

二、马来群岛社会生活比较研究

马来群岛六国进入 21 世纪后继续保持 20 世纪末的增长势头，经济高速增长，新加坡、文莱已成功迈入发达国家行列，马来西亚、菲律宾、印度尼西亚成为新兴工业国家，其经济的高速增长推动了马来群岛成为世界经济的一个新增长极。这些马来群岛国家举世瞩目的经济社会发展成就吸引着世界各国越来越多的经济学家开始关注非西方国家的长期经济社会发展问题。

（一）人均 GDP

由图 5.28 可以看出，2000～2017 年马来群岛六国开启了不同类型的改革，随之而来的是稳定的经济增长，除文莱外马来群岛其他各国人均 GDP 总体上升。从人均 GDP 来看，新加坡从 2000 年的 3.3 万美元增加到 2017 年的 5.5 万美元，增长了 66.7%；同期马来西亚从 7010 美元增加到 11 528 美元，增长了 64.4%；印度尼西亚从 2143 美元增加到 4131 美元，增速最高达到了 92.8%；菲律宾从 1607 美元增加到 2891 美元，增长了 79.9%；东帝汶从 1345 美元增加到 2672 美元，增长 98.7%；但是文莱却从 3.6 万美元下降为 3.1 万美元，降低了 13.9%。

（二）GINI 系数

由图 5.29 可以看出，新加坡的 GINI 系数一直较高，2007～2017 年一直稳定在 47% 左右。文莱较低，虽持续上升，但直至 2017 年仍只有 37% 左右。印度尼西亚略高于文莱，二者均处于上升的趋势。马来西亚和菲律宾呈不断下降趋势。东帝汶较低，2006 年以后，低于 30%。

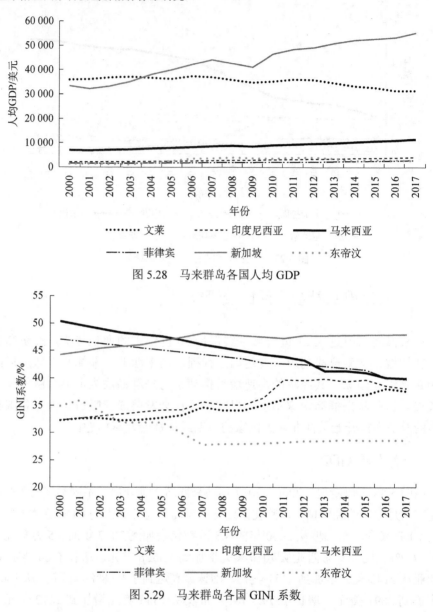

图 5.28　马来群岛各国人均 GDP

图 5.29　马来群岛各国 GINI 系数

（三）预期寿命

图 5.30 显示，在预期寿命方面，2000～2017 年，新加坡在马来群岛六国中一直保持领先地位，从 78 岁增加到 83.1 岁；文莱排名第二，从 75.2 岁增加到 77.2 岁；马来西亚排名第三，从 72.8 岁增加到 75.5 岁；东帝汶提高速度最快，从 59.4 岁增加到 69.1 岁，2017 年时即将赶上菲律宾（69.2 岁）和印度尼西亚（69.4 岁）。

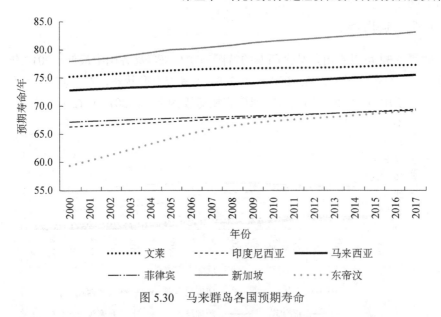

图 5.30　马来群岛各国预期寿命

（四）互联网使用比例

由图 5.31 可以看出，在互联网使用比例方面，总体看来，马来群岛各国都呈增长趋势，原来基数高的国家增长速度慢一些，原来基数低的国家增长速度快一些。前者如新加坡，从 2000 年的 36.00%上升到 2017 年的 84.45%，后者如东帝汶从 0 上升到 31.30%，印度尼西亚从 0.93%上升到 32.29%，菲律宾从 1.98%上升到 61.87%。2009～2017 年是马来群岛各国人口使用互联网快速增长的时期，为下一步马来群岛国家发展物联网、5G 等信息高科技产业奠定了基础。

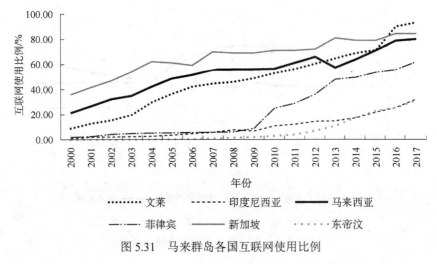

图 5.31　马来群岛各国互联网使用比例

（五）贫困率

由图 5.32 可以看出，马来西亚的贫困率在马来群岛各国中最低，2017 年甚至低于 1%。东帝汶最高，在 2000 年到 2007 年呈现上升状态，在 2007 年后有所下降，截至 2017 年达到 38% 左右。菲律宾相对较为平稳，2017 年在 20% 左右。

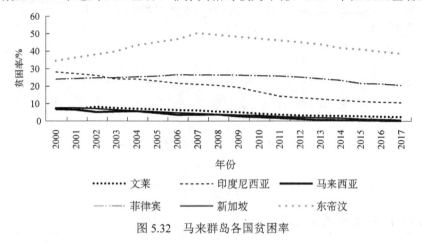

图 5.32　马来群岛各国贫困率

（六）千人病床数

由图 5.33 可以看出，东帝汶的千人病床数在马来群岛各国中最多，2017 年达到 6 张左右。菲律宾较低，2017 年在 1 张左右。马来西亚和文莱的变化不大，分别在 2 张和 2.7 张左右。印度尼西亚的千人病床数呈缓慢增长的状态。

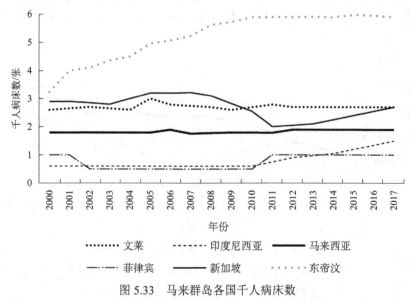

图 5.33　马来群岛各国千人病床数

三、中南半岛社会生活比较研究

后加入东盟的越南、老挝、柬埔寨、缅甸市场化改革持续推进，社会生活明显改善，贫困发生率稳定持续下降，人均 GDP、互联网使用比例、人口预期寿命稳步上升。数据显示，柬埔寨人均 GDP 已从 2000 年的 431 美元，上升到 2017 年的 1137 美元，进入中低收入国家行列。

（一）人均 GDP

中南半岛五国中，泰国的人均 GDP 最高，从 2000 年的 3500 美元增加到 2017 年的 6000 美元左右。其他四国（东盟"新四国"）数据如图 5.34 所示。2000~2017 年，东盟"新四国"稳步上升。2007~2017 年，柬埔寨在中南半岛五国中排最后，在 2017 年只有 1100 美元左右，只有泰国的 1/6。越南、老挝和缅甸的增长趋势相似。其中，越南略高于其他国家，从 2000 年的 761.6 美元涨到 2017 年的 1800 美元左右；缅甸从 2000 年的 350 美元左右增长到 2017 年的 1500 美元左右。

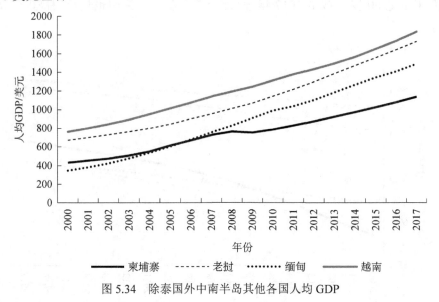

图 5.34　除泰国外中南半岛其他各国人均 GDP

（二）GINI 系数

由图 5.35 看出，中南半岛五国中，泰国和缅甸的 GINI 系数相对较高，但是相对 2000 年有所下降，2017 年均不足 40%。老挝在 2012 年后逐渐下降，2017 年只有 27% 左右。越南 2017 年相比 2000 年有所下降，降低到 33% 左右。

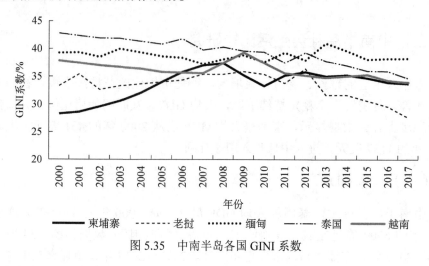

图 5.35　中南半岛各国 GINI 系数

（三）预期寿命

由图 5.36 可知，总体来看，中南半岛各国都呈现上升的趋势。其中，越南的预期寿命最高，从 2000 年的 73 岁增长到 2017 年的 76 岁。老挝较低，在 2000 年不足 60 岁，截至 2017 年增长到 67 岁左右。泰国也相对较高，仅次于越南。

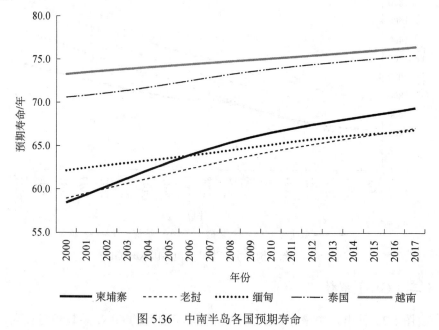

图 5.36　中南半岛各国预期寿命

（四）互联网使用比例

由图 5.37 可以看出，泰国和越南的互联网使用比例较高，且增长迅速，2017 年达到 50% 左右。其余三个国家在 2007 年之前接近个位数，2007 年之后才开始有所上升，2013～2017 年增长迅速。柬埔寨在 2017 年达到了 34% 左右。

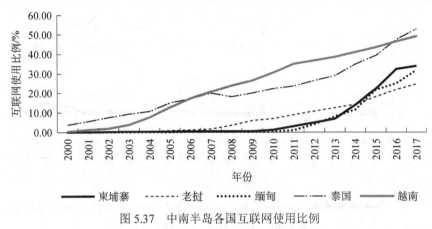

图 5.37　中南半岛各国互联网使用比例

（五）贫困率

由图 5.38 可知，总体来看，泰国的贫困率最低，从 2000 年的 42% 降低到 2017 年的 7% 左右；缅甸最高，2017 年有 27% 左右。老挝、越南和柬埔寨也一直处于下降的状态，其中老挝 2017 年在 16% 左右。

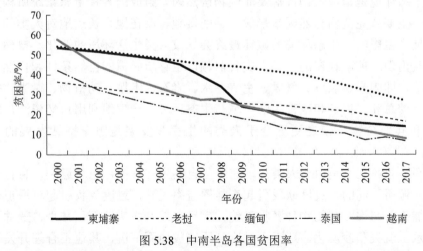

图 5.38　中南半岛各国贫困率

（六）千人病床数

由图 5.39 可知，总体来看，除 2002 年越南的千人病床数低于泰国以外，研究期内的其他年份中，越南最多，但波动较大。泰国与缅甸在研究期内变化不大，前者在 2.0～2.5 张变化，后者在 0.5～1.0 张变化。除 2010 年外，老挝在该五国中处于中间位置。

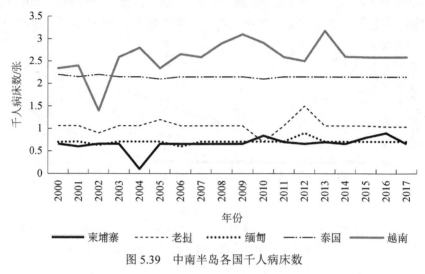

图 5.39　中南半岛各国千人病床数

第三节　环境保护比较研究

　　生态环境是指由生物群落及非生物自然因素组成的各种生态系统所构成的整体，主要或完全由自然因素形成，并间接地、潜在地、长远地对人类的生存和发展产生影响。生态环境的破坏最终会导致人类生活环境的恶化。自然环境是人类出现之前就存在的，是人类目前赖以生存所必需的自然条件和自然资源的总称，即阳光、温度、气候、空气、水、岩石、土壤、动植物、微生物等自然因素的总和。保护和改善生活环境与生态环境，合理地利用自然资源，防治污染和其他公害，使之更适合于人类的生存和发展是国家持续发展的必经道路。

　　环境破坏主要是由于人类活动违背了自然生态规律，急功近利，盲目开发自然资源所引起的。过度砍伐引起森林覆盖率锐减，过度放牧引起草原退化，滥肆捕杀引起许多动物物种濒临灭绝，盲目占地造成耕地面积减少，毁林开荒造成水土流失和沙漠化，地下水过度开采造成地面下沉，其他不合理开发利用造成地质结构破坏、地貌景观破坏等。人类在实现自己的经济发展目标的同时，不能以破坏环境为代价，或者使环境向不稳定和无序的方向发展，特别是不能使生命保障系统遭到继续破坏而使生命之网瓦解①。

科技创新是环境保护优化调节经济发展的支撑,环境保护在转变经济发展方式、推动产业结构调整、实现科学发展和可持续发展中具有基础性、导向性和关键性作用。推进工业行业结构调整和优化,加快淘汰落后产能,走科技含量高、资源消耗低、环境污染少的新型工业化道路。

选定 PM$_{2.5}$ 空气污染年均暴露量、人均国内可再生淡水资源量、农村人口用电比例、使用清洁能源和技术烹饪的人口比例、森林覆盖率 5 个指标度量环境保护。

一、南亚次大陆环境保护比较研究

自然环境恶化。就水资源来说,南亚地区面临的问题包括:干旱缺水严峻、洪涝威胁大、地区性水污染令人震惊。干旱缺水方面:印度、斯里兰卡都处于缺水范畴,即人均年水资源量在 1000～5000 米^3 的低水平;尼泊尔处于不缺水范畴,人均年占水资源量在 5000～10 000 米^3 的中等水平;孟加拉国、不丹处于水资源丰富范畴,人均年占水资源量在大于 10 000 米^3 的高水平。

人口问题。南亚地区在人口迅速增长和消费水平不断提高的双重压力下,资源耗竭和环境污染的问题尤为严重。由于人口众多,人均耕地少,一方面影响南亚农业规模效益的发挥,同时又促使人们毁林开荒,造成森林面积进一步减少,水土流失进一步加剧,荒漠化程度进一步提高,生态环境进一步恶化,制约农业生产发展。同时,现代工业的发展和城市人口的增加又使污染问题更加严重,许多河流严重污染,许多城市空气污染也相当严重。这不仅严重影响到经济的持续发展,而且危及人民生命安全。

工业化进程带来的环境问题。工业发展造成的公害增多,醉心于经济增长和发展的人们往往不惜从香烟和化学杀虫剂等危害健康、破坏环境的产品中攫取暴利。南亚有些地区,将近 1/4 的农作物不是为人所食用的,而是被害虫吃掉了。如果将害虫消灭,农作物产量就会增加。杀虫剂的使用,避免了虫害,但会将其毒性残留在土地或者农作物中,危害人或动物健康②。

南亚国家在发展经济的过程中,逐步意识到环境保护的重要性,推动出台了一些有关环境保护的法律法规,加入国际环境保护条约,如南亚次大陆七国全部签署加入《巴黎气候变化协定》。

---

① 孙长双. 加强环境保护,提高生态水平. 吉林蔬菜,2019,(1):50-51.
② 赵颖. 南亚地区生态环境问题的政治理论透析. 西安:陕西师范大学,2005:2-9.

（一）PM₂.₅空气污染年均暴露量

按照世界银行的定义，PM₂.₅空气污染年均暴露量是指PM₂.₅环境污染人口加权暴露量，通过直径小于2.5微米悬浮颗粒在空气中的平均浓度来衡量，这些悬浮颗粒会进入人的呼吸道中，进而损害人体健康。暴露量采用城市人口暴露量和乡村人口暴露量加权计算而来。

PM₂.₅又称为细颗粒物，能够较长时间悬浮于空气中且远距离输送，可富集空气中的有害物质。相比PM₁₀，PM₂.₅粒径更小，可直达肺泡，吸附于黏膜上，永久留于体内。PM₂.₅不是一种单一的物质，而是固体和液体混合的微小颗粒，受到地域、季节、能源结构、工业水平等因素影响，其成分也有所差异。

由图5.40可以看出，2017年孟加拉国的PM₂.₅空气污染年均暴露量在南亚次大陆各国中最高，超过100微克/米³；马尔代夫和斯里兰卡最低，只有25微克/米³左右，是孟加拉国的1/4，且呈下降趋势。尼泊尔逐年增加，2017年达到了80微克/米³左右。

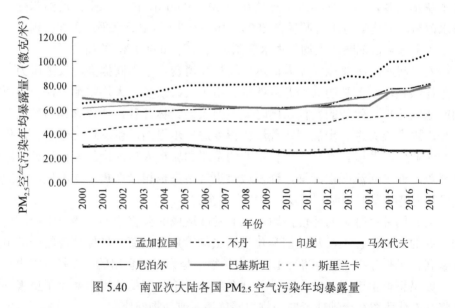

图5.40　南亚次大陆各国PM₂.₅空气污染年均暴露量

（二）人均国内可再生淡水资源量

按照世界银行的定义，国内可再生淡水资源是指一国领土内的可再生淡水资源（内河流水和降雨形成的地下水），人均国内可再生淡水资源量是根据世界银行的人口估计数计算的。

不丹的人均国内可再生淡水资源量在南亚次大陆各国中最多，但2000～2017年呈现不断下降的趋势，从13万米³下降到的10万米³。由图5.41可以看出，马尔代夫最少，不足105米³。所有国家都在不断减少，其中尼泊尔从2000

年的 8000 多米³ 降至 2017 年的 6000 多米³。

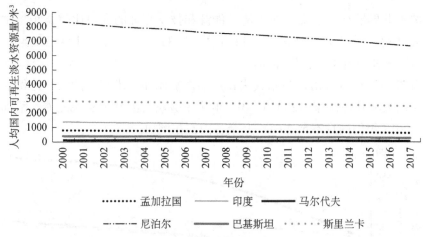

图 5.41 除不丹外南亚次大陆其他各国人均国内可再生淡水资源量

（三）农村人口用电比例

按照世界银行的定义，农村人口用电比例是指农村用电人口占农村总人口的百分比。

由图 5.42 可知，总体来看，马尔代夫的农村人口用电比例在南亚次大陆各国中最高，在 2014 年即达到 100%。孟加拉国最低，2017 年也才达到 80%左右。其余各国也都在显著地上升，偶有年份有所下降。巴基斯坦在 2003～2004 年下跌了12%左右，印度在 2010～2011 年和 2015～2016 年也有明显下降。

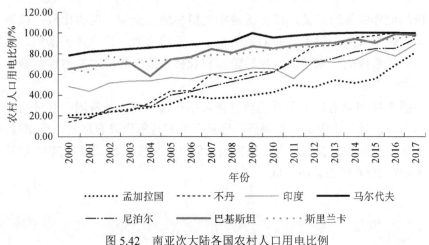

图 5.42 南亚次大陆各国农村人口用电比例

（四）使用清洁能源和技术烹饪的人口比例

按照世界银行的定义，使用清洁能源和技术烹饪的人口比例是指日常烹饪中主要使用清洁能源和技术的人口占总人口的比例，根据世界卫生组织的准则，清洁烹饪燃料中不包括煤油。

由图 5.43 可以看出，马尔代夫使用清洁能源和技术烹饪的人口比例显著高于南亚次大陆其他国家，2000～2017 年从 30% 左右上升至 95% 左右。孟加拉国最低，2017 年仍尚且不足 20%。其余各国都在增加。

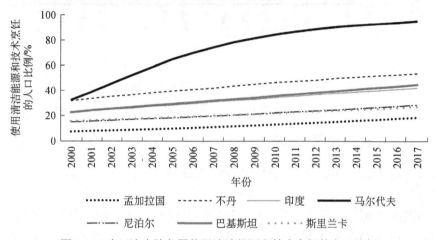

图 5.43　南亚次大陆各国使用清洁能源和技术烹饪的人口比例

（五）森林覆盖率

按照世界银行的定义，森林覆盖率是指林地占全部土地的比例；林地是区域内天然树木或人工树木之间的距离小于 5 米的土地，无论是否密集，不包括农业生产系统内的树木（如水果种植园和农林系统内的树木）占地和城市公园和花园内的树木占地。

由图 5.44 可以看出，不丹的森林覆盖率在南亚次大陆各国中是最高的，高达 70% 左右，且呈缓慢上升的趋势。巴基斯坦和马尔代夫非常低，在 3% 附近波动。斯里兰卡虽然在 30% 以上，但持续降低。孟加拉国和尼泊尔 2017 年的森林覆盖率相对 2000 年也有所降低。

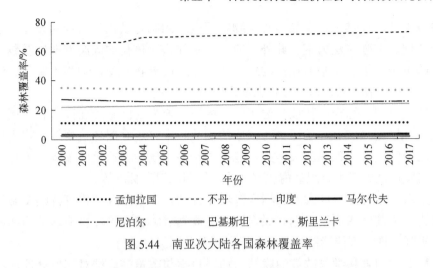

图 5.44 南亚次大陆各国森林覆盖率

二、马来群岛各国环境保护比较研究

亚太区域环境部长论坛是联合国环境规划署对 2012 年联合国可持续发展大会授权其加强区域存在的相应行动，在众多亚太地区环境合作机制中级别较高、影响较大。2015 年 5 月 19~20 日，亚太区域环境部长论坛在泰国曼谷召开首届会议，来自 33 个亚太地区国家的代表参会，会上确定了亚太区域环境领域七大优先议题，这些议题成为未来亚太区域环境合作的重点。

第一，加强应对气候变化的恢复力。亚太地区对气候变化和极端天气事件高度脆弱，尽管现已推行了一些气候变化适应与减缓、降低灾害风险和加强防灾能力的政策措施，然而未来亚太地区还需继续加强应对气候变化的恢复力，特别是关键经济部门和基础设施的恢复力，并重点关注提升灾害预防和应对能力。

第二，将经济增长与资源利用和环境污染脱钩。完善可持续消费与生产有关政策，促进提升资源利用效率，增强本地区人民福祉，降低对环境的负面影响。未来亚太地区将重点关注能够引导行为模式变革、促进经济增长与资源环境脱钩、推动减贫的可持续消费与生产政策，同时继续促进绿色经济和蓝色经济发展。

第三，保护生物多样性和确保生态系统服务的可持续供给。保护生态系统及其价值是减贫的关键要素之一。未来应加强海洋资源一体化管理以及对生态系统和自然资源的评估和投资，在海洋和陆地生态系统及其服务功能评估和管理方面提高区域国家能力，相关措施包括在国家和区域层面监测非法野生动植物贸易、加强土地利用管理等。

第四，化学品与废弃物管理。未来应向区域各国提供必要的技术支持和能力建设支持，以推进化学品与废弃物管理政策的制定及执行，推动设立标准、制定法规、加强执法力度。此外，应进一步促进一体化的固废管理以及包括海洋中的电子垃圾和微塑料在内的跨界化学品与废弃物管理，加强巴塞尔公约等化学品和废弃物多边环境协议的落实和执行。

第五，制定综合的环境与健康政策措施。亚太地区亟须在国家和区域层面采取综合措施来应对环境污染对健康的挑战。未来联合国环境规划署将支持旨在推动空气污染防控的相关努力，包括将跨界空气污染的负面影响最小化，支持各国履行世界卫生组织室内和室外的空气和水卫生标准等。

第六，结合可持续发展目标升级环保行动。亚太地区应将可持续发展目标主流化，将其纳入国别规划。联合国环境规划署将在完善环境治理结构和相关融资机制、推动可持续发展目标执行方面向各国提供支持。

第七，加强科学与政策的联结。加强科学与政策的联结对有效处理环境挑战至关重要。联合国环境规划署将通过全球环境展望、联合国环境规划署实时动态和相关区域进程加强亚太地区科学与政策的联结。[①]

（一）PM$_{2.5}$空气污染年均暴露量

由图 5.45 可以看出，马来群岛各国中菲律宾的 PM$_{2.5}$ 空气污染年均暴露量在 2000～2014 年最高。文莱最低，在 5～8 微克/米^3 波动。新加坡的波动比较大，在 2000～2005 年有明显上升，而后开始下降，在 2014～2016 年又呈上升的趋势。东帝汶有略微下降的趋势。

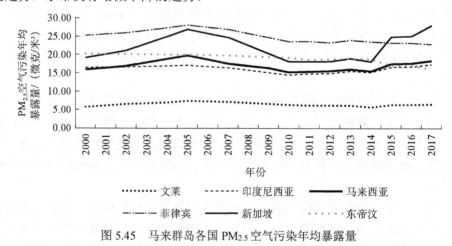

图 5.45　马来群岛各国 PM$_{2.5}$ 空气污染年均暴露量

---

① 解然. 亚太地区环境领域优先议题与区域环境合作趋势分析. 2016 中国环境科学学会学术年会论文集（第四卷）. 北京：中国环境科学学会.

（二）人均国内可再生淡水资源量

由图 5.46 可以看出，马来群岛各国的人均国内可再生淡水资源量都在不断下降。其中，文莱最多，2017 年在 20 000 米³ 左右；新加坡一直较低，2000 年只有 150 米³，2017 年下降至 100 米³；马来西亚仅次于文莱，排名第二，在 2017 年达到 18 000 米³ 左右。

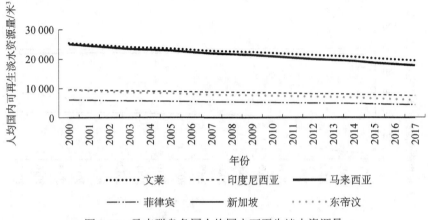

图 5.46　马来群岛各国人均国内可再生淡水资源量

（三）农村人口用电比例

由图 5.47 可以看出，马来群岛各国中，新加坡和文莱的农村人口用电比例最高，达到 100%。东帝汶最低，但是总体呈增长趋势，从 2000 年的 3% 左右增长到 2017 年的 70% 左右。马来西亚仅次于新加坡和文莱，在 2012 年达到 99.3%，在 2016 年达到 100%。

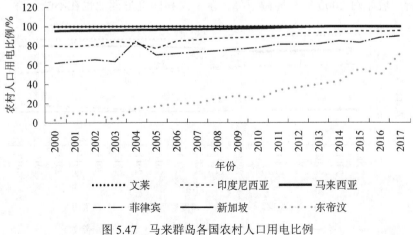

图 5.47　马来群岛各国农村人口用电比例

（四）使用清洁能源和技术烹饪的人口比例

由图 5.48 可以看出，马来群岛各国中，文莱和新加坡的使用清洁能源和技术烹饪的人口比例最高，达到 100%。东帝汶最低，虽然从 2000 年后不断增长，但是涨幅不大，截至 2017 年只有 7%左右。印度尼西亚有着明显增长，从 2000 年的 5.42%上升到 2017 年 60%左右。

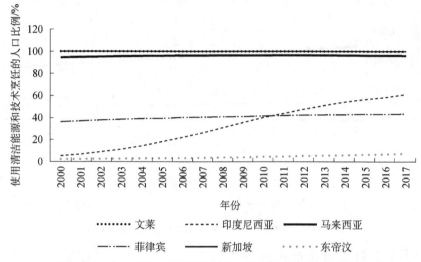

图 5.48　马来群岛各国使用清洁能源和技术烹饪的人口比例

（五）森林覆盖率

由图 5.49 可以看出，马来群岛各国中，文莱的森林覆盖率最高，但是从 2000 年开始一直下降。新加坡和菲律宾最低，菲律宾在 2011 年后有上升的趋势，新加坡相对 2000 年有轻微下降。东帝汶和印度尼西亚也在不断下降。

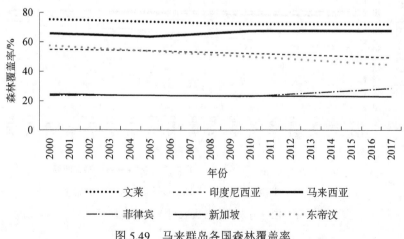

图 5.49　马来群岛各国森林覆盖率

三、中南半岛环境保护比较研究

2015年9月，联合国可持续发展峰会正式通过了《变革我们的世界：2030年可持续发展议程》，为未来15年全球可持续发展合作指明了方向。该议程涉及经济、环境和社会三方面的协调统一，旨在以平衡的方式实现经济发展、社会发展和环境保护。

可持续发展目标是《变革我们的世界：2030年可持续发展议程》的核心内容，包括17个目标：一是在全世界消除一切形式的贫穷；二是消除饥饿，实现粮食安全，改善营养和促进可持续农业；三是让不同年龄段的人们都过上健康的生活，促进他们的安康；四是提供包容和公平的优质教育，让全民终身享有学习机会；五是实现性别平等，增强所有妇女和女孩的权能；六是向所有人提供水和环境卫生并对其进行可持续管理；七是每个人都能获得廉价、可靠和可持续的现代化能源；八是促进持久、包容性的可持续经济增长，促进充分的生产性就业和让人有体面的工作；九是建造有抵御灾害能力的基础设施，促进包容性的可持续工业化，推动创新；十是减少国家内部和国家之间的不平等；十一是建设包容、安全、有抵御灾害能力的可持续城市和人类住区；十二是采用可持续的消费和生产模式；十三是采取紧急行动来应对气候变化及其影响；十四是养护和可持续利用海洋和海洋资源以促进可持续发展；十五是保护、恢复和促进可持续利用陆地生态系统，可持续地管理森林，防治荒漠化，制止和扭转土地退化，阻止生物多样性的丧失；十六是创建和平、包容的社会以促进可持续发展，让所有人都能诉诸司法，在各级建立有效、负责和包容的机构；十七是加强执行手段，恢复可持续发展全球伙伴关系的活力。

落实《变革我们的世界：2030年可持续发展议程》是全球和区域治理中的重要议题。自该议程提出以来，中南半岛各国根据各自国情推进相应议程。首先，相关国家都加大了对经济发展和城市化进程的重视程度。中南半岛是全球城市化和工业化进程速度最快的区域之一，各国对该议程的第8～11个目标，即涉及可持续经济增长和就业、可持续工业化和创新、减少不平等、建设可持续城市和人类住区、可持续的消费和生产等目标予以关注。其次，中南半岛各国政府也在努力提高经济和社会的基本保障，即第1～7个目标，涉及消除贫困，消除饥饿，保障受教育权利，促进性别平等，享有水、环境卫生和能源服务等，主要体现在确保中南半岛区域人民的基本需求。最后，中南半岛国家更加积极应对制度建设和环境气候问题，即第13～17个目标，涉及应对气候变化、保护海洋资源和陆地生态系统，以及通过良治和伙伴关系实现可持续发展①。

① 于宏源，汪万发. 澜湄区域落实2030可持续发展议程：进展、挑战与实施路径. 国际问题研究，2019，189（1）：75-84.

（一）PM$_{2.5}$空气污染年均暴露量

由图 5.50 可以看出，中南半岛各国，缅甸的 PM$_{2.5}$ 空气污染年均暴露量最高，2000 年为 45 微克/米^3 左右，在 2014 年达到最高点，2014～2016 年又有所下降。泰国最低，在 25 微克/米^3 左右波动。柬埔寨也相对较低。

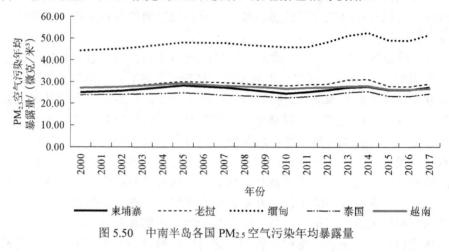

图 5.50 中南半岛各国 PM$_{2.5}$ 空气污染年均暴露量

（二）人均国内可再生淡水资源量

由图 5.51 可以看出，中南半岛各国人均国内可再生淡水资源量都在下降。其中，老挝最多，2000 年超过了 35 000 米^3，2017 年在 27 000 米^3 左右。泰国最少，不足老挝的 1/5。缅甸仅次于老挝，位居第二。之后是柬埔寨和越南。

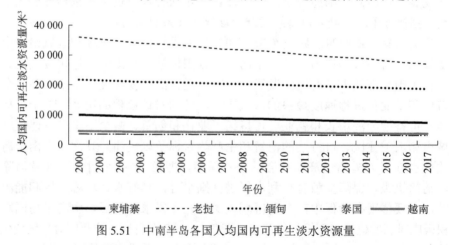

图 5.51 中南半岛各国人均国内可再生淡水资源量

（三）农村人口用电比例

由图 5.52 可以看出，中南半岛各国农村人口用电比例都在不断上涨。其中，越南和泰国最高，在 2012 年及之后接近或达到 100%；而柬埔寨最低，2017 年不足 40%，但是相对于 2000 年提高了 30 个百分点。老挝仅次于越南和泰国，2017 年达到 90% 左右。

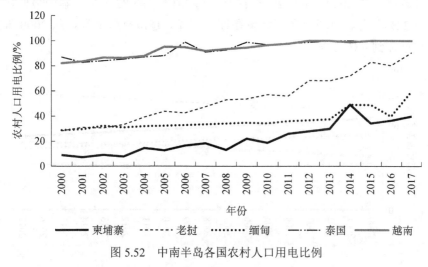

图 5.52 中南半岛各国农村人口用电比例

（四）使用清洁能源和技术烹饪的人口比例

由图 5.53 可以看出，中南半岛各国使用清洁能源和技术烹饪的人口比例都在不断上升。其中，泰国最高，2017 年达到 75% 左右；老挝最低，2017 年只有 5% 左右。越南的比例涨幅最大，从 2000 年的 15% 左右增长到 2017 年的 70% 左右，且呈持续上升的趋势。缅甸和柬埔寨的上升趋势稍微缓慢一点，2017 年达到 20% 左右。

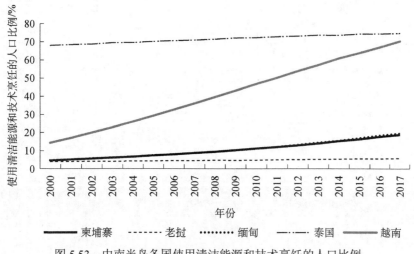

图 5.53 中南半岛各国使用清洁能源和技术烹饪的人口比例

（五）森林覆盖率

由图 5.54 可以看出，中南半岛各国中，老挝的森林覆盖率最高，且有明显的上升趋势，从 2000 年的 72% 左右上升到 2017 年的 82.93%。泰国最低，2017年只有 32% 左右。柬埔寨和缅甸也在逐年下降。越南有所上升，从 2000 年的不足 40% 增加到 48% 左右。

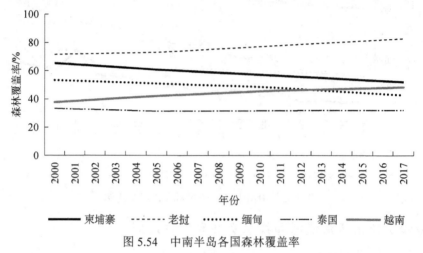

图 5.54　中南半岛各国森林覆盖率

第二篇
南亚东南亚国家科技创新能力国别研究

21 世纪以来，南亚东南亚大部分国家经济发展稳定，根据 2000～2017 年相关数据提供的科技创新信息，可以归纳出 3 项主要结论。

结论 1：有可能对南亚东南亚科技创新和增长持乐观态度

从 2000～2017 年数据分析来看，南亚东南亚范围内普遍出现了经济增长势头；其目前的挑战是中美贸易争端会多大程度地影响该地区的增长速度。在这一背景下，需要重新对扶持科技创新驱动型增长新源头的政策进行优先排序，投资科技创新对实现这一目标至关重要。

过去三十年来，科学技术以及教育和人力资本方面投资的全球格局出现了重大的积极转变，科技创新和 R&D 是全球各地区追求的重要政策目标。南亚东南亚 R&D 支出持续增长，在 2000～2017 年翻了一番还多；越来越多的企业成为 R&D 投资的践行者。这一发展趋势有利于在大部分中等收入国家加大科技创新力度，并在低收入经济体逐步推进科技创新。

展望未来，科技创新支出在今后数年是否会与经济增长保持一致？印度和其他南亚东南亚国家，能否在未来数年保持充满活力的创新发展轨迹？中美贸易争端对南亚东南亚的不利影响能否可控？中国"一带一路"倡议能否使南亚东南亚国家最大限度地借助中国发展的推动力？这些动态因素可构成创造性知识溢出的基础，并为合作和产生新知识和创新创造机会。

结论 2：富裕、产业和出口组合多样化的经济体更有可能在科技创新方面位居前列

从 2000～2017 年的科技创新综合能力来看，南亚东南亚中新加坡一直排名第一，是否可以提出这样的问题：国家规模小在科技创新排名中是否属于一项有利的优势？作者对科技创新得分相对于国家特征的统计关系进行了评估，主要评估结论如下。

（1）科技创新能力和以人均 GDP 作为衡量标准的经济体发展水平之间存在正向关联，但一些经济体相对于其发展水平表现突出，比如越南。

（2）考虑到所有因素，以人口规模作为衡量标准的国家规模与科技创新综合能力得分之间没有统计上显著的相关性。大国和小国都有可能获得较高的得分；小国并未过度占据排名前列。

（3）高收入经济体的经济结构以及由此产生的产业组合越多样化，该经济体的科技创新水平就越高。

（4）无论处于何种发展水平，一个经济体的出口组合越多样化，它的科技

创新水平就越高。

结论 3：地区科技创新依然严重失衡，阻碍了经济和人力发展

以平均分作为衡量标准来看：马来群岛的表现最佳，在所有三级指标中都获得了最高得分，其次是中南半岛，最后是南亚次大陆。

马来群岛（尤其是新加坡和马来西亚）是表现最好的地区。研究期内，新加坡一直排在第一位，马来西亚稳定排在第三位。文莱、菲律宾和印度尼西亚基本保持在前半部分。唯一例外的是东帝汶，它总在中游水平徘徊。

中南半岛在科技创新能力平均得分方面正在迎头赶上马来群岛，居第二位。但科技创新得分也反映出中南半岛长期存在的一些创新政策缺失：第一，它表明中南半岛内部在科技创新表现方面一直存在差异。尽管越南、泰国排在前半部分，但老挝、柬埔寨排在后半部分，缅甸处于中游水平。第二，得分还反映出中南半岛在科技创新投入方面显著改善，而在商业研发或科技创新产出方面的表现则有待进步。

位居末席的地区是发展较不均衡的南亚次大陆，印度是该地区唯一位列前半部分的经济体，其科技创新综合能力排名一直稳定在第 5～7 位。在指标层面，印度在一系列重要指标中取得了较高的排名，包括研发资金投入、科技合作、技术转移、科技知识获取、科技成果等。该地区排名较为靠后的其他经济体，尤其是斯里兰卡、尼泊尔、巴基斯坦和孟加拉国，将在今后受益于更多的创新活动。

下图为本书所研究的南亚东南亚国家加上中国的 19 个国家 2000～2017 年科技创新综合排名情况（书后附彩图）。其中，首行数字表示排名情况，图中 SGP 表示新加坡，CHN 表示中国，MYS 表示马来西亚，THA 表示泰国，IDN 表示印度尼西亚，IND 表示印度，VNM 表示越南，BRN 表示文莱，PHL 表示菲律宾，LKA 表示斯里兰卡，BGD 表示孟加拉国，PAK 表示巴基斯坦，MDV 表示马尔代夫，TLS 表示东帝汶，MMR 表示缅甸，LAO 表示老挝，KHM 表示柬埔寨，BTN 表示不丹，NPL 表示尼泊尔。

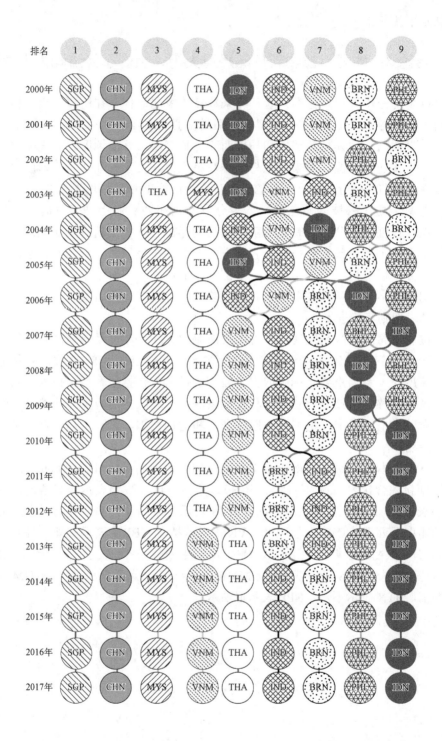

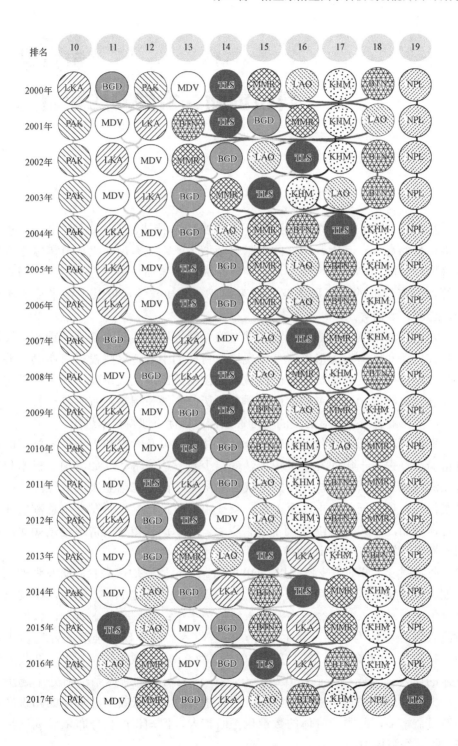

第六章
科技创新综合能力比较研究

21 世纪以来，南亚东南亚经济经历了 20 余年持续、不均衡的增长，呈现出普遍增长的势头。其中，印度的贡献日渐增大，南亚东南亚大部分国家在维持经济增长方面同样功不可没，包括南亚次大陆的孟加拉国、巴基斯坦、斯里兰卡等，马来群岛的印度尼西亚、马来西亚、菲律宾等，以及中南半岛的柬埔寨、越南、缅甸等。

为科技创新驱动型增长奠定基础对确保经济增长的短周期至关重要，投资于科技创新和创造等无形资产是实现这一目标的中心，这些投资对激励能够在较长时期内产生重大影响的突破性技术和创新的出现至关重要。鉴于从最初提出概念到最终成功完成突破性创新需要经历一个漫长周期，有时甚至长达四五十年，现在就要着手开展必要的基础性工作，以促进取得根本进步。

事实上，从历史的角度来看，全球科技领域以及教育和人力资本领域的投资格局在过去三十年间发生了积极转变。少数发达经济体（如美国、日本和某些欧洲国家）垄断研究与开发的时代已经结束，南亚东南亚大部分经济体已将研发作为一项共同的追求，至少是一项严肃的政策目标，研发支出总额估计值一直在增加，2000～2017 年翻了一番以上。知识产权申请的情况也是如此，知识产权申请量在 2017 年达到最高水平。

研发强度，即研发支出除以 GDP 的值。从世界平均值来看，研发强度在上述期间从 2.06%上升到了 2.31%，中国从 0.89%上升到 2.11%。然而，研发仍然高度集中于高收入和极少数中等收入经济体手中；特别是基础研发，依然以少数高收入经济体为主导。除中国外，中等收入经济体研发强度的提高微乎其微，只是从 2000 年的 0.5%上升到 2016 年的 0.6%。2000～2018 年，低收入经济体的研发强度始终徘徊在 0.2%～0.4%，这表明其创新体系仍旧处于起步阶段。大致说来，知识产权亦是如此，尽管中等收入和低收入经济体的知识产权申请日益增多，此类经济体的数量也不断扩大，但知识产权分布依然高度集中在高收入经济体中。

　　未来，各国政府在制定政策以维持当前的经济增长势头时，应优先重视研发和创新。将来，如果科技创新支出在未来几年内与经济增长保持一致，那么未来的创新景象会如何？如果和南亚东南亚国家在未来几年实现高创新支出和高专利增长，情况又将如何？这种动态变化既可以为生产知识的溢出奠定基础，又能为相互协作以及新知识和创新的产生创造机会。

　　科技创新若能充分发挥其作用，不仅能成为经济增长的驱动力，而且还将成为解决老龄化、环境污染和疾病传播等迫在眉睫的社会问题的方案之源。科技创新的影响，无论是业已产生的，还是在不久的未来将要产生的，价值都超越了金钱和经济增长百分点的衡量范围，是应对人类在 21 世纪所面临的重大挑战的关键①。

　　2000～2017 年，南亚东南亚国家的科技创新取得了显著进步，但就南亚东南亚国家加上中国②的 19 个国家（简称 19 国）来说，经济排名靠前的 9 个国家的科技创新排名仍然都在前 9 位，两个国家群之间的鸿沟似乎难以逾越（见书后彩图）。19 个国家科技创新能力呈现以下特征：第一，新加坡、中国、马来西亚稳居前三位，科技创新稳步快速发展。第二，尼泊尔绝大部分年份处于末位，没有显著进步的趋势。第三，进步最大的国家中，越南从第 7 位上升到第 4 位，并已保持了 5 年，巴基斯坦从第 12 位上升到第 10 位，缅甸从第 15 位上升到第 12 位。第四，退步较大的国家中，印度尼西亚从第 5 位下降为第 9 位，并已保持了 8 年；东帝汶从第 14 位下降为第 19 位，斯里兰卡从第 10 位下降为第 14 位。

第一节　南亚次大陆科技创新综合能力比较研究

　　南亚次大陆各国科技创新发展不均衡。印度为科技创新活动采取了最积极的举措。在南亚东南亚科技创新综合能力排名方面，印度是该地区唯一位居前半部分的国家，在 2000～2017 年排名稳居 19 国的第 6 位，仅排在新加坡、中国、马来西亚、越南、泰国之后。其他 6 个国家大致分为以下两种情况：第一种情况是科技创新能力排名虽然位于后半部分，但在后半部分的靠前位置。例如巴基斯坦，其在 2000～2017 年的排名从第 12 位上升为第 10 位，已处在后半区的首位，有望进入前半部分国家群。其余国家属于第二种情况，包括马尔代夫、斯里兰卡、孟加拉国、不丹和尼泊尔，它们处于南亚东南亚国家科技创新

　　① Global Innovation Index 2015. https://www.wipo.int/publications/en/details.jsp?id=4330[2021-10-24].
　　② 为更好研究中国与南亚东南亚各国科技创新能力差异性，本书第六章至第九章在进行国别分析时，加入中国数据一并研究。

综合能力的末端，尤其是尼泊尔，其排名一直位于 19 个国家的末尾，2017 年上升到第 18 位。

尽管南亚次大陆的科技创新能力处在三大区域的末端，各国之间存在着显著差异，但它们在一些重要领域正在取得良好的成绩，尤其是在科技创新及其投资方面。例如，贿赂发生率、电力接通需要天数显著下降，高等教育毛入学率、成年人识字率稳步上升。相比之下，南亚次大陆总体表现相对欠佳的领域为科技创新投入、科技知识获取、科技创新产出、科技创新促进经济社会可持续发展四个方面；当然，印度在科技知识获取、科技创新产出两个方面表现较好。

图 6.1 为 2017 年南亚次大陆国家科技创新综合能力气泡图，其中横坐标表示人均 GDP，纵坐标表示科技创新综合能力得分，气泡大小表示总人口数的多少。

可以看出，2017 年印度的人口在南亚次大陆国家中排名第一，且科技创新综合得分排在首位。印度的人均 GDP 也在南亚次大陆排第 4 位，综合来看，在南亚次大陆各国中印度的科技创新综合实力最强。

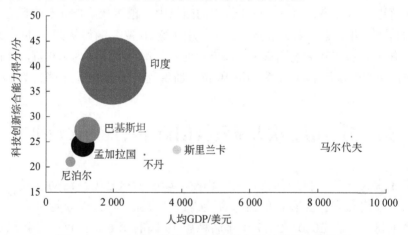

图 6.1　2017 年南亚次大陆国家科技创新综合能力气泡图

巴基斯坦的人口在南亚次大陆国家中排名第二，且科技创新综合得分排名第 2 位，仅次于印度。巴基斯坦的人均 GDP 排名第五。综合来看，巴基斯坦的科技创新综合能力在南亚东南亚处于一般水平。2000～2017 年以来，巴基斯坦排名从第 12 位上升到第 10 位，说明进步不太显著。

马尔代夫虽然人口不多，但是人均 GDP 得分最高，其科技创新综合能力处于这五个国家的中等水平。尼泊尔科技创新综合能力得分最低，人均 GDP 也最低。不丹作为人口小国，虽然人均 GDP 接近 3000 美元，但是科技创新综合能力较低。

一、科技创新综合能力较强国家

如图 6.2 所示，在 5 个一级指标雷达图中，2017 年，印度在科技创新促进经济社会可持续发展和科技创新投入方面仍需加强，分值比 19 国平均值低，前一个指标甚至低于南亚次大陆的平均值。印度的科技创新基础、科技创新产出和科技知识获取 3 个一级指标较强，高于 19 国平均值和南亚次大陆平均值，在 19 个国家中，印度的科技创新基础排第 7 位、科技创新产出排第 5 位，科技知识获取排第 3 位。

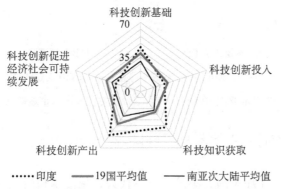

图 6.2　2017 年南亚次大陆科技创新综合能力较强国家雷达图（单位：分）

印度是南亚次大陆科技创新综合能力得分排第一位的国家，相对于人均 GDP 而言，印度在科技创新方面连续多年表现出色。印度在科技创新基础、科技知识获取、科技创新产出 3 个一级指标的排名稳居前列，在几个三级指标如高等教育毛入学率、百万人口 R&D 工程技术人员数、R&D 经费占 GDP 比例、投入 R&D 的企业占比等指标排名靠前。

印度尽管取得了一些成就，但科技创新投入、科技创新促进经济社会可持续发展两个一级指标低于 19 国平均值，其科技创新促进经济社会可持续发展一级指标甚至低于南亚次大陆平均水平。尤其是商品和服务税占工业和服务业增加值的百分比、城市化率等三级指标表现较差。印度还有更大的潜力，因为其受过高等教育人口的劳动参与率、劳均 GDP、商品和服务出口总额占 GDP 的比重、工业（含建筑业）劳均增加值等一些重要指标相对薄弱。

二、科技创新综合能力一般国家

如图 6.3 所示，巴基斯坦的 5 个一级指标雷达图显示，2017 年，巴基斯坦的科技创新产出、科技知识获取较强，显著高于 19 国平均值和南亚次大陆平均值，两个指标得分分别排第 8 位和第 5 位。巴基斯坦的科技创新投入稍弱，虽然分值高于南亚次大陆平均值，但低于 19 国平均值；其科技创新促进经济社会可持续发展、科技创新基础相对较弱，不仅低于 19 国平均值，而且低于南亚次大陆平均值。

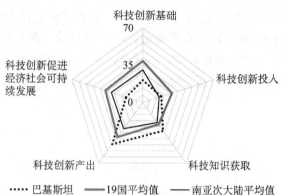

图 6.3　2017 年南亚次大陆科技创新综合能力一般国家雷达图（单位：分）

三、科技创新综合能力较弱国家

图 6.4 包含了孟加拉国、不丹、马尔代夫、尼泊尔和斯里兰卡的 5 个一级指标雷达图。其中，孟加拉国的科技知识获取较强，分值高于南亚次大陆平均值和 19 国平均值；但是孟加拉国的科技创新基础较弱，分值低于南亚次大陆平均值和 19 国平均值。马尔代夫的科技创新促进经济社会可持续发展较强，分值高于南亚次大陆平均值和 19 国平均值，但科技创新产出较弱，分值低于南亚次大陆平均值和 19 国平均值。5 个国家的科技创新基础、科技创新投入和科技创新产出都相对较弱，均低于 19 国平均值。

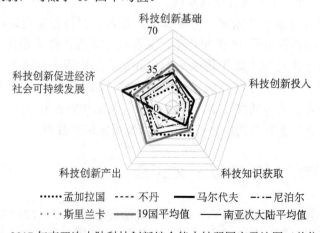

图 6.4　2017 年南亚次大陆科技创新综合能力较弱国家雷达图（单位：分）

　　南亚次大陆马尔代夫、不丹、尼泊尔、斯里兰卡和孟加拉国五国在科技创新综合能力方面一直处于排名落后的情况。虽然南亚次大陆各国已经开始在全球创新格局中占据重要的地位，但除印度以外的其他国家仍然能够通过发挥尚未开发的潜力而获益，并正在为此做出规划，而在这一过程中需要额外的支持。孟加拉国为进一步推动其 IT 服务行业而出台的战略就是一个很好的例子。孟加拉国政府为该行业规划的目标是培训专业人员，促进现代技术的使用，以吸引外国投资、提升国内中小企业的出口能力以及使行业增加值增至孟加拉国 GDP 的 1%。这些倡议的首批成果包括 2011 年在孟加拉国投入使用的三星研发中心，以及 IBM 和 LG 集团等全球领军企业计划在孟加拉国追加投资。

第二节　马来群岛科技创新综合能力比较研究

　　新加坡是南亚东南亚科技创新综合能力最强的国家，21 世纪以来一直位于第一的序位，虽然与在 19 国中排第二位的中国差距在缩小，但未来 5~10 年，被超越的可能性不大；新加坡也是亚洲唯一多年进入全球创新指数排名前十的国家（2015~2019 年分别排第 7 位、第 6 位、第 7 位、第 5 位、第 8 位）。马来西亚稳定在 19 国的第三位。文莱、菲律宾、印度尼西亚基本保持在 19 国的科技创新综合能力的前半部分，说明马来群岛六国在科技创新和社会经济发展方面不断取得巨大进步。

　　图 6.5 为 2017 年马来群岛各国科技创新综合能力气泡图，其中横坐标表示人均 GDP，纵坐标表示科技创新综合能力得分，气泡大小表示总人口数的多少。新加坡的人均 GDP 和科技创新综合能力得分在马来群岛中都居于第 1 位；马来西亚的科技创新综合能力得分排马来群岛第 2 位，在 19 个国家中仅次于新加坡和中国，排在第 3 位。虽然如此，马来西亚与前两国的科技创新综合能力得分差距还是很大，2017 年三国分值分别为 73.8 分、61.9 分和 43.5 分。文莱虽然总人口数最少，但是人均 GDP 较高，科技创新综合能力得分处于中等水平。印度尼西亚人口在马来群岛最多，但是人均 GDP 较低，且科技创新综合能力得分不高。东帝汶的人口非常少且科技创新综合能力得分也较低，属于科技创新综合能力较弱国家。

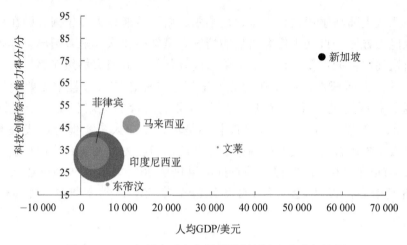

图 6.5　2017 年马来群岛各国科技创新综合能力气泡图

一、科技创新综合能力较强国家

如图 6.6 所示，2017 年新加坡的各项得分都较高，其中科技创新基础和科技创新投入接近满分，显著高于马来西亚和 19 国平均值，而其科技创新促进经济社会可持续发展和科技知识获取的分值要稍微低一点。马来西亚的科技创新产出和科技创新促进经济社会可持续发展相对较强，高于 19 国平均值和马来群岛平均值；其科技知识获取较弱，相对来讲是短板，分值不仅低于 19 国平均值，而且低于马来群岛平均值，2017 年在 19 国中排第 12 位。

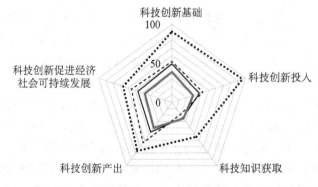

图 6.6　2017 年马来群岛科技创新综合能力较强国家雷达图（单位：分）

新加坡在五个一级指标中的得分都高于 19 国平均值，但并不是全部排第 1 位，如科技创新产出排名第 2 位（中国排名第 1 位）。在选定的三级指标中，新加坡在马来群岛的科技杂志论文数排第 2 位（马来西亚排名第 1 位）、商标申请数排名第 4 位（印度尼西亚、马来西亚、菲律宾排名前三）。

马来西亚在科技创新基础、科技创新投入、科技创新产出三个一级指标的分值都居于马来群岛的第 2 位，在 19 国中也分别位于第 4 位、第 3 位、第 3 位，而其科技创新促进经济社会可持续发展一级指标分值在马来群岛中位于第 3 位（前两位为新加坡、文莱），在 19 国中也居于第 3 位。其稍弱的一级指标为科技知识获取，分值在马来群岛中排第 4 位，但在 19 国中排第 12 位，单项已经掉入中下水平。

二、科技创新综合能力一般国家

文莱、菲律宾、印度尼西亚基本保持在南亚东南亚的科技创新综合能力的前半部分，但 18 年的变化却大不一样。2000～2017 年，印度尼西亚从第 5 位掉到第 9 位，是下降幅度最大的国家；菲律宾从第 9 位上升为第 8 位，科技创新进步水平与南亚东南亚平均水平相当；文莱从第 8 位上升到第 7 位。

如图 6.7 所示，文莱的科技创新促进经济社会可持续发展能力较强，显著高于 19 国平均值，在 19 个国家中排名第二（仅次于新加坡），但是文莱的科技创新产出较弱，其分值不仅低于印度尼西亚和菲律宾，而且低于马来群岛平均值和 19 国平均值。印度尼西亚和菲律宾的科技创新产出和科技创新基础分值稍高于 19 国平均值，但其科技创新投入、科技知识获取和科技创新促进经济社会可持续发展三个一级指标的分值稍低于 19 国平均值。

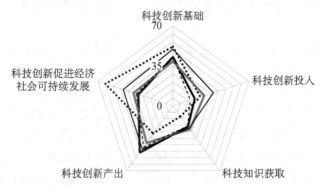

图 6.7　2017 年马来群岛科技创新综合能力一般国家雷达图（单位：分）

三、科技创新综合能力较弱国家

如图 6.8 所示，东帝汶的 5 个一级指标分值均低于 19 国平均值和马来群岛平均值，其中科技创新产出在 5 个指标里最弱，而科技创新投入相对好一些，接近 19 国平均值。东帝汶处于 19 国科技创新综合能力排序的末位。

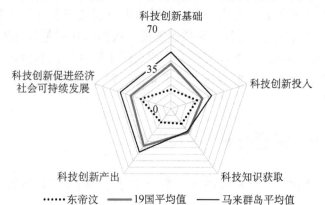

图 6.8　2017 年马来群岛科技创新综合能力较弱国家雷达图（单位：分）

第三节　中南半岛科技创新综合能力比较研究

2000 年，泰国是中南半岛五国科技创新综合能力最强的国家，其后被越南超越，但一直维持中南半岛第二的位次。2013 年，越南的科技创新综合能力排位超越泰国之后，一直是中南半岛的排头兵，2013 年之后，在 19 个国家中，排在新加坡、中国、马来西亚之后居第 4 位，越南是 19 个国家中排名上升最快的国家。

缅甸在 2016 年科技创新综合能力排名迅速前移，属于中南半岛科技创新的新秀。柬埔寨进入全球科技创新领域的时间比较短，在选定的大部分投入指标中仍然落后。在产出指标方面，在选定的指标中最薄弱的是居民专利申请数。

图 6.9 为 2017 年中南半岛各国科技创新综合能力气泡图，其中横坐标表示人均 GDP，纵坐标表示科技创新综合能力得分，气泡大小表示总人口数的多少。泰国的人均 GDP 最高，且科技创新综合能力得分较高，科技创新综合能力得分在中南半岛中位居第二。越南虽然人口略多于泰国，科技创新综合能力得分最高，但是其人均 GDP 低于泰国。缅甸的人口在中南半岛各国家里居中，且人均 GDP 和科技创新综合能力得分也排在中等。老挝的人口在中南半岛最少，人均 GDP 排在中等水平。柬埔寨的人口略多于老挝，但是人均 GDP 最低，不足 1500 美元，科技创新综合能力得分也在中南半岛各国中最低。

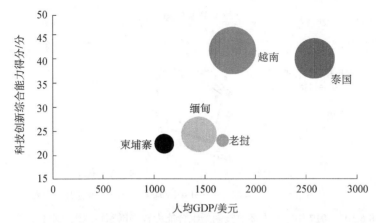

图 6.9　2017 年中南半岛各国科技创新综合能力气泡图

一、科技创新综合能力较强国家

越南的科技创新进步较快。21 世纪以来，越南政府责成各部委、机构和地方政府采取行动，按全球创新指数的指导改善越南的创新绩效，并与世界知识产权组织合作解决数据缺失和过时的问题。越南科学技术部利用获得的知识，出版了一本关于全球创新指数的手册，其中包括关于各创新指标定义、数据来源和有关如何获取原始数据的指示的详细指导。越南还组织了一系列讲习班，向各部委和地方政府介绍全球创新指数框架，并支持它们制订行动计划，以完成其承担的改善越南创新体系某个具体方面的任务。在短期内，全球创新指数被视为该国中央和地方政府议程中的一个重要组成部分。

如图 6.10 所示，2017 年，越南的所有 5 个一级指标分值均高于 19 国平均值和中南半岛平均值，尤其是其科技创新产出最为突出，排在中国、新加坡、马来西亚之后列第 4 位，但该国科技创新投入相对偏弱。泰国的科技创新基础和科技创新投入两个一级指标分值高于 19 国平均值和中南半岛平均值，但是该国的科技知识获取指标稍弱，分值低于 19 国平均值和中南半岛平均值，其科技知识获取指标在 19 个国家中排在第 13 位。

越南和泰国相比，两国的科技创新差异较大，越南在科技创新产出和科技知识获取方面领先泰国，反过来，泰国在科技创新基础和科技创新投入方面领先越南，两国在科技创新促进经济社会可持续发展方面相差不大。在科技创新综合能力方面，越南排第 4 位，泰国排第 5 位，分值差距不大（42.4 分和 40.7 分）。

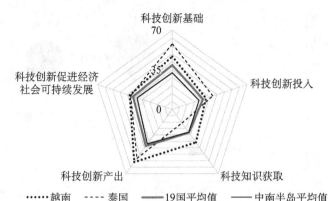

图 6.10　2017 年中南半岛科技创新综合能力较强国家雷达图（单位：分）

二、科技创新综合能力一般国家

如图 6.11 所示，2017 年缅甸的科技知识获取一级指标较强，分值略微高于 19 国平均值和中南半岛平均值；但其余 4 个指标都较弱，分值低于 19 国平均值和中南半岛平均值，其中科技创新基础和科技创新促进经济社会可持续发展两个二级指标最弱，科技创新投入和科技创新产出稍好，所以缅甸属于科技创新综合能力一般国家。

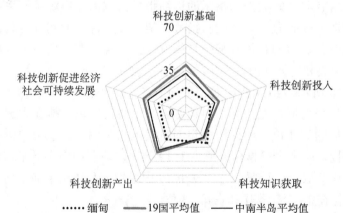

图 6.11　2017 年中南半岛科技创新综合能力一般国家雷达图（单位：分）

三、科技创新综合能力较弱国家

如图 6.12 所示，2017 年柬埔寨的科技知识获取一级指标较强，分值高于 19 国平均值和中南半岛平均值，其次是科技创新促进经济社会可持续发展一级指标，该指标稍低于 19 国平均值和中南半岛平均值；再次是科技创新投入和科技创新产出一级指标，其分值与两个平均值差距较大；最差的一级指标当数科技创新基础，其分值不足 19 国平均值或中南半岛平均值的一半，排 19 个国家中最后一位。老挝的各项指标都低于 19 国平均值和中南半岛平均值，其中科技创新投入和科技知识获取相对更弱，分别排在 19 个国家的第 15 位和第 16 位，因此老挝和柬埔寨属于科技创新综合能力较弱国家。

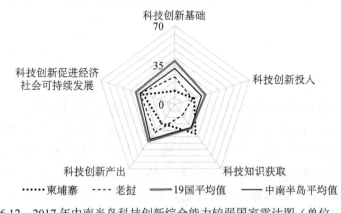

图 6.12　2017 年中南半岛科技创新综合能力较弱国家雷达图（单位：分）

第七章
南亚次大陆科技创新国别研究

南亚次大陆各国在科技创新基础、科技创新投入、科技知识获取、科技创新产出、科技创新促进经济社会可持续发展各方面都存在显著差异，各国科技创新综合能力极度不均衡。印度既是该地区科技创新最强的国家，又是人口大国，对该地区国家具有重大的影响力和科技创新辐射力。假以时日，南亚次大陆大部分国家的科技创新能力也会快速提高。

尽管南亚次大陆各国在科技创新能力方面存在着明显差异，但它们在一些重要领域取得了良好的成绩，尤其是在市场成熟度及其投资方面。例如，知识和技术产出是该地区表现相对突出的指标，尤其是得益于在生产力增长方面取得了较高的排名。相比之下，南亚次大陆总体表现相对欠佳的领域是科技制度和科技产出。

第一节　孟加拉国科技创新能力研究

1972 年，孟加拉人民共和国成立。2017 年 9 月，联合国发展政策委员会向孟加拉国发出确认函，确认孟加拉国从最不发达国家群进阶到发展中国家类别。孟加拉国总人口为 1.65 亿人（2017 年底）。

一、科技创新基础

如图 7.1 所示，孟加拉国科技创新环境的分值呈下降趋势，但科技创新环境的位次从 2000 年的第 16 位上升到 2007 年的最高位次第 12 位，随后又下降到 2010 年的最低位次第 17 位，之后稳定在第 13～15 位。这说明该国的科技创新环境增长速度较慢。由于其 2007 年的产权制度和法治水平评级分值较高，商品和服务税占工业和服务业增加值的百分比较低，营商管制环境评级分值较高，因此孟加拉国的科技创新环境在 2007 年分值最高，排名最靠前。同时，因为 2010 年电力接通需要天数较长，市场交易环境评级分值较低，所以该国的科技创新环境在 2010 年排名最靠后。

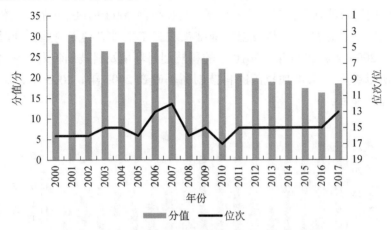

图 7.1　孟加拉国科技创新环境的分值和位次

如图 7.2 所示，孟加拉国科技创新人力基础的分值呈 W 形波动，从 2000 年的 16.5 分，下降到 2005 年的 8.2 分，再上升至 2007 年的 12.2 分，随后又下降到 2011 年的最低分 2.4 分，后面上升至 2016 年的 17.3 分，但其科技创新人力基础的位次在第 17～19 位波动。这说明该国的科技创新人力基础的分值变化较大，但位次变化不是很大。孟加拉国 2000～2004 年的教育支出占 GDP 比例较高，因此该国的科技创新人力基础在这五年的分值较高，排名稍靠前一些。同时，因为 2005～2011 年的成年人识字率较低，孟加拉国的科技创新人力基础在这几年排名靠后。

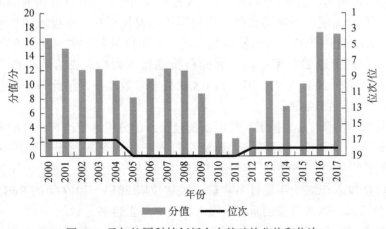

图 7.2　孟加拉国科技创新人力基础的分值和位次

如图 7.3 所示，孟加拉国科技创新基础的分值从 2001 年的 26 分下降到 2003 年的 22 分，随后又上升至 2007 年的 26 分，再急速下降到 2012 年的 15 分，后期再缓缓上升至 2017 年的 18 分。科技创新基础的位次在第 16～19 位波动。这说明该国的科技创新基础增长速度较为平缓。孟加拉国 2000～2002 年的科技创新人力基础位次较好，因此该国科技创新基础在这三年里排名稍靠前些。同时，因为 2003 年、2005 年、2006 年、2010 年的科技创新环境及科技创新人力基础的位次较低，所以综合下来孟加拉国的科技创新基础在 2003 年、2005 年、2006 年、2010 年排名靠后。

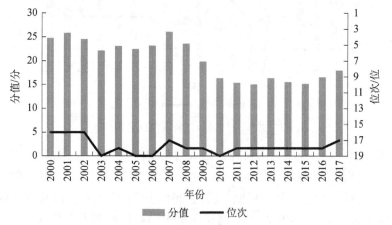

图 7.3　孟加拉国科技创新基础的分值和位次

二、科技创新投入

如图 7.4 所示，孟加拉国科技创新人力投入的分值和位次在研究期内都呈先下降再上升后又缓缓下降的趋势。这说明该国科技创新人力投入增长速度相对于其他大部分国家先较慢再较快后又较慢。孟加拉国在 2007～2008 年接受过高等教育人口的劳动参与率最高，因此科技创新人力投入在这两年排名中最靠前。孟加拉国在 2004 年的百万人口 R&D 科学家数较少，因此科技创新人力投入在 2004 年排名最靠后。

如图 7.5 所示，孟加拉国科技创新资金投入的分值和位次在研究期内总体都呈下降趋势。这说明该国科技创新资金投入增长速度相对于其他国家是减缓的。孟加拉国在 2004～2008 年投入 R&D 的企业占比较高，因此孟加拉国的科技创新资金投入在这 5 年里排名靠前。孟加拉国 2013～2017 年的 R&D 经费占 GDP 比例较低，因此科技创新资金投入在这 5 年里排名靠后。

如图 7.6 所示，孟加拉国科技创新投入的分值和位次在研究期内都呈凸形变化趋势。由于孟加拉国 2007～2010 年的科技创新人力投入与科技创新资金投入

的位次都相对较高，因此综合下来科技创新投入在这 3 年里排名靠前；2004～
2006 年的科技创新人力投入较低，所以科技创新投入在这 3 年里排名靠后。

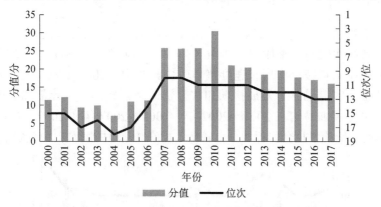

图 7.4　孟加拉国科技创新人力投入的分值和位次

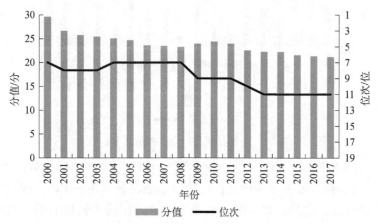

图 7.5　孟加拉国科技创新资金投入的分值和位次

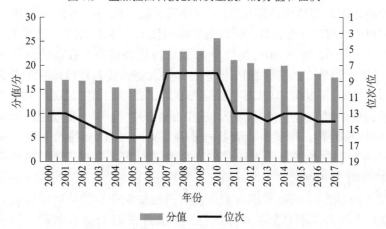

图 7.6　孟加拉国科技创新投入的分值和位次

三、科技知识获取

如图 7.7 所示，2000～2017 年，孟加拉国科技合作的分值总体呈先减后增的趋势；其位次较高，整体在第 2～6 位，大部分年份处于第 6 位。这表明在研究期内孟加拉国科技合作增长速度整体较快。其中，2017 年收到的技术合作和转让补助金、收到的官方发展援助和官方资助净额较高，因此孟加拉国排名比较靠前。虽然孟加拉国在 2001～2002 年、2005～2007 年和 2009～2014 年等年份相对其他年份的科技合作板块分值较低，但在 19 国中也仍能保持较高的排名。

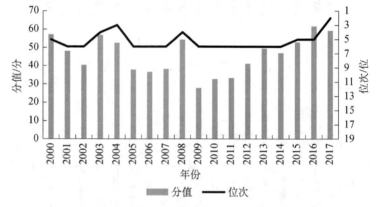

图 7.7   孟加拉国科技合作的分值和位次

如图 7.8 所示，在 2000～2017 年，孟加拉国技术转移的分值除 2001 年和 2003 年外，保持在 30 分上下波动；位次也是除在上述两个年份出现突变外，整体呈现先增后减的趋势。这充分说明研究期内该国技术转移的增长速度相对是先快后慢的。2011 年孟加拉国信息通信数据等高技术服务出口额占总服务出口额比例较高，因此其技术转移在 2011 年排第 5 位。此外，其 2001 年的知识产权使用费和知识产权出让费较低，所以孟加拉国技术转移在 2001 年排第 19 位。

如图 7.9 所示，在 2000～2017 年，孟加拉国外商直接投资的分值和位次均呈现 M 形变化趋势，2007～2017 年分值和位次整体排名靠后，其两者的波动较大，甚至在 2007～2008 年出现"断层"状况。这充分说明 2000～2017 年该国外商直接投资的增长速度相对较慢。其中 2001～2002 年外商直接投资净流入额占 GDP 的比重较高，因此外商直接投资在 2001～2002 年排第 9 位。此外，在 2007 年的外商直接投资净流入额占 GDP 的比重较低，所以孟加拉国外商直接投资在 2007 年排第 18 位。

如图 7.10 所示，在研究期内孟加拉国科技知识获取的分值整体是上升的，前期波动较为明显；科技知识获取的位次则保持在第 5～8 位波动。这表明在研究期内该国科技知识获取的增长速度相对较快。2008 年孟加拉国的技术转移和科技合作的分值较高，因此科技知识获取的排名为第 5 位；2009～2010 年科技合作分值较低，科技知识获取排第 8 位。

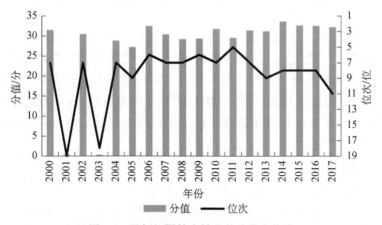

图 7.8　孟加拉国技术转移的分值和位次

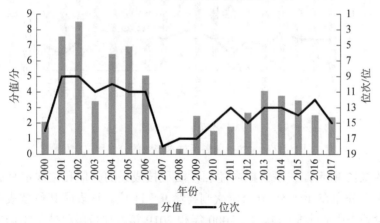

图 7.9　孟加拉国外商直接投资的分值和位次

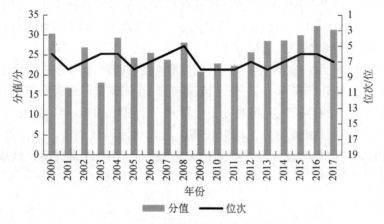

图 7.10　孟加拉国科技知识获取的分值和位次

四、科技创新产出

如图 7.11 所示，在研究期内孟加拉国高新技术产业的分值和位次都是靠后的，且分值在 15～21 分，位次在第 14～17 位。这表明研究期内孟加拉国高新技术产业的增长速度相对较慢。其中 2011～2014 年孟加拉国高新技术产品出口额和高新技术产品出口额占制造业出口额比重的分值较高，因此排第 14 位；2006 年和 2016 年孟加拉国高新技术产品出口额占制造业出口额比重的分值较低，所以排第 17 位。

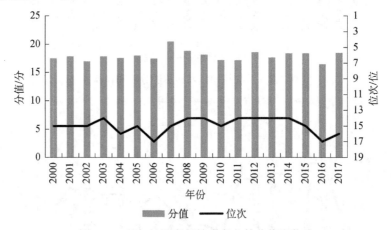

图 7.11　孟加拉国高新技术产业的分值和位次

如图 7.12 所示，在研究期内孟加拉国科技成果的分值和位次都是居中的，且分值大多分布在 40～50 分，位次则在第 9～11 位。这表明其科技成果的增长速度相对处于中游水平。其中，2000 年和 2010 年孟加拉国科技杂志论文数和非居民工业设计知识产权申请数的分值相对较高，所以其科技成果的排名靠前，排第 9 位；2002～2004 年孟加拉国居民专利申请数和商标申请数的分值较低，因此科技成果的排名靠后，排第 11 位。

如图 7.13 所示，在研究期内孟加拉国科技创新产出的分值和位次都是居中的，分值大多分布在 30～35 分，位次在第 10～13 位。这表明该国在研究期内科技创新产出的增长速度相对处于中游水平。其中 2000 年、2007 年和 2015 年高新产业和科技成果的分值相对较高，所以该国科技创新产出排第 10 位。同时，2016～2017 年该国科技成果的分值较低，因此孟加拉国科技成果排第 12 位。

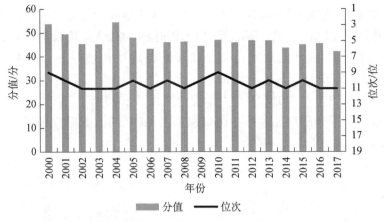

图 7.12　孟加拉国科技成果的分值和位次

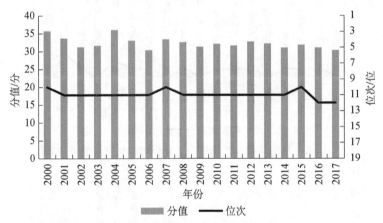

图 7.13　孟加拉国科技创新产出的分值和位次

五、科技创新促进经济社会可持续发展

如图 7.14 所示，孟加拉国科技创新促进经济社会可持续发展的总体得分不高，但总体处于上升的状态，2017 年达到最高，接近 25 分。2000 年得分最低，只有 12 分左右。孟加拉国的科技创新促进经济社会可持续发展位次一直较低，2014 年排在第 19 位，其中经济发展排在第 13 位，社会生活排在第 10 位，环境保护排在第 19 位；2016 年位次最高，但也仅排在第 16 位，其中经济发展排在第 9 位，社会生活排在第 12 位，环境保护排在第 19 位。

如图 7.15 所示，孟加拉国经济发展的分值总体呈现上升的趋势，个别年份有所下降。孟加拉国经济发展的得分在 2000 年最低，只有 7 分左右；在 2013 年最高，接近 35 分。孟加拉国经济发展的位次波动较大，尤其是在 2010~2016 年。该国经济发展的位次从 2000 年的第 17 位上涨到 2013 年的第

9 位，又在两年内跌至第 16 位，在 2004～2009 年处于总体上升的趋势，从第 18 位上升到第 12 位。2015 年，劳均 GDP 得分、GDP 年增长率得分、商品和服务出口总额占 GDP 的比重得分、农林渔劳均增加值得分、工业（含建筑业）劳均增加值得分和制造业增加值年增长率得分都有明显减少，故 2015 年的位次相比 2013 年和 2014 年有大幅度地降低。2017 年，其劳均 GDP 得分、GDP 年增长率得分和商品和服务出口总额占 GDP 的比重得分有明显增加，其位次也随之明显上升。

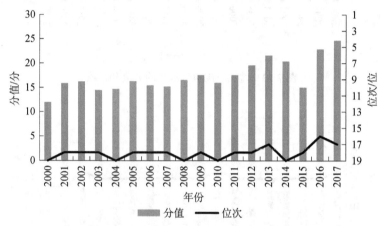

图 7.14　孟加拉国科技创新促进经济社会可持续发展的分值和位次

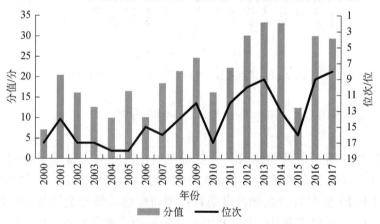

图 7.15　孟加拉国经济发展的分值和位次

如图 7.16 所示，孟加拉国社会生活的得分在 2000～2006 年波动较大，在 2007 年后波动幅度变小；社会生活的位次在 2000～2006 年处于总体上升的状态，而在 2008 年和 2017 年位次最低，排在第 13 位。其中，人均 GDP 和千人病床数评分较低，而在 2014 年千人病床数评分有所上升，总体的位次也有所上升。

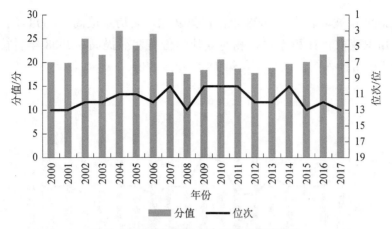

图 7.16　孟加拉国社会生活的分值和位次

如图 7.17 所示，孟加拉国环境保护的得分总体处于波动上升的趋势，2014 年达到最低值，只有 8 分左右，而 2017 年达到最高值，接近 20 分。孟加拉国环境保护的位次除了 2017 年上升到第 18 位以外，其余年份都在第 19 位。2014 年，孟加拉国的 $PM_{2.5}$ 空气污染年均暴露量得分、人均国内可再生淡水资源量得分和森林覆盖率得分都相比 2013 年都有所降低，所以 2014 年环境保护得分最低；相反，2017 年孟加拉国的使用清洁能源和技术烹饪的人口比例得分和农村人口用电比例得分都有所提高，所以 2017 年位次提高了一位。

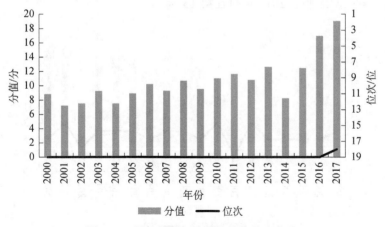

图 7.17　孟加拉国环境保护的分值和位次

六、科技创新综合能力

如图 7.18 所示，孟加拉国的科技创新综合投入得分最高只有 25.4 分，其中 2008 年最高，而 2003 年最低（不足 20 分）。科技创新综合投入排名在

2006～2009 年波动较大，2008 年排在第 9 位，为历年最高。2008 年，孟加拉国科技知识获取排在第 5 位，相对其他年份有明显提高；2008 年科技创新基础和科技创新投入的位次分别是第 18 位和第 8 位。

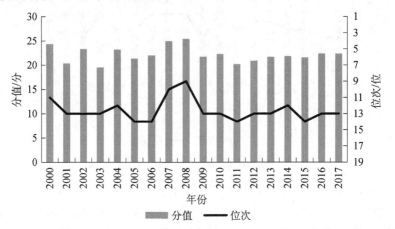

图 7.18　孟加拉国科技创新综合投入的分值和位次

如图 7.19 所示，孟加拉国的科技创新综合产出得分总体处于上升的状态，在 2017 年的产出得分在 27.5 分，2006 年最低（只有 23 分左右）。孟加拉国的科技创新综合产出排名总体较为靠后，在第 13～17 位波动；其中，2006 年排名最靠后，排在第 17 位；2016 年排在第 13 位。

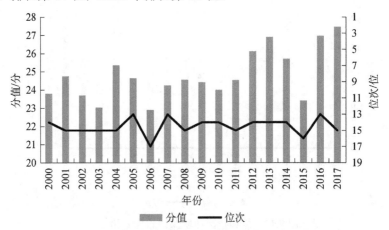

图 7.19　孟加拉国科技创新综合产出的分值和位次

如图 7.20 所示，孟加拉国的科技创新综合能力得分一般，最高不超过 25.5 分，且科技创新综合能力排名中等，在第 11～15 位徘徊。2000 年和 2007 年排名最靠前，排在第 11 位。孟加拉国的科技创新综合投入产出比在 1.2 左右，个别年份低于 1，说明孟加拉国的投入产出相对较为均衡。

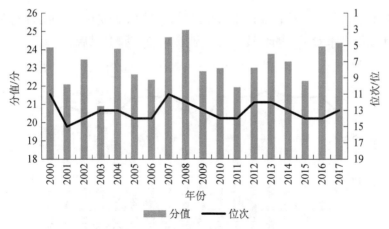

图 7.20　孟加拉国科技创新综合能力的分值和位次

第二节　不丹科技创新能力研究

不丹是喜马拉雅山脉东段南坡的内陆国家，西北部、北部与中国接壤，总人口不足 75 万人（2017 年底）。

一、科技创新基础

如图 7.21 所示，研究期内，不丹科技创新环境的分值在 38～50 分波动，位次从 2000 年的第 7 位上升到 2004 年的最高位次（第 4 位），随后下降至 2008 年的最低位次（第 9 位），之后稳定在第 5～7 位。这说明不丹的科技创新环境相对于其他国家增长速度先快后慢。由于 2004 年的产权制度和法治水平评级分值较高、商品和服务税占工业和服务业增加值的百分比较低，因此该年不丹的科技创新环境排名最靠前；2008 年不丹的营商管制环境评级分值最低，所以该年的科技创新基础排名最靠后。

如图 7.22 所示，不丹科技创新人力基础的分值和位次皆呈凹形波动。即先平缓再急剧下降随后保持平缓再急剧上升再回归平缓。由于 2003～2008 年的不丹教育支出占 GDP 比例最高，因此科技创新人力基础在这 6 年里分值较高，排名最靠前；2010～2012 年不丹的高等教育毛入学率最低，所以科技创新人力基础在这 3 年里分值最低，排名最靠后。

如图 7.23 所示，不丹科技创新基础的分值在 31～47 分波动，位次在第 7～12 位来回震荡。其中，由于不丹科技创新基础在 2007 年分值及位次最好，因此其科技创新基础在该年的分值较高,排名最靠前。科技创新基础在 2000 年分值及位次较差,所以综合来看不丹的科技创新基础在 2000 年排名靠后。

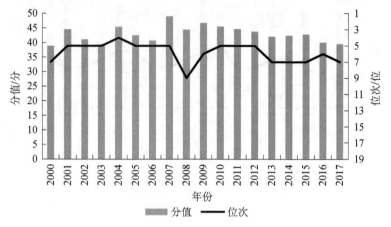

图 7.21 不丹科技创新环境的分值和位次

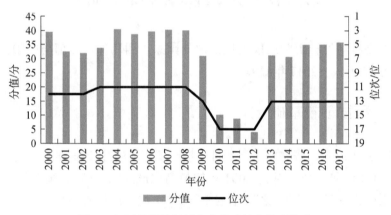

图 7.22 不丹科技创新人力基础的分值和位次

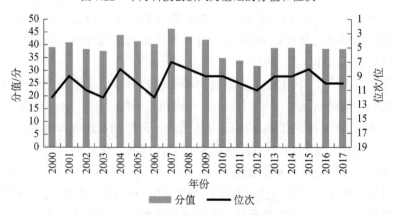

图 7.23 不丹科技创新基础的分值和位次

二、科技创新投入

如图 7.24 所示，不丹科技创新人力投入的分值和位次在研究期内都呈开口向下的抛物线形变化，说明该国的科技创新人力投入增长速度在研究期内相对先快后慢。孟加拉国 2011 年接受过高等教育人口的劳动参与率最高，因此该年的科技创新人力投入分值最高，排名最靠前；2017 年的百万人口 R&D 工程技术人员数较少，百万人口 R&D 科学家数较少，该年的科技创新人力投入排名靠后。

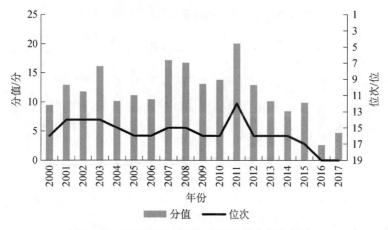

图 7.24　不丹科技创新人力投入的分值和位次

如图 7.25 所示，不丹科技创新资金投入的分值和位次在研究期内总体都呈上升的趋势，说明该国科技创新资金投入在研究期内增长速度相对较快。由于 2013 年投入 R&D 的企业占比较高，因此 2013 年其科技创新资金投入排名靠前。2000～2018 年，不丹 R&D 经费占 GDP 比例与投入 R&D 的企业占比都较低，所以其科技创新资金投入排名靠后。

如图 7.26 所示，不丹科技创新投入的分值在研究期内呈开口向下的抛物线形变化，科技创新投入的位次在第 18～19 位波动，说明该国科技创新投入增长速度在研究期内相对较为平缓。其中，2011 年不丹科技创新人力投入的位次较高，因此该年其科技创新投入排名靠前；而 2012～2017 年的科技创新人力投入较低，因此这一期间其科技创新投入排名靠后。

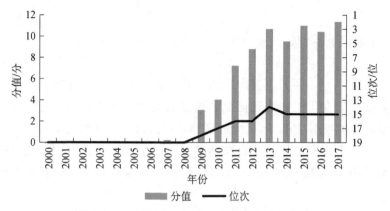

图 7.25　不丹科技创新资金投入的分值和位次

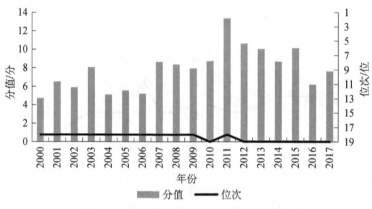

图 7.26　不丹科技创新投入的分值和位次

三、科技知识获取

如图 7.27 所示，在研究期内不丹科技合作的分值整体都比较低，在 2~4 分，其位次在第 15~16 位，表明不丹科技合作的增长速度在研究期内相对较慢。由于不丹科技合作的分值整体处于较低的水平，这直接导致了其科技合作排名靠后，即大部分年份为第 16 位，其余年份的排位为第 15 位。在未来几年里，不丹的科技合作指标不被看好。

如图 7.28 所示，在研究期内，不丹技术转移的分值除了 2001 年有个比较显眼的突峰，其余年份大多在 5~25 分，因此其位次都是中偏下的，以较大的波动变化在第 9~18 位波动。这表明不丹技术转移的增长速度在研究期内相对处于中游（除了 2001 年）。由于不丹知识产权出让费和信息通信数据等高技术服务进口额占总服务进口额比例的分值整体处于较低的水平，直接导致了不丹技术转移的排名靠后。2017 年之后，大部分年份在第 15~18 位波动。

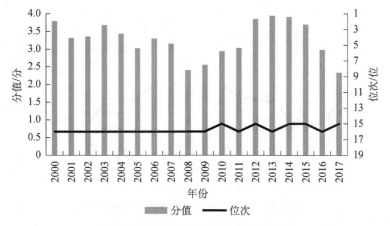

图 7.27　不丹科技合作的分值和位次

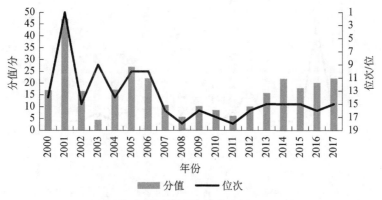

图 7.28　不丹技术转移的分值和位次

如图 7.29 所示，不丹外商直接投资的分值和位次在研究期内大体上都呈开口向下的抛物线形变化趋势，说明不丹的外商直接投资增长速度在研究期内相对先增后减。其中，2010 年的外商直接投资净流入额的分值较高，因此 2010 年的外商直接投资排名靠前；2015 年的外商直接投资净流入额和外商直接投资净流入额占 GDP 的比重分值较低，所以 2015 年的外商直接投资在排名中靠后。

如图 7.30 所示，除 2001 年外，不丹科技知识获取的分值和位次在研究期内处于较低的水平，其分值大部分在 0~12 分，位次在第 14~19 位。这说明不丹科技知识获取的增长速度在研究期内相对较慢。由于该国的科技合作、技术转移和外商直接投资的分值整体处于较低的水平，所以科技知识获取的排名靠后，即大部分年份在第 18~19 位。

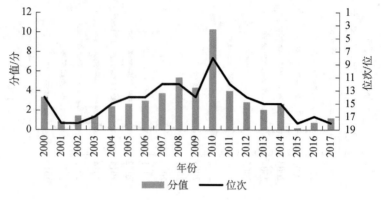

图 7.29　不丹外商直接投资的分值和位次

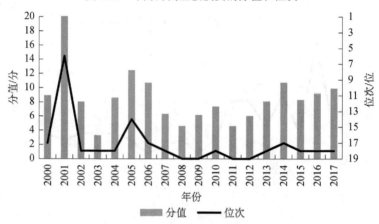

图 7.30　不丹科技知识获取的分值和位次

四、科技创新产出

如图 7.31 所示，不丹高新技术产业的分值和位次在研究期内大体上都处于较低的水平，且存在明显的波动，其分值在 10～25 分，位次在第 13～19 位。这说明不丹的高新技术产业的增长速度在研究期内相对较慢。由于 2007 年不丹的每千人（15～64 岁）注册新公司数和高新技术产品出口额占制造业出口额比重的分值较高，因此该年其高新技术产业排名靠前（第 13 位）；2008～2009 年以及 2016 年不丹的高新技术产品出口额和信息通信技术产品出口额占商品出口总额的百分比的分值较低，所以相应的高新技术产业的排名倒数（第 19 位）。

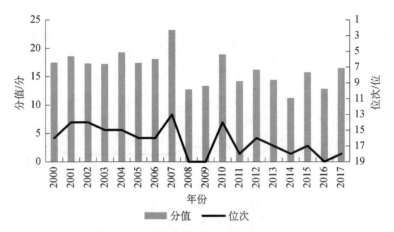

图 7.31　不丹高新技术产业的分值和位次

如图 7.32 所示，在研究期内，不丹科技成果的分值和位次都是靠后的：分值除了 2004 年的 31 分，其余年份在 10～20 分；位次在第 16～17 位。这表明不丹在研究期内科技成果的增长速度相对于较慢。由于科技杂志论文数、商标申请数、居民专利申请数和非居民工业设计知识产权申请数所对应的分值较低，科技成果位次整体来看都比较低，除了 2007 年是第 16 位，其余年份均为第 17 位。

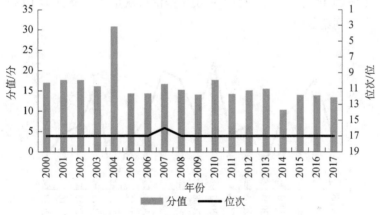

图 7.32　不丹科技成果的分值和位次

如图 7.33 所示，不丹科技创新产出的分值和位次在研究期内大体上都处于较低的水平，其分值除了 2004 年的 25 分外，在 10～20 分波动，2000～2017 年位次为第 16～18 位。这充分说明不丹的科技创新产出的增长速度在研究期内相对较慢。由于高新产业和科技成果所对应的分值较低，不丹科技创新产出在研究期内的位次都比较低，大部分年份在第 18 位。

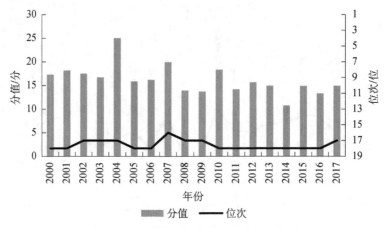

图 7.33　不丹科技创新产出的分值和位次

五、科技创新促进经济社会可持续发展

如图 7.34 所示，不丹经济发展的分值在 2001～2014 年大体呈先下降后上升再下降的发展趋势，2007 年达到顶峰，分值接近 40 分，2004 年最低，只有 12 分左右，2014 年之后分值有所下降。不丹经济发展的位次波动幅度也很大，尤其是在 2010～2014 年，其中 2010～2013 年位次从第 4 位降到第 19 位，又在之后的一年上升到第 6 位。

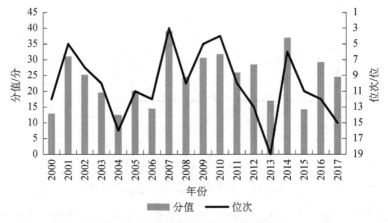

图 7.34　不丹经济发展的分值和位次

2013 年，不丹的劳均 GDP 得分、工业（含建筑业）劳均增加值得分、服务业劳均增加值得分和制造业增加值年增长率得分较 2012 年下降严重，经济发展得分也明显降低，故位次相比 2012 年大幅度降低。2014 年，不丹劳均 GDP 得分、GDP 年增长率得分、工业（含建筑业）劳均增加值得分、服务业劳均增加

值得分和制造业增加值年增长率得分增加明显，尤其是制造业增加值年增长率得分有大幅度增加，超过很多国家，经济发展位次比上年上升了 13 位。

如图 7.35 所示，不丹社会生活的得分在 2007～2017 年总体处于上升的状态，而其社会生活的位次在 2000～2007 年处于不断波动的状态，在 2013～2017 年处于波动上升的状态，从 2013 年的第 14 位上升到 2017 年的第 9 位。其中，不丹的人均 GDP 得分、GINI 系数得分、预期寿命得分和互联网使用比例得分都在增加，所以其社会生活排名上升。2000 年和 2001 年，不丹的人均 GDP 得分、GINI 系数得分、预期寿命得分和互联网使用比例得分比较低，而贫困率得分和千人病床数得分相对较高，其社会生活排名比起 2017 年相对靠后。

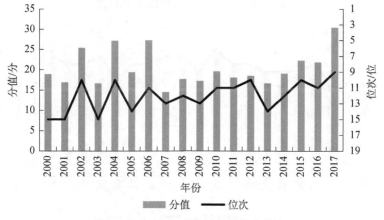

图 7.35　不丹社会生活的分值和位次

如图 7.36 所示，不丹的环境保护得分相对较高，总体处于上升的趋势，但在 2017 年有所下降，其中 2000 年分值最低，2016 年分值最高，在 70 分左右。不丹环境保护的位次在 2000～2004 年稳定在第 4 位，在 2005～2015 年一直稳定在第 3 位，在 2016～2017 年上升到第 2 位。2017 年不丹的 $PM_{2.5}$ 空气污染年均暴露量得分、使用清洁能源和技术烹饪的人口比例得分和森林覆盖率得分有略微的上升，虽然环境保护得分降低，但是 2017 年环境保护位次相对 2015 年有所提升。

如图 7.37 所示，不丹科技创新促进经济社会可持续发展的分值总体较高，都在 25 分以上。其中，2014 年的得分最高，超过了 40 分，2000 年的得分最低。不丹科技创新促进经济社会可持续发展的位次在 19 国中排名较为靠前，2007 年的位次排在第 4 位，在研究期内最高，其中经济发展排在第 3 位，社会生活排在第 13 位，环境保护排在第 3 位；2000 年的位次最低，排在第 9 位，其中经济发展排在第 12 位，社会生活排在第 15 位，环境保护排在第 4 位。

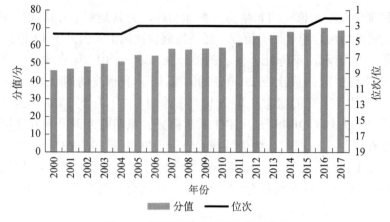

图 7.36　不丹环境保护的分值和位次

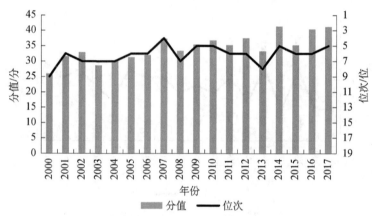

图 7.37　不丹科技创新促进经济社会可持续发展的分值和位次

六、科技创新综合能力

如图 7.38 所示，不丹的科技创新综合投入的得分在 2001 年最高，在 2003 年最低；科技创新综合投入排名也在 2001 年最高，排在第 10 位，而其余年份排名较为靠后，2002 年、2006 年和 2012 年仅排在第 18 位。2001 年的科技创新基础排在第 9 位，科技创新投入排在第 18 位，科技知识获取排在第 6 位，科技知识获取相对其他年份有明显提升。

如图 7.39 所示，不丹的科技创新综合产出得分变化幅度不大，2007 年分值最高，约 29 分，2000 年最低，约 22 分。其科技创新综合产出位次波动较为频繁，2010 年排在第 12 位，2008 年仅排在第 16 位。2010 年科技创新产出排在第 18 位，科技创新促进经济社会可持续发展排在第 5 位，科技创新促进经济社会可持续发展得分有略微上升。

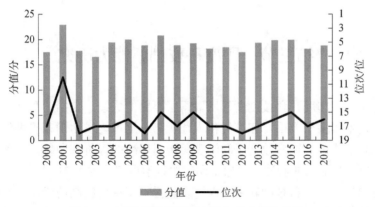

图 7.38　不丹科技创新综合投入的分值和位次

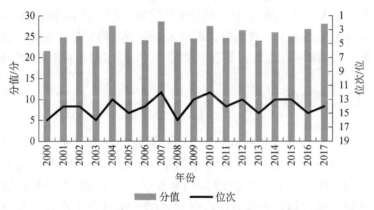

图 7.39　不丹的科技创新综合产出的分值和位次

如图 7.40 所示，不丹的科技创新综合能力得分一直在 15～25 分波动；不丹的科技创新综合能力排名也相对较低，2000 年、2002 年、2003 年、2008 年、2013 年排在第 18 位，而 2007 年相对高一点，排在第 12 位。不丹的投入产出比在 1.3 左右，且一直大于 1，可以看出不丹的产出较多。

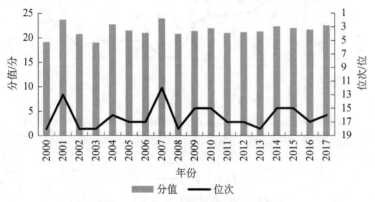

图 7.40　不丹科技创新综合能力的分值和位次

第三节　印度科技创新能力研究

近些年来，印度在科技创新领域取得了不错的成绩，包括信息技术、生物技术、太空技术等多个方面。印度凭借人才优势，通过为发达国家提供信息技术服务取得的辉煌成就，彻底改变了欧洲和美国对印度的评价和印象，更重要的是改变了印度对自身潜力的看法，培植了印度的科学自信。进入 21 世纪，印度确立了以生物技术为重点的科技创新新方向，资金重点支持生物制药研发。印度官员认为，印度的生物技术可以成为有助于提供人们支付得起的卫生保健以及减轻贫困的印度"下一个大获成功的实例"。经过多年发展，印度卫星的研发和应用技术已达到或接近国际先进水平，其运载火箭技术也不断取得突破性进展，继美国、俄罗斯、欧洲空间局和中国之后，第五个掌握了"一箭多星"发射技术的地区。

一、科技创新基础

如图 7.41 所示，印度科技创新环境的分值在 2015 年之前呈下降趋势，2015 年开始上升，其位次从 2000 年的最高位次（第 4 位）下降到 2009 年的最低位次（第 11 位），随后又上升到 2017 年的第 6 位。这说明印度的科技创新环境的增长速度在研究期内相对先慢后快。由于 2000～2003 年的产权制度和法治水平评级分值较高，商品和服务税占工业和服务业增加值的百分比较低，印度的科技创新环境在这 4 年里排名靠前。2009～2010 年，由于制造业适用加权平均关税税率较高，印度的科技创新环境在这 2 年里排名靠后。

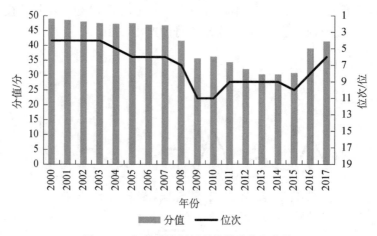

图 7.41　印度科技创新环境的分值和位次

如图 7.42 所示，印度科技创新人力基础的分值从 2000 年的 42 分下降到 2005 年的 28 分，随后波动上升到 2008 年的 37 分，又波动上升至 2017 年的 60 分，位次呈先下降后上升的趋势。这说明印度科技创新人力基础的增长速度在研究期内相对先慢后快。2017 年，印度成年人识字率最高，因此该年的科技创新人力基础分值最高，排名也最靠前；但 2010 年的教育支出占 GDP 比例最低，因此该年印度的科技创新人力基础分值最低，排名最靠后。

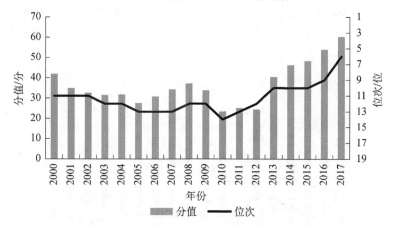

图 7.42 印度科技创新人力基础的分值和位次

如图 7.43 所示，印度科技创新基础的分值和位次 2000～2012 年总体呈现下降趋势，自 2012 年后开始上升。这说明印度的科技创新基础的增长速度在研究期内相对先慢后快。由于 2017 年印度的科技创新人力基础分值及位次最好，因此该年科技创新基础的分值最高，排名最靠前；2011～2012 年，印度科技创新环境及科技创新人力基础分值及位次较低，综合下来，印度的科技创新基础在这两年分值较低，排名靠后。

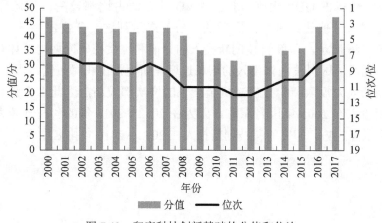

图 7.43 印度科技创新基础的分值和位次

二、科技创新投入

如图 7.44 所示，印度科技创新人力投入的分值在 5～13 分波动，其位次除了 2000 年和 2005 年，都在第 17～19 位上下波动。这说明印度的科技创新人力投入的增长速度在研究期内相对较为平缓。由于百万人口 R&D 工程技术人员数和百万人口 R&D 科学家数较多，印度科技创新人力投入在 2000 年排名靠前。2015 年，印度接受过高等教育人口的劳动参与率较低，因此科技创新人力投入在 2015 年排名第 19 位。

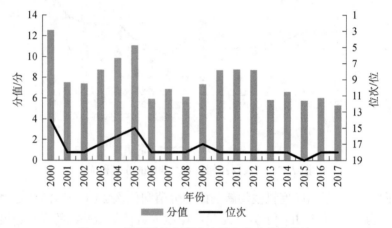

图 7.44　印度科技创新人力投入的分值和位次

如图 7.45 所示，印度科技创新资金投入的分值在研究期内总体呈下降趋势，位次一直稳居第 3 位。说明印度科技创新资金投入的增长速度在研究期内相对较平稳，一直处于各国科技创新资金投入前列。其中，由于印度 2000 年的 R&D 经费占 GDP 比例与投入 R&D 的企业占比都较高，因此印度科技创新资金投入分值达到最高，之后的年份都未达到这一分值。

如图 7.46 所示，印度科技创新投入的分值和位次在研究期内总体都呈下降的趋势，说明该国科技创新投入的增长速度在研究期内相对较慢。由于 2005 年的科技创新人力投入和科技创新资金投入的位次都较高，因此综合来看印度的科技创新投入在 2005 年排名靠前。因为在 2012～2016 年的科技创新人力投入分值呈现下降趋势，印度的科技创新投入在 2012～2016 年排名靠后。

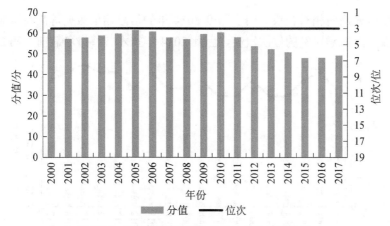

图 7.45　印度科技创新资金投入的分值和位次

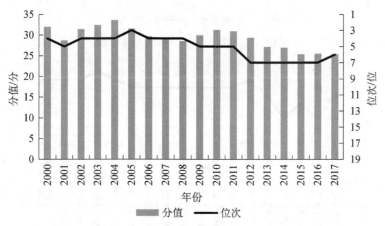

图 7.46　印度科技创新投入的分值和位次

三、科技知识获取

如图 7.47 所示，印度科技合作的分值和位次在研究期内都比较高，但波动明显，分值大多在 40～80 分，位次在第 1～5 位。这说明印度的科技合作的增长速度在研究期内相对较快。由于印度 2015 年收到的技术合作和转让补助金以及收到的官方发展援助和官方资助净额的位次都较高，因此综合下来科技合作排名在 2015 年靠前（第 1 位）。同时，在研究期内，印度科技合作指标体系下的子指标的分值和位次都较高，位于 19 个国家的前列。

如图 7.48 所示，印度技术转移的分值和位次在研究期内大部分年份较高，在 2000～2005 年出现了较大波动，但整体有所上升；除了上述年份外，印度技术转移的分值大多在 40～60 分，位次大多在第 2～4 位。这说明印度的技术转移的增长速度在研究期内相对较快。由于印度 2014 年的信息通信数据等高技术服务出口额占总服务出口额比例的位次较高,因此 2014 年技术转移排名靠前(第 2 位)。

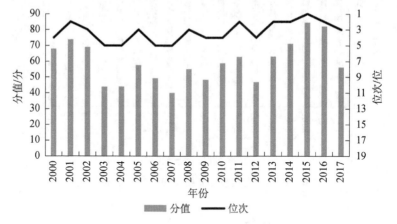

图 7.47 印度科技合作的分值和位次

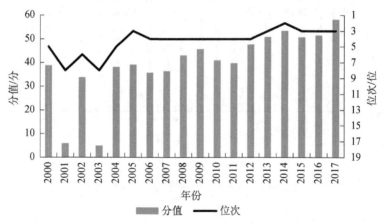

图 7.48 印度技术转移的分值和位次

从 2004 年起,印度技术转移指标体系下的子指标的分值和位次都较高,居于所 19 个国家的前列。从 2015～2017 年的发展势头来看,印度科技合作下的技术转移被普遍看好。

如图 7.49 所示,在研究期内,印度外商直接投资的分值和位次大致处于中游水平,且波动较大,分值大多在 5～20 分,位次在第 6～13 位。这表明印度外商直接投资的增长速度在研究期内相对居中。2009 年和 2016 年,印度外商直接投资净流入额的分值较高,因此印度在这 2 年的外商直接投资位次靠前(第 6 位)。2003 年和 2005 年,印度外商直接投资净流入额和外商直接投资净流入额占 GDP 的比重的分值较低,所以印度在这 2 年的外商直接投资位次靠后(第 13 位)。

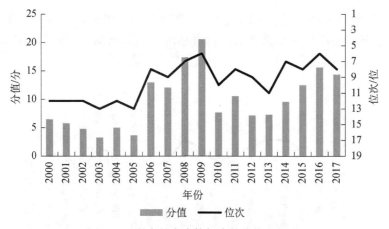

图 7.49 印度外商直接投资的分值和位次

如图 7.50 所示，在研究期内，印度科技知识获取的分值和位次基本较高，除了 2000~2004 年波动较大外，其余年份的分值和位次均较稳定，其中科技知识获取的分值大多在 30~50 分，位次大多在第 3~7 位。这表明印度科技知识获取的增长速度在研究期内相对较快。2014~2017 年，印度的技术转移的分值整体较高，因此科技知识获取的位次靠前（第 3 位）。2003 年，印度技术转移和外商直接投资的分值较低，因此科技知识获取的位次靠后（第 7 位）。

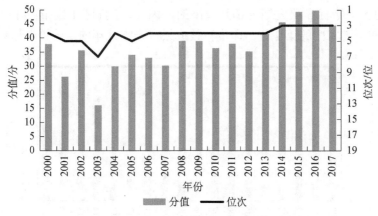

图 7.50 印度科技知识获取的分值和位次

四、科技创新产出

如图 7.51 所示，在研究期内，印度高新技术产业的分值和位次在 19 个国家中处于中游水平，其中高新技术产业的分值大多在 25~30 分，波动较小，位次则在第 8~12 位，波动较大。这表明印度高新技术产业增长速度在研究期内相对居中。2003~2004 年，印度每千人（15~64 岁）注册新公司数的分值整体较高，因此高新技术产业的位次比较靠前（第8位）。2015年，印度每千人（15～64岁）注册新公司数和信息通信技术产品出口额占商品出口总额的百分比的分值较低，该年份印度高新技术产业的位次靠后（第12位）。

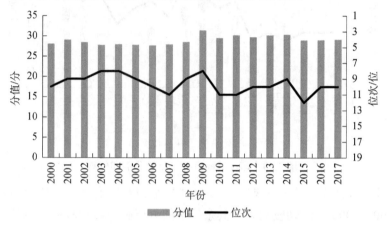

图 7.51　印度高新技术产业的分值和位次

如图7.52所示，在研究期内，印度科技成果的分值和位次在19个国家中处于领先地位，其中印度科技成果的分值基本保持在80分左右，位次则始终保持第2位。这表明在印度科技成果的增长速度在研究期内相对较快。印度的科技成果下的各项指标在研究期内都是较高的，因此印度科技成果的分值和位次总是居于19个国家中的第2位。印度科技成果在未来几年的走势被普遍看好。

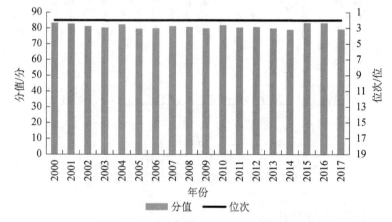

图 7.52　印度科技成果的分值和位次

如图7.53所示，在研究期内，印度科技创新产出的分值和位次都比较高，且基本能够保持较高水平的稳定；科技创新产出的分值在50～60分，位次在第5～6位。这说明印度科技创新产出的增长速度在研究期内相对较快。其中，印度科技创新产出体系下的子指标科技成果的分值和位次都较高。

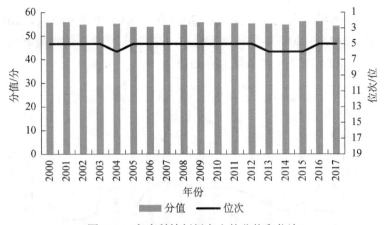

图 7.53　印度科技创新产出的分值和位次

五、科技创新促进经济社会可持续发展

如图 7.54 所示，印度经济发展的分值在 2000～2014 年总体处于上升的状态，2014 年达到最高（接近 35 分），2000 年得分最低（6 分左右）；2015 年又有明显下降，之后开始上升。印度经济发展的位次形成了四个山峰状曲线，分别在 2003 年、2006 年、2009 年和 2015 年出现峰顶，在 2004 年、2008 年、2011 年和 2012 年出现谷底，2000 年和 2001 年的位次最低，排在第 18 位。2015 年，印度劳均 GDP 得分、GDP 年增长率得分、商品和服务出口总额占 GDP 的比重得分、农林渔劳均增加值得分、工业（含建筑业）劳均增加值得分、服务业劳均增加值得分和制造业增加值年增长率得分都有所降低，但是在 19 个国家中仍保持了较高的位次，排在第 7 位。

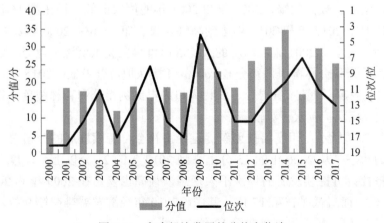

图 7.54　印度经济发展的分值和位次

如图 7.55 所示，印度社会生活在 2004 年、2006 年得分较高，2010～2015 年逐渐下降，2015～2017 年又有显著提高；排名在 2010 年达到最好位次，但之后不断降低，直到 2017 年才重现上升趋势。

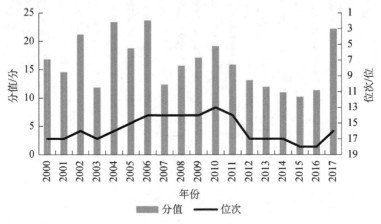

图 7.55　印度社会生活的分值和位次

印度社会生活 2010 年的位次最高，主要是由于 GINI 系数得分、互联网使用比例得分和千人病床数得分显著提高；2015 年和 2016 年，印度人均 GDP 得分、GINI 系数得分、预期寿命得分和互联网使用比例得分较低，故社会生活排名最低。印度的人均 GDP 得分、GINI 系数得分、预期寿命得分和互联网使用比例得分、贫困率得分和千人病床数得分在 2017 年均有所上升，因此社会生活位次也有上升。

如图 7.56 所示，印度环境保护的分值波动较大，但总体呈上升的趋势。2017 年达到最高值（超过 30 分），2001 年分值最低（20 分左右）。印度环境保护的位次波动也较为频繁，2000 年和 2001 年的位次最低，排在第 16 位；2008 年、2010 年、2012 年和 2015 年达到高峰，排在第 13 位；2006 年、2011 年和 2014 年处于低谷。2001 年，印度的人均国内可再生淡水资源量得分、农村人口用电比例得分和森林覆盖率得分较低，故环境保护得分最低；2015 年，印度的 $PM_{2.5}$ 空气污染年均暴露量得分、农村人口用电比例得分和森林覆盖率得分相对较高，故环境保护位次相对较高。

如图 7.57 所示，印度科技创新促进经济社会可持续发展的分值总体处于波动上升的状态，从 2000 年的 15 分上涨到 2017 年的 25 分以上。印度科技创新促进经济社会可持续发展的位次不太理想，最高也仅是在 2009 年和 2010 年排到第 13 位，而最低排在第 17 位。其中，2010 年经济发展排在第 9 位，社会生活排在第 13 位，环境保护排在第 13 位。

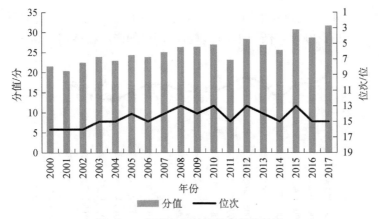

图 7.56　印度环境保护的分值和位次

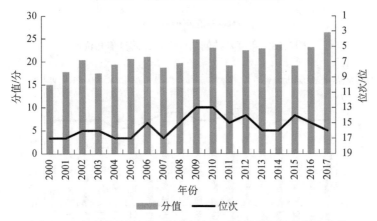

图 7.57　印度科技创新促进经济社会可持续发展的分值和位次

六、科技创新综合能力

如图 7.58 所示，印度的科技创新综合投入得分普遍较高，2016 年得分最高，2003 年得分最低（仅有 30 分左右）。印度的科技创新综合投入排名也相对较高，2017 年排在第 3 位，为研究期内排名最高，2003 年、2013～2014 年排在第 6 位，为研究期内排名最低。其中，2017 年科技创新基础排在第 7 位，科技创新投入排在第 6 位，科技知识获取排在第 3 位，由于科技知识获取排名较为靠前，印度 2017 年科技创新综合投入排名也相对较高。

如图 7.59 所示，印度的科技创新综合产出得分在 2017 年最高，达到 40 分以上，而 2000 年的得分只有 35.3 分。印度的科技创新综合产出位次较高，2014～2017 年都稳定在第 8 位；2004～2005 年、2012～2013 年排名最低，排在第 9 位。

如图 7.60 所示，印度的科技创新综合能力得分在 30～40 分波动，其中2016 年得分最高。印度的科技创新综合能力排名在 2011～2013 年较低，仅仅排在第 7 位，2004 年、2006 年的排名相对较高，排在第 5 位。印度的投入产出比在 1.1 左右，只有 2000 年低于 1，可以看出印度的产出在逐年增高。

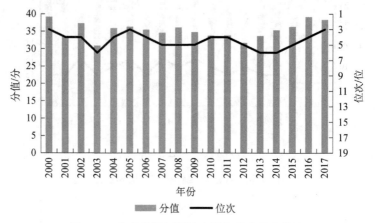

图 7.58　印度科技创新综合投入的分值和位次

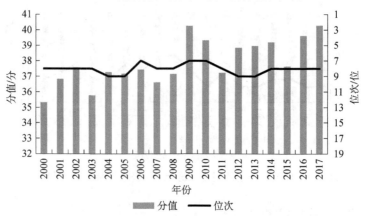

图 7.59　印度科技创新综合产出的分值和位次

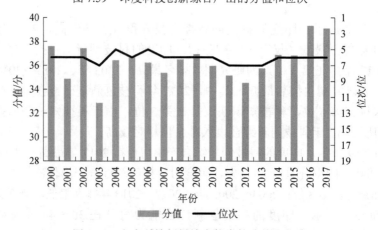

图 7.60　印度科技创新综合能力的分值和位次

第四节　马尔代夫科技创新能力研究

马尔代夫是印度洋上的群岛国家，其 1192 个珊瑚岛分布在 9 万平方公里的海域内，其中约 200 个岛屿有人居住，人口为 43.6 万人（2017 年底）。

一、科技创新基础

如图 7.61 所示，马尔代夫科技创新环境的分值和位次从总体上看都呈下降的趋势。这说明该国的科技创新环境的增长速度在研究期内相对较慢。2000年，马尔代夫的商品和服务税占工业和服务业增加值的百分比较低，营商管制环境评级分值较高，因此科技创新环境排名靠前。2006 年，马尔代夫的制造业适用加权平均关税税率较高，因此科技创新环境排名靠后。

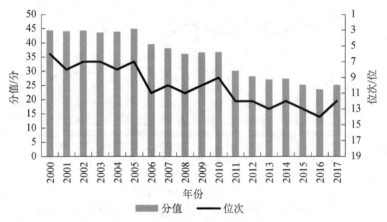

图 7.61　马尔代夫科技创新环境的分值和位次

如图 7.62 所示，马尔代夫科技创新人力基础的分值和位次在 2009 年后出现严重的下降。这说明马尔代夫抗国际金融危机的影响能力较弱。2009 年，马尔代夫的成年人识字率较高，教育支出占 GDP 比例较高，因此科技创新人力基础分值较高，排名靠前。2012 年，马尔代夫的高等教育毛入学率较低，因此科技创新人力基础分值较低，排名靠后。

如图 7.63 所示，马尔代夫科技创新基础的分值和位次都从 2009 年后开始下降。这说明马尔代夫受国际金融危机影响较大。2009 年，马尔代夫的科技创新人力基础分值及位次较好，因此科技创新基础分值较高，排名靠前。2017 年，马尔代夫的科技创新人力基础分值及位次较低，因此科技创新基础分值较低，排名靠后。

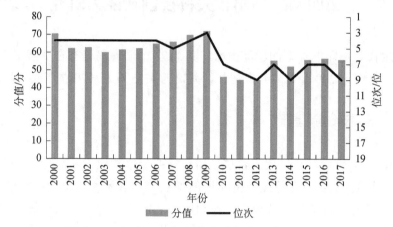

图 7.62　马尔代夫科技创新人力基础的分值与位次

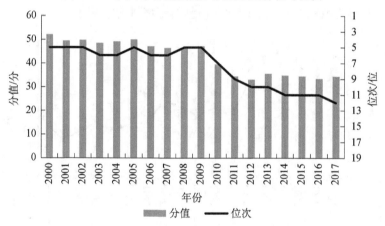

图 7.63　马尔代夫科技创新基础的分值和位次

二、科技创新投入

如图 7.64 所示，马尔代夫科技创新人力投入的分值和位次在研究期内整体呈下降趋势。这说明马尔代夫科技创新人力投入的增长速度在研究期内相对较慢。2006 年，马尔代夫接受过高等教育人口的劳动参与率较高，因此科技创新人力投入排名靠前。2011 年，马尔代夫的百万人口 R&D 工程技术人员数较少，因此科技创新人力投入在 2011 年排名靠后。

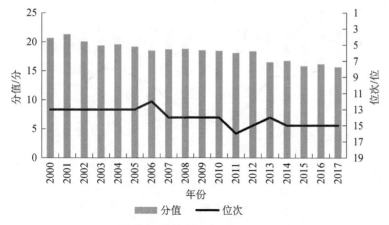

图 7.64　马尔代夫科技创新人力投入的分值和位次

如图 7.65 所示，马尔代夫科技创新资金投入的分值和位次在研究期内都呈先降后升的趋势。这说明马尔代夫科技创新资金投入的增长速度在研究期内相对先慢后快。2000 年，马尔代夫投入 R&D 的企业占比较高，因此科技创新资金投入排名靠前。同时，马尔代夫在 2006～2008 年的 R&D 经费占 GDP 比例较低，所以该国的科技创新资金投入在这三年排名靠后。

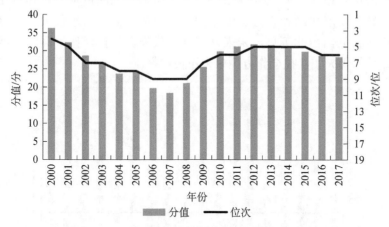

图 7.65　马尔代夫科技创新资金投入的分值和位次

如图 7.66 所示，马尔代夫科技创新投入的分值和位次在研究期内都呈开口向上的抛物线形变化。这说明马尔代夫科技创新投入的增长速度在研究期内相对先慢后快。2013～2014 年，马尔代夫科技创新资金投入的位次较高，因此科技创新投入排名靠前。2007 年，马尔代夫科技创新资金投入的分值较低，因此科技创新投入排名最靠后。

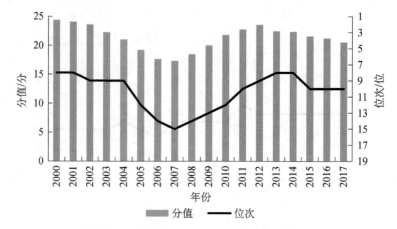

图 7.66　马尔代夫科技创新投入的分值和位次

三、科技知识获取

如图 7.67 所示，研究期内马尔代夫科技合作的得分整体都比较低，只有在2010 年突破了 2 分，且波动比较频繁；位次始终排在第 17 位。这表明马尔代夫科技合作的增长速度在研究期内相对较慢。由于收到的技术合作和转让补助金与收到的官方发展援助和官方资助净额的得分都较低，马尔代夫科技合作整体的排名都比较低。由此可见，未来几年马尔代夫在科技合作方面的发展潜力有限，因此马尔代夫在科技合作方面未来不被看好。

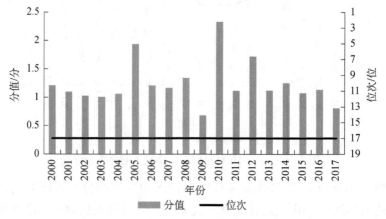

图 7.67　马尔代夫科技合作的分值和位次

如图 7.68 所示，在研究期内马尔代夫技术转移的得分整体比较低，但在2010 年以后明显上升，2017 年更是超过了 25 分；马尔代夫技术转移的位次波动较大，排在第 12～19 位。这表明该国技术转移的增长速度在研究期内相对较慢。2017 年，马尔代夫信息通信数据等高技术服务进口额占总服务进口额比例的得分较高，因此技术转移的排名较为靠前（第 12 位）。2004～2010 年，马尔代夫的知识产权使用费和信息通信数据等高技术服务出口额占总服务出口额比例的得分较低，因此技术转移在这几年的排名最靠后（第 19 位）。

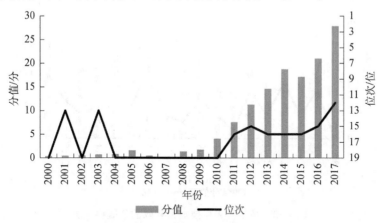

图 7.68　马尔代夫技术转移的分值和位次

如图 7.69 所示，在研究期内，马尔代夫外商直接投资的得分较高，但波动明显；位次基本保持在第 3～6 位。这表明马尔代夫外商直接投资的增长速度在研究期内相对较快。研究期内，马尔代夫外商直接投资指标体系下的各项指标的分值都比较高，因此该国外商直接投资整体的排名较为靠前。综合来看，马尔代夫外商直接投资的发展走势是被看好的。

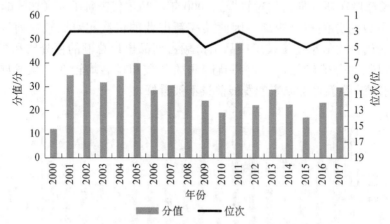

图 7.69　马尔代夫外商直接投资的分值和位次

如图 7.70 所示，在研究期内，马尔代夫科技知识获取的得分相对较低，且呈明显的波动，但总体趋势是上升的；位次的发展趋势与得分基本类似，大多数年份排在第 11 位之后。这表明马尔代夫科技知识获取的增长速度在研究期内相对较慢。2011 年，马尔代夫的外商直接投资分值相对较高，因此科技知识获取的位次比较靠前。2000 年，马尔代夫的技术转移和外商直接投资分值较低，因此科技知识获取排名最靠后（第 19 位）。

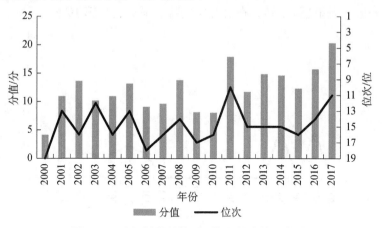

图 7.70　马尔代夫科技知识获取的分值和位次

四、科技创新产出

如图 7.71 所示，在研究期内，马尔代夫高新产业的分值相对较低，且总体趋势是下降的；位次的发展趋势与分值基本类似，有明显的波动，且除 2000 年排第 14 位以外，其余年份都排在了第 14 位之后。这充分表明马尔代夫高新产业的增长速度在研究期内相对较慢。2000 年，马尔代夫每千人（15～64 岁）注册新公司数的分值相对较高，因此其高新产业的位次相对比较靠前。研究期内，马尔代夫的信息通信技术产品出口额占商品出口总额的百分比和高新技术产品出口额的分值较低，导致高新产业的分数和排名均较低。从发展趋势上看，马尔代夫高新产业未来的发展前景不被看好。

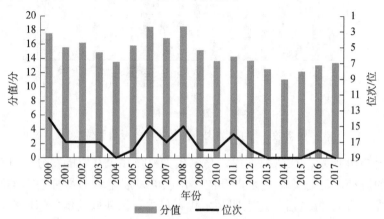

图 7.71　马尔代夫高新产业的分值和位次

如图 7.72 所示，在研究期内，马尔代夫科技成果的分值相对较低，且总体趋势是下降的，除 2004 年比较特殊（21 分）外，其他年份在 5～15 分波动；位次基本保持在第 18 位（2012 年第 19 位），远远落后于 19 个国家中的绝大部分。这表明马尔代夫科技成果的增长速度在研究期内相对较慢。研究期内，马尔代夫的科技杂志论文数、商标申请数、居民专利申请数和非居民工业设计知识产权申请数的分值都较低，导致马尔代夫科技成果的整体排名较低。从发展趋势上看，马尔代夫科技成果在未来几年的发展前景不被看好。

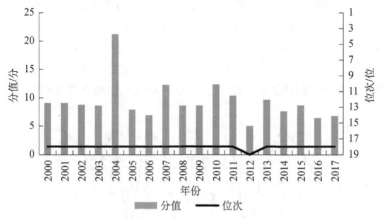

图 7.72　马尔代夫科技成果的分值和位次

如图 7.73 所示，在研究期内，马尔代夫科技创新产出的分值相对于许多其他国家都较低，且总体趋势是下降的，在 8～18 分波动；其位次除 2004 年和 2008 年（第 18 位）外，始终排在第 19 位，远远落后于其他国家。这表明马尔代夫科技创新产出的增长速度在研究期内相对较慢。研究期内，马尔代夫的高新产业和科技成果的分值都较低，导致马尔代夫的科技创新产出的排名都低。从发展趋势上看，马尔代夫科技创新产出在未来的发展前景不被看好。

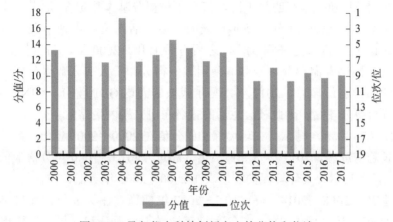

图 7.73　马尔代夫科技创新产出的分值和位次

五、科技创新促进经济社会可持续发展

如图 7.74 所示,马尔代夫经济发展的分值在 2001~2003 年稳定地上升,但在 2004 年明显有所下降,从 2003 年的 40 分左右跌倒 17 分左右,之后开始较为频繁地波动,在 2017 年达到最高值 45 分。该国经济发展位次的波动也很大,最高排在第 3 位,最低排在第 19 位。2016 年,马尔代夫的劳均 GDP 得分、GDP 年增长率得分、商品和服务出口占 GDP 的比重得分、农林渔劳均增加值得分和制造业增加值年增长率得分都有明显上涨,因此经济发展得分和位次都有明显上升;2009 年,马尔代夫的劳均 GDP 得分、GDP 年增长率得分、工业(含建筑业)劳均增加值得分和服务业劳均增加值得分显著降低,其中 GDP 年增长率得分在 19 个国家中落后,导致经济发展位次排在第 19 位。

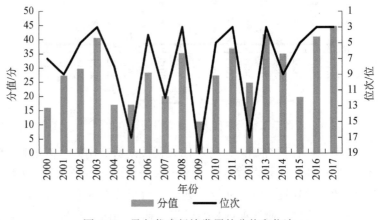

图 7.74　马尔代夫经济发展的分值和位次

如图 7.75 所示,自 2002 年开始,马尔代夫社会生活的得分除了在 2003 年、2005 年和 2007 年有明显下降,其余年份得分基本稳定在 40 分以上,2017 年达到最高值,超过 50 分。马尔代夫的社会生活的位次也处于领先状态,在 2008~2014 年一直稳定在第 5 位,之后有所上升。2000 年,马尔代夫的 GINI 系数得分、预期寿命得分、互联网使用比例得分和千人病床数得分较低,因此社会生活的排名最靠后。2017 年,马尔代夫的人均 GDP 得分、GINI 系数得分和预期寿命得分较高,因此社会生活的排名在研究期内最靠前。

如图 7.76 所示,马尔代夫环境保护的分值在 2000~2009 年上升趋势比较明显,增长趋势放缓,2017 年达到最大值(超过 45 分),2000 年分值最低(仅有 25 分左右)。马尔代夫环境保护的位次在 2000~2002 年最低,排在第 12 位,之后开始上升,2008~2014 年和 2016~2017 年都稳定在第 8 位,2015 年下降 1 位。2000 年,马尔代夫 PM$_{2.5}$ 空气污染年均暴露量得分和农村人口用电比例得

分相对较低，故环境保护位次排在第 12 位；2017 年，马尔代夫的 PM$_{2.5}$ 空气污染年均暴露量得分和农村人口用电比例得分增高，故环境保护得分有所增加。

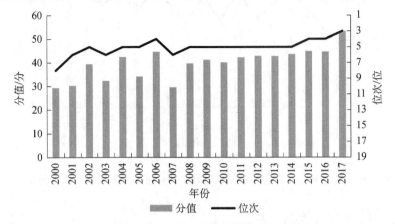

图 7.75　马尔代夫社会生活的分值和位次

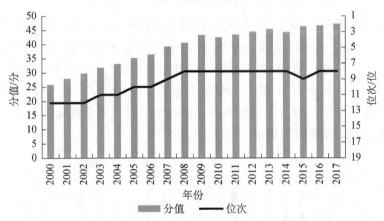

图 7.76　马尔代夫环境保护的分值和位次

　　如图 7.77 所示，马尔代夫科技创新促进经济社会可持续发展的分值总体呈波动上升的状态，其中 2017 年得分最高（接近 50 分），2000 年得分最低（只有24 分左右）。科技创新促进经济社会可持续发展的位次较高但是波动较频繁。2000～2003 年，马尔代夫科技创新促进经济社会可持续发展的位次从第 11 位上涨到第 4 位，其中 2003 年马尔代夫经济发展排在第 3 位，社会生活排在第 6位，环境保护排在第 11 位。2005 年，马尔代夫科技创新促进经济社会可持续发展的位次又下降到第 8 位，其中经济发展排在第 17 位，社会生活排在第 5 位，环境保护排在第 10 位。

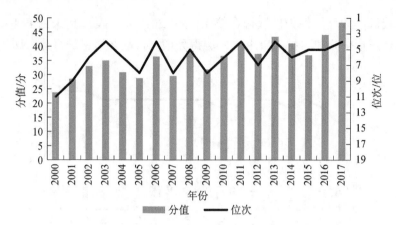

图 7.77　马尔代夫科技创新促进经济社会可持续发展的分值和位次

六、科技创新综合能力

如图 7.78 所示，研究期内，马尔代夫的科技创新综合投入得分都在 30 分以下。其中，2002 年得分最高，在 28 分以上；2015 年得分最低，且排名在研究期内最靠后，仅排在第 13 位。2000～2010 年马尔代夫科技创新综合投入位次总体呈下降趋势，其中 2001 年位次最高，排在第 8 位。2001 年，马尔代夫科技创新基础排在第 5 位，科技创新投入排在第 8 位，科技知识获取排在第 13 位，其中科技创新基础排名较为靠前。

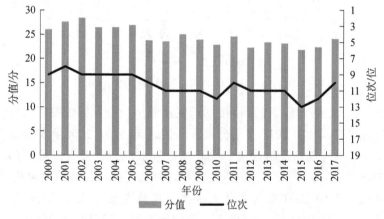

图 7.78　马尔代夫科技创新综合投入的分值和位次

如图 7.79 所示，马尔代夫科技创新综合产出的得分普遍较低，其中 2017 年的得分最高，接近 30 分，而 2000 年的得分最低，不足 20 分。其科技创新综合产出的排名波动较大，其中 2017 年排在第 13 位，而 2000～2001 年仅排在第 18 位。2017 年，马尔代夫科技创新产出排在第 19 位，科技创新促进经济社会可持续发展排在第 4 位，其中科技创新促进经济社会可持续发展的排名有所增高。

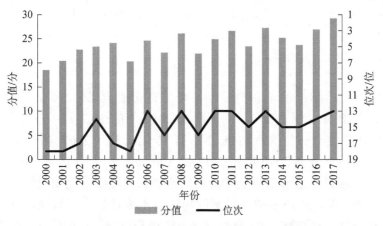

图 7.79 马尔代夫科技创新综合产出的分值和位次

如图 7.80 所示，马尔代夫科技创新综合能力的得分在研究期内处于波动状态，其中 2017 年的得分最高，达到 26.13 分。其科技创新综合能力排名也处于波动状态，其中，2000 年排在第 13 位，之后在第 12 位左右波动。马尔代夫的投入产出比相对较低，在 2010 年之前一直低于 1，2011 年之后在 1.1 左右。由此可见，马尔代夫的产出逐渐高于投入，科技创新能力的效率正在逐渐提高。

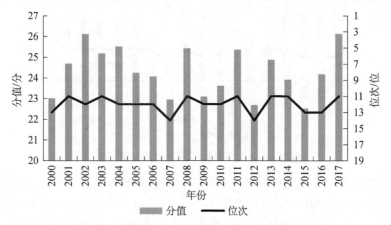

图 7.80 马尔代夫科技创新综合能力的分值和位次

第五节 尼泊尔科技创新能力研究

尼泊尔是联合国认定的最不发达国家之一，其科技创新严重依赖外国援助。全国有 5 所知名大学、40 多个工程学院，加德满都大学（Kathmandu

University）是尼泊尔排名第一的大学。尼泊尔人口为 2930 万人（2017年底）。

一、科技创新基础

如图 7.81 所示，尼泊尔科技创新环境的分值从 2000 年的 27 分上升到 2006 年的 33.8 分（最高分），再下降到 2010 年的 19.7 分（最低分），后在 20～25 分轻微波动；位次从 2000 年的第 16 位上升到 2007 年的第 12 位（最高位次），之后下降到 2010 年的第 17 位（最低位次），之后再上升到 2017 年的第 13 位。这说明尼泊尔科技创新环境的增长速度在研究期内先较快后较慢再较快。2007 年，尼泊尔的产权制度和法治水平评级分值较高，制造业适用加权平均关税税率比较低，营商管制环境评级分值较高，因此科技创新环境排名靠前；2010 年，尼泊尔的城市化率较低，因此科技创新环境在 2010 年排名最靠后。

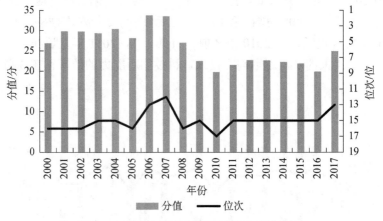

图 7.81　尼泊尔科技创新环境的分值和位次

如图 7.82 所示，尼泊尔科技创新人力基础的分值呈先上升后下降再上升的趋势，位次除了在 2009 年突破到第 11 位，其余年份在第 14～16 位波动。这说明尼泊尔科技创新人力基础的发展速度在研究期内相对平缓。2009 年，尼泊尔教育支出占 GDP 比例较高，因此科技创新人力基础分值较高，排名稍好。2000～2003 年，尼泊尔高等教育毛入学率较低，所以科技创新人力基础分值较低，排名靠后。2010～2012 年，尼泊尔教育支出占 GDP 比例较低，因此科技创新人力基础分值和排名也靠后。

如图 7.83 所示，尼泊尔科技创新基础的分值在研究期内呈 N 形变化，位次在第 14～17 位波动。这说明尼泊尔科技创新基础的增长速度在研究期内相对较慢。2007 年，尼泊尔科技创新环境分值及位次较好，因此科技创新基础分值较高，排名靠前。2010～2012 年，尼泊尔科技创新人力基础分值及位次较低，因此科技创新基础分值较低，排名靠后。

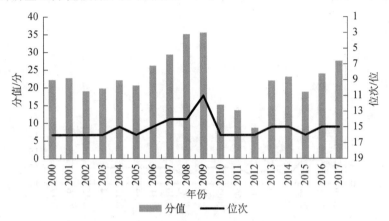

图 7.82　尼泊尔科技创新人力基础的分值和位次

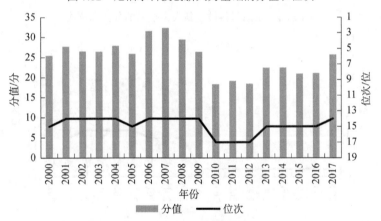

图 7.83　尼泊尔科技创新基础的分值和位次

二、科技创新投入

如图 7.84 所示，尼泊尔科技创新人力投入的分值在研究期内基本呈开口向上的抛物线形变化，位次在第 16～18 位。这说明该国科技创新人力投入的增长速度在研究期内相对平缓。2016～2017 年，尼泊尔接受过高等教育人口的劳动参与率相对较高，因此科技创新人力投入排名靠前。2009 年，尼泊尔百万人口 R&D 科学家数较少，百万人口 R&D 工程技术人员数较少，因此科技创新人力投入排名靠后，与 2003 年、2005 年相同，排第 18 位。

如图 7.85 所示，尼泊尔科技创新资金投入的分值和位次从 2009 年开始显著上升。这说明尼泊尔自 2009 年开始科技创新资金投入的增长速度相对较快。
2012～2015 年，尼泊尔投入 R&D 的企业占比相对较高，因此科技创新资金投
入排名靠前。2000～2008 年，尼泊尔 R&D 经费占 GDP 比例较低，因此科技创
新资金投入排名靠后。

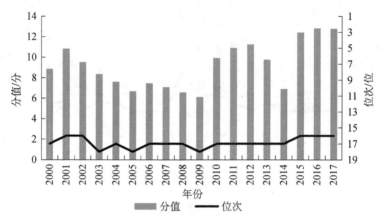

图 7.84　尼泊尔科技创新人力投入的分值和位次

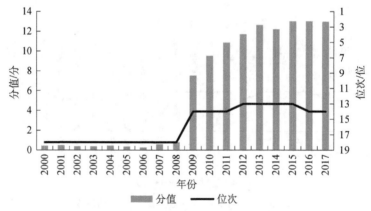

图 7.85　尼泊尔科技创新资金投入的分值和位次

如图 7.86 所示，尼泊尔科技创新投入的分值和位次从 2009 年开始呈上升的
发展趋势。这说明该国科技创新投入的增长速度自 2009 年开始相对较快。2017
年，尼泊尔的科技创新人力投入的位次有所提升，因此其在该年的科技创新投
入排名相应上升。2000～2009 年，尼泊尔的科技创新资金投入较低，因此科技
创新投入排名靠后。

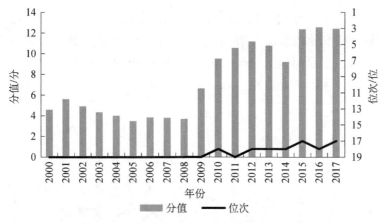

图 7.86　尼泊尔科技创新投入的分值和位次

三、科技知识获取

如图 7.87 所示，尼泊尔科技合作的分值和位次在研究期内大体上呈小幅上升的趋势，其分值在 15~32 分，位次在第 7~11 位。这说明尼泊尔科技合作的增长速度在研究期内处于中游水平。2015 年，尼泊尔收到的官方发展援助和官方资助净额较高，因此科技合作排名比较靠前（第 7 位）。 2003 年，尼泊尔收到的技术合作和转让补助金以及收到的官方发展援助和官方资助净额较低，因此科技合作排名比较靠后（第 11 位）。

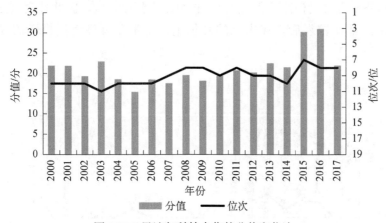

图 7.87　尼泊尔科技合作的分值和位次

如图 7.88 所示，尼泊尔技术转移的分值大体上呈先减后增的趋势（除 2001 年和 2003 年特殊情况外），分值和位次波动都较大，分值大多在 10~30 分，位次大多在第 11~15 位。这说明尼泊尔技术转移的增长速度在研究期内相对较慢。2015 年，尼泊尔信息通信数据等高技术服务出口占总服务出口比例较高，因此技术转移排名比较靠前（第 11 位）。2003 年，尼泊尔知识产权使用费、知识产权出让费、信息通信数据等高技术服务出口额占总服务出口额比例和信息通信数据等高技术服务进口额占总服务进口额比例都较低，因此技术转移排在第 19 位。

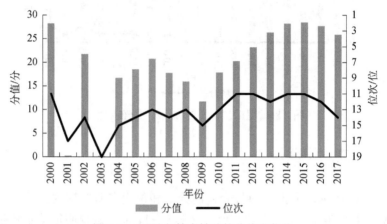

图 7.88　尼泊尔技术转移的分值和位次

　　如图 7.89 所示，尼泊尔外商直接投资的分值和位次波动都较大，且都保持在比较低的水平，分值在 0～2 分，位次为第 16～19 位。这说明尼泊尔的外商直接投资的增长速度在研究期内相对较慢。研究期内，尼泊尔外商直接投资净流入额和外商直接投资净流入额占 GDP 的比重都比较低，因此外商直接投资的分值和位次都比较靠后。在未来的几年里，尼泊尔外商直接投资的发展不被看好。

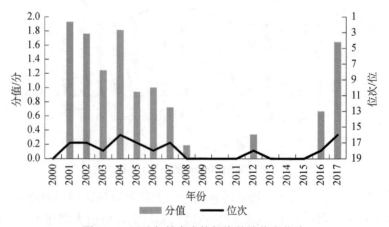

图 7.89　尼泊尔外商直接投资的分值和位次

如图 7.90 所示，尼泊尔科技知识获取的分值大体上呈先减后增的趋势，并保持在 7～21 分；位次维持在第 10～16 位。这说明该国科技知识获取的增长速度在研究期内相对较慢。2015～2016 年，尼泊尔的科技合作和技术转移的分值较高，因此科技知识获取排名比较靠前（第 10 位）。2001 年和 2003 年，尼泊尔的技术转移和外商直接投资的分值都较低，因此科技知识获取在这两年的排名较为靠后（第 16 位）。

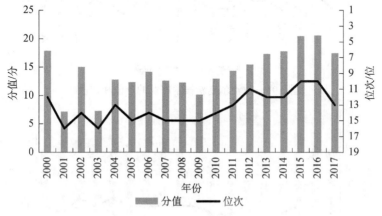

图 7.90　尼泊尔科技知识获取的分值和位次

四、科技创新产出

如图 7.91 所示，尼泊尔高新技术产业的分值大体上呈现平稳波动的趋势，保持在 10～18 分；位次则在小范围波动，维持在第 15～19 位。这说明尼泊尔的高新技术产业的增长速度在研究期内相对缓慢。2009 年和 2011 年，尼泊尔的每千人（15～64 岁）注册新公司数和高新技术产品出口额占制造业出口额比重较高，因此高新技术产业在这两年的排名为第 15 位。2012 年，尼泊尔的信息通信技术产品出口额占商品出口总额的百分比、高新技术产品出口额和高新技术产品出口额占制造业出口额比重的分值都较低，因此高新技术产业的排名较为靠后（第 19 位）。

如图 7.92 所示，研究期内，尼泊尔科技成果的分值和位次均存在波动，但波动幅度不大，分值大都在 25～35 分，位次在第 12～16 位。这说明尼泊尔科技成果的增长速度在研究期内相对较慢。2013 年和 2015 年，尼泊尔的科技杂志论文数和商标申请数的分值较高，因此科技成果的排名靠前（第 12 位）。2004年，尼泊尔的商标申请数、居民专利申请数和非居民工业设计知识产权申请数的分值都较低，因此其科技成果的排名较为靠后（第 16 位）。

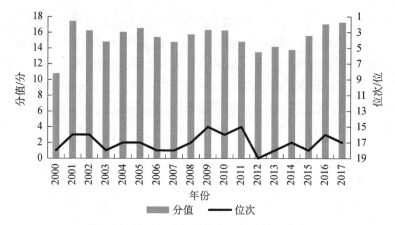

图 7.91　尼泊尔高新技术产业的分值和位次

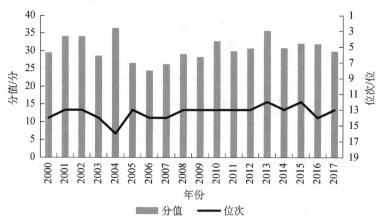

图 7.92　尼泊尔科技成果的分值和位次

　　如图 7.93 所示，尼泊尔科技创新产出的分值和位次均存在波动，但波动幅度不大，分值在 19～27 分，位次在第 13～16 位。这说明尼泊尔科技创新产出的增长速度在研究期内相对较慢。2010 年，尼泊尔的高新技术产业和科技成果的分值较高，因此科技创新产出的排名较为靠前（第 13 位）。2004 年、2006 年和 2016 年，尼泊尔的科技成果排位或分值比较低，因此科技创新产出的排名较为靠后（第 16 位）。

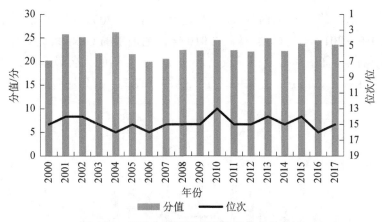

图 7.93 尼泊尔科技创新产出的分值和位次

五、科技创新促进经济社会可持续发展

如图 7.94 所示，研究期内，尼泊尔经济发展的分值总体较低，2006 年最低（只有 3.48 分），在 2014 年最高（接近 30 分）。经济发展的位次有 1/3 的时间排在第 19 位，2017 年位次最高，排在第 11 位。2016 年，尼泊尔 GDP 年增长率得分、商品和服务出口总额占 GDP 的比重得分和工业（含建筑业）劳均增加值得分有明显降低，经济发展分值也非常低，故经济发展位次排在第 19 位；2017 年，尼泊尔商品和服务出口总额占 GDP 的比重得分、工业（含建筑业）劳均增加值得分和制造业增加值年增长率得分增加明显，尤其是制造业增加值年增长率得分有大幅度增长，故经济发展位次有明显提高。

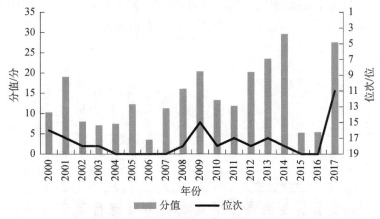

图 7.94 尼泊尔经济发展的分值和位次

如图 7.95 所示，研究期内，尼泊尔社会生活的分值处于波动的状态，2006年得分最高（超过 20 分），2015 年得分最低。尼泊尔社会生活的排名大部分时

间都较为靠后，有 7 年的时间都是排第 19 位，在 2003～2010 年位次有所提升，但 2010～2014 年又持续下降。2010 年，尼泊尔的 GINI 系数得分、互联网使用比例得分和贫困率得分相对较高，因此社会生活的排名最靠前。2014 年，尼泊尔的 GINI 系数得分、互联网使用比例得分较低，社会生活的排名垫底。

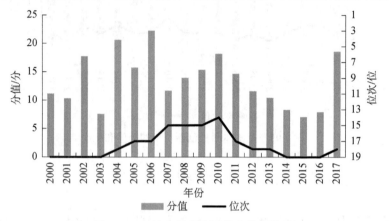

图 7.95　尼泊尔社会生活的分值和位次

　　如图 7.96 所示，研究期内，尼泊尔环境保护的分值总体呈上升趋势，2001年分值最低（不足 15 分），2017 年分值最高（在 33 分左右）。尼泊尔环境保护的位次在 2000～2007 年都稳定在第 18 位，之后开始显著上升，在 2011 年达到研究期内最高位次，排在第 13 位，2014～2017 年稳定在第 14 位。2001 年尼泊尔的 $PM_{2.5}$ 空气污染年均暴露量得分、人均国内可再生淡水资源量得分、农村人口用电比例得分和森林覆盖率得分较低，故环境保护得分较低，其位次仅排在第 18 位。2011 年，尼泊尔的人均国内可再生淡水资源量和农村人口用电比例得分较高，故环境保护得分较高，环境保护排名有所上升。

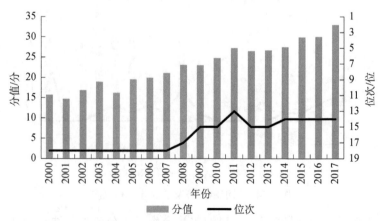

图 7.96　尼泊尔环境保护的分值和位次

如图 7.97 所示，研究期内，尼泊尔科技创新促进经济社会可持续发展的分值一直不高。其中，2017 年得分最高，但也仅在 26 分左右；2003 年得分最低，为 11 分左右。尼泊尔科技创新促进经济社会可持续发展的位次也较低，其中有 10 年其位次排在第 19 位，2017 年位次有所提高，从 2016 年的第 19 位上升到第 15 位；其中，2017 年经济发展排在第 11 位，社会生活排在第 18 位，环境保护排在第 14 位。

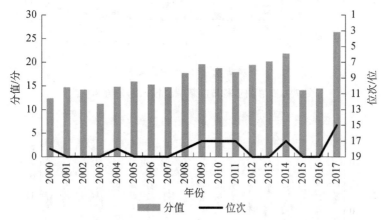

图 7.97　尼泊尔科技创新促进经济社会可持续发展的分值和位次

六、科技创新综合能力

如图 7.98 所示，研究期内，尼泊尔的科技创新综合投入得分都在 20 分以下。其中，2003 年最低，只有 13 分；2017 年最高，但也未超过 19 分。科技创新综合投入排名在 2000～2012 年都排在第 19 位，在 2012 年之后有缓慢上升；2017 年位次最高（排在第 17 位）。2017 年，尼泊尔科技创新基础排在第 14 位，科技创新投入排在第 17 位，科技知识获取排在第 13 位，因此科技创新综合投入位次相对其他年份有明显上升。

如图 7.99 所示，研究期内，尼泊尔的科技创新综合产出得分普遍较低，2017 年得分最高（达到 25 分），2000 年仅有 16 分左右。尼泊尔科技创新综合产出的位次约有 1/2 年份都排在第 19 位，其中 2010 年排位最靠前，排在第 16 位。2010 年，尼泊尔科技创新产出排在第 13 位，科技创新促进经济社会可持续发展排在第 17 位，因此科技创新综合产出的排名相应有所上升。

如图 7.100 所示，研究期内，尼泊尔的科技创新综合能力得分相对较低，均未超过 22 分。2000～2016 年，该国的科技创新综合能力排名始终排在第 19 位，2017 年上升到第 18 位。尼泊尔的投入产出比在 1.3 左右，产出和投入相对合理。

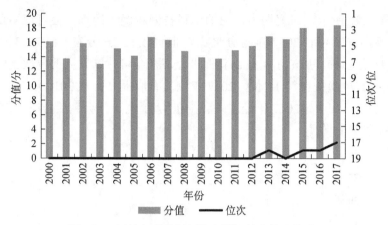

图 7.98　尼泊尔科技创新综合投入的分值和位次

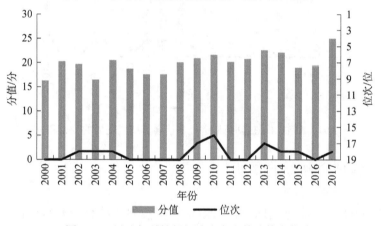

图 7.99　尼泊尔科技创新综合产出的分值和位次

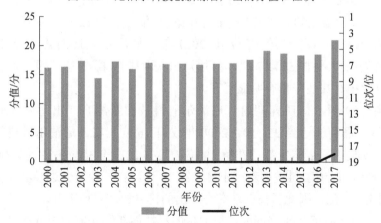

图 7.100　尼泊尔科技创新综合能力的分值和位次

第六节 巴基斯坦科技创新能力研究

2017 年底，巴基斯坦科研机构总数达到 85 个，各类科研院所（中心）共
300 多个，大学共 160 所，综合性科技（含艺术）院校约为 1000 所，全国每百
万人拥有科研人员为 64 人，专门从事 R&D 的人员为 5 万多人，高级科技人员
为 15000 多人，总人口为 1.97 亿人。

一、科技创新基础

如图 7.101 所示，研究期内，巴基斯坦科技创新环境的分值总体呈下降的趋
势，只是在 2014～2017 年有明显的上升趋势；位次从 2000 年的最高位次（第
13 位）下降到 2012 年的最低位次（第 19 位），随后再上升到 2017 年的第 14
位。这说明巴基斯坦科技创新环境的增长速度在研究期内相对先慢后快。
2000～2005 年，巴基斯坦的产权制度和法治水平评级分值较高，营商管制环境
评级分值较高，因此科技创新环境排名较好。2012～2014 年，巴基斯坦的贿赂
发生率较高，制造业适用加权平均关税税率较高，因此科技创新环境在这 3 年
排名靠后。

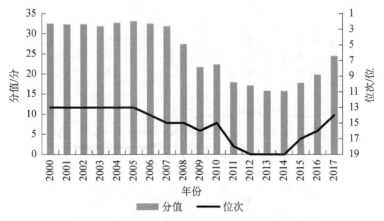

图 7.101 巴基斯坦科技创新环境的分值和位次

如图 7.102 所示，研究期内，巴基斯坦科技创新人力基础的分值大体呈 λ 形
变化，位次呈先上升后下降的趋势。这说明巴基斯坦科技创新人力基础的增长
速度在研究期内相对先快后慢。2007～2008 年，巴基斯坦的教育支出占 GDP 比
例较高，因此科技创新人力基础分值较高，排名较好。2012～2017 年，巴基斯坦
的高等教育毛入学率较低，成年人识字率较低，因此科技创新人力基础分值较

低，排名靠后。

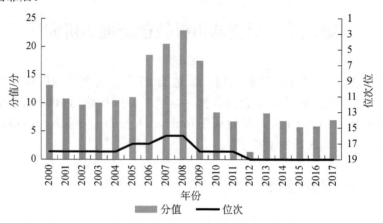

图 7.102 巴基斯坦科技创新人力基础的分值和位次

　　如图 7.103 所示，研究期内，巴基斯坦科技创新基础的分值呈现缓慢上升再下降后又继续上升的趋势，位次呈下降的趋势。这说明巴基斯坦科技创新基础的增长速度在研究期内相对较慢。2005 年，巴基斯坦的科技创新环境分值及位次较好，因此科技创新基础分值较高，排名较好；2011～2016 年，巴基斯坦的科技创新环境以及科技创新人力基础分值及位次都较低，因此科技创新基础分值较低，排名靠后。

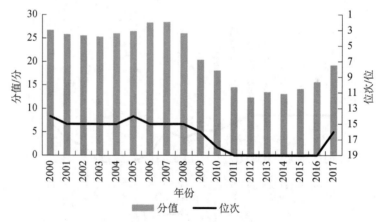

图 7.103 巴基斯坦科技创新基础的分值和位次

二、科技创新投入

　　如图 7.104 所示，研究期内，巴基斯坦科技创新人力投入的分值总体呈上升趋势，位次在第 17～19 位波动。这说明巴基斯坦科技创新人力投入的增长速度在研究期内较为平缓。2016~2017 年，巴基斯坦接受过高等教育人口的劳动参与率较高，因此科技创新人力投入排名较好。2000~2014 年，巴基斯坦的百万人口 R&D 科学家数较少，接受过高等教育人口的劳动参与率较低，因此科技创新人力投入排名靠后。

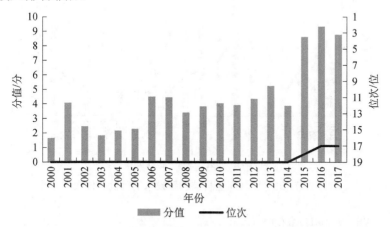

图 7.104　巴基斯坦科技创新人力投入的分值和位次

如图 7.105 所示，研究期内，巴基斯坦科技创新资金投入的分值略呈开口向下的抛物线形变化，位次自 2001 年后在第 4~6 位波动。这说明巴基斯坦科技创新资金投入的增长速度在研究期内相对较慢。2002~2008 年，巴基斯坦的投入 R&D 的企业占比较高，因此科技创新资金投入排名靠前。2000 年，巴基斯坦的 R&D 经费占 GDP 比例较低，因此科技创新资金投入排名靠后。

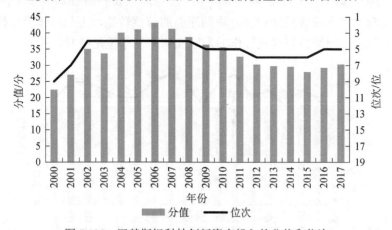

图 7.105　巴基斯坦科技创新资金投入的分值和位次

如图 7.106 所示，研究期内，巴基斯坦科技创新投入的分值和位次都呈先上升后下降再上升的趋势。这说明巴基斯坦科技创新投入的增长速度在研究期内先较快再较慢后又较快。2006 年，巴基斯坦科技创新资金投入的分值较高，因此科技创新投入排名较好。2010~2014 年，巴基斯坦的科技创新人力投入和科技创新资金投入较低，因此科技创新投入排名靠后。

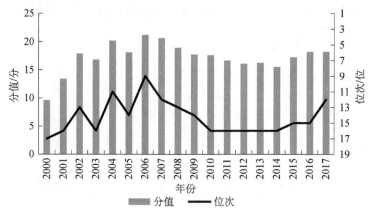

图 7.106 巴基斯坦科技创新投入的分值和位次

三、科技知识获取

如图 7.107 所示，在研究期内，巴基斯坦科技合作的分值和位次都出现了明显的波动，而且波动的幅度较大，分值在 27~80 分，位次在第 2~8 位。这说明巴基斯坦科技合作发展速度在研究期内时快时慢。2006 年和 2010 年，巴基斯坦收到的官方发展援助和官方资助净额的分值较高，因此科技合作在 2006 年和 2010 年的排名靠前（第 2 位）。2000 年，巴基斯坦收到的技术合作和转让补助金以及收到的官方发展援助和官方资助净额的分值较低，因此科技合作排名第 8 位。综上所述，巴基斯坦科技合作的发展在未来几年里是被看好的。

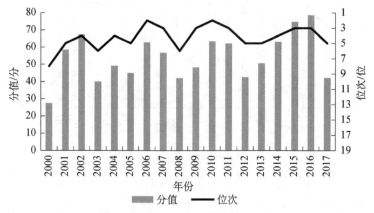

图 7.107 巴基斯坦科技合作的分值和位次

如图 7.108 所示，在研究期内，巴基斯坦技术转移的分值和位次整体上呈上升趋势，而且存在明显的波动，分值大多在 25～50 分，位次在第 4～16 位。这说明巴基斯坦技术转移的增长速度在研究期内相对较快。2016～2017 年，巴基斯坦知识产权出让费、信息通信数据等高技术服务出口额占总服务出口额比例和信息通信数据等高技术服务进口额占总服务进口额比例的分值较高，因此技术转移排名靠前（第 4 位）。2000 年，巴基斯坦的信息通信数据等高技术服务进口额占总服务进口额比例和信息通信数据等高技术服务出口额占总服务出口额比例的分值较低，技术转移排名靠后，为第 16 位。综上所述，巴基斯坦技术转移的发展在未来几年里是被看好的。

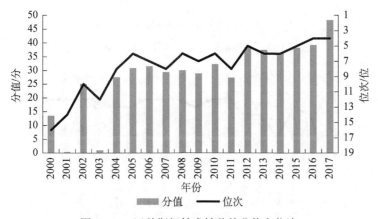

图 7.108　巴基斯坦技术转移的分值和位次

　　如图 7.109 所示，研究期内，巴基斯坦外商直接投资的分值和位次都存在较大波动，分值在 0～5 分，位次在第 12～19 位。这说明巴基斯坦外商直接投资的增长速度在研究期内处于相对中等偏慢的水平。2009 年，巴基斯坦外商直接投资净流入额和外商直接投资净流入额占 GDP 的比重的分值较高，因此外商直接投资排第 12 位。2012 年，巴基斯坦外商直接投资净流入额占 GDP 的比重的分值较低，因此外商直接投资在 2012 年排第 19 位。

　　如图 7.110 所示，研究期内，巴基斯坦科技知识获取的分值和位次基本呈上升趋势，分值在 10～40 分，位次在第 5～14 位。这说明巴基斯坦科技知识获取的增长速度在研究期内相对较快。2006～2017 年，巴基斯坦科技合作、技术转移的分值都比较高，因此科技知识获取的排名比较靠前，为第 5～6 位。2000 年，巴基斯坦科技合作、技术转移和外商直接投资的分值较低，因此科技知识获取在 2000 年排名靠后，为第 14 位。

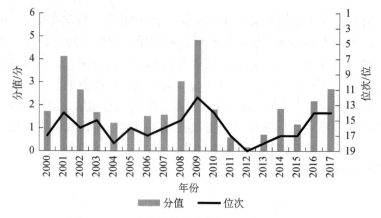

图 7.109 巴基斯坦外商直接投资的分值和位次

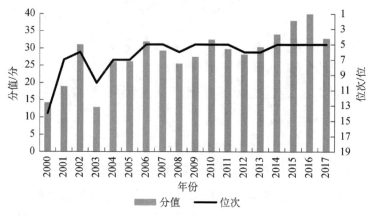

图 7.110 巴基斯坦科技知识获取的分值和位次

四、科技创新产出

如图 7.111 所示，研究期内，巴基斯坦高新产业的分值和位次都保持在一个较高的稳定水平，分值在 50 分左右，位次在第 3～5 位。这说明巴基斯坦高新产业的增长速度在研究期内相对较快。2000～2017 年，巴基斯坦每千人（15～64 岁）注册新公司数、信息通信技术产品出口额占商品出口总额的百分比、高新技术产品出口额和高新技术产品出口额占制造业出口额比重的分值都比较高，因此高新产业的排名比较靠前，为第 3～5 位。

如图 7.112 所示，研究期内，巴基斯坦科技成果的分值和位次都保持在中等的水平，分值存在明显的波动（在 40～60 分），位次在第 8～11 位。这说明巴基斯坦科技成果的增长速度在研究期内相对处于中游。2009 年，巴基斯坦商标申请数和非居民工业设计知识产权申请数的分值都比较高，因此科技成果的排名比较靠前，为第 8 位。2010 年，巴基斯坦商标申请数、居民专利申请数和非居民工业设计知识产权申请数的分值较低，因此科技成果的排名靠后，为第 11 位。

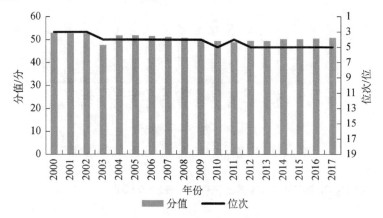

图 7.111　巴基斯坦高新产业的分值和位次

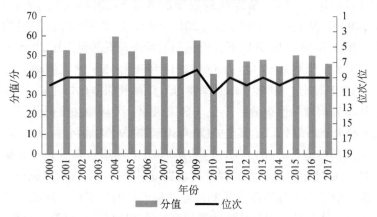

图 7.112　巴基斯坦科技成果的分值和位次

如图 7.113 所示，研究期内，巴基斯坦科技创新产出的分值和位次都呈小幅下降的趋势，但整体水平仍较高，分值在 40～60 分，位次在第 5～9 位。这说明巴基斯坦科技创新产出的增长速度在研究期内相对较快。2004 年，巴基斯坦科技成果的分值比较高，因此科技创新产出排名比较靠前，为第 5 位。2010 年和 2012 年，巴基斯坦科技成果的分值较低，因此科技创新产出排第 9 位。

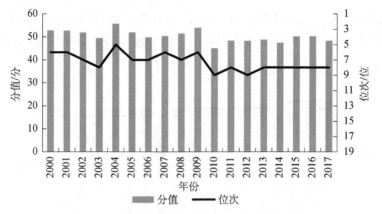

图 7.113　巴基斯坦科技创新产出的分值和位次

五、科技创新促进经济社会可持续发展

如图 7.114 所示，巴基斯坦经济发展的分值在 2014 年达到最高，接近 30 分，相比 2000 年的 5 分，涨幅很大；2014 年后，巴基斯坦经济发展的分值有明显的下降，2015 年降到 10 分以下。巴基斯坦经济发展的位次在 2005～2008 年变化明显，从第 8 位降到第 19 位，2009～2017 年在第 15～19 位波动。2005 年，巴基斯坦劳均 GDP 得分、GDP 年增长率得分、商品和服务出口总额占 GDP 的比重得分、农林渔劳均增加值得分、工业（含建筑业）劳均增加值得分和制造业增加值年增长率得分有所增长，尤其是 GDP 年增长率得分增加明显，因此经济发展的位次在该年大幅度提升。2015 年，巴基斯坦 GDP 年增长率得分、商品和服务出口总额占 GDP 的比重得分、农林渔劳均增加值得分、工业（含建筑业）劳均增加值得分、服务业劳均增加值得分和制造业增加值年增长率得分降低，且农林渔劳均增加值得分下降明显，因此经济发展得分在该年降低，同时位次也相应降低。

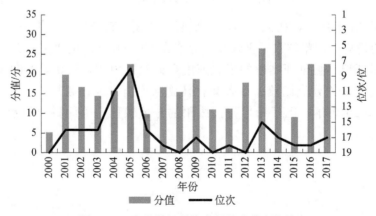

图 7.114　巴基斯坦经济发展的分值和位次

如图 7.115 所示，巴基斯坦社会生活的分值在 2006～2015 年处于总体下降的趋势，在 2015 年之后有所上升。其中，2006 年的得分最高（在 27 分左右），2015 年的得分最低。巴基斯坦社会生活的位次从 2006 年后不断下降，直到 2017 年降为第 19 位。2006 年，巴基斯坦人均 GDP 得分、GINI 系数得分和千人病床数得分很高，尤其是 GINI 系数得分很高（2006 年巴基斯坦的 GINI 系数在 19 个国家中最低，故得分最高），因此社会生活的排名最靠前。

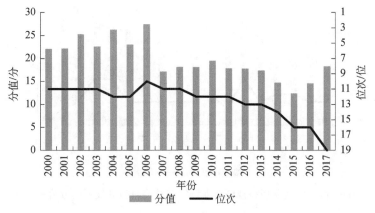

图 7.115 巴基斯坦社会生活的分值和位次

如图 7.116 所示，巴基斯坦环境保护的分值在 2000～2016 年整体处于上升的状态，但在 2017 年明显下降，达到研究期内最低分（不足 10 分）。2016 年巴基斯坦环境保护的分值最高，超过 30 分。巴基斯坦环境保护的位次在 2000～2005 年稳定在第 17 位，之后开始上升，最高达到第 13 位；2017 年，巴基斯坦人均国内可再生淡水资源量和农村人口用电比例较低，因此环境保护得分和位次下降到最低。

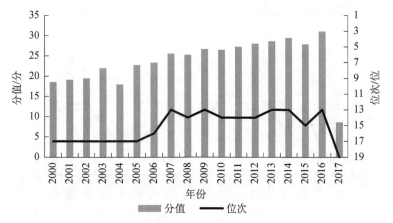

图 7.116 巴基斯坦环境保护的分值和位次

　　如图 7.117 所示，巴基斯坦科技创新促进经济社会可持续发展的分值在 2014 年达到最高（接近 25 分），而在 2000 年的分值最低（仅达到 15 分）。研究期内，巴基斯坦科技创新促进经济社会可持续发展的位次普遍较低，2013 年和 2014 年位次相对较高，排在第 13 位，2017 年排在第 19 位。2014 年，巴基斯坦经济发展排在第 17 位，社会生活排在第 14 位，环境保护排在第 13 位。

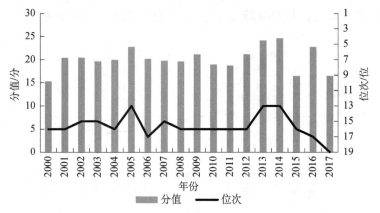

图 7.117　巴基斯坦科技创新促进经济社会可持续发展的分值和位次

六、科技创新综合能力

　　如图 7.118 所示，研究期内，巴基斯坦的科技创新综合投入得分呈波浪形变化，2006 年得分最高（在 27 分左右），2000 年得分最低（仅有 17 分左右）。巴基斯坦的科技创新综合投入得分排名在 2000 年仅排在第 18 位，在之后的几年有所上升，2006 年和 2007 年排名较为靠前，排在第 9 位。2006 年，巴基斯坦科技创新基础排在第 15 位，科技创新投入排在第 9 位，科技知识获取排在第 5 位，其中科技知识获取位次较高。

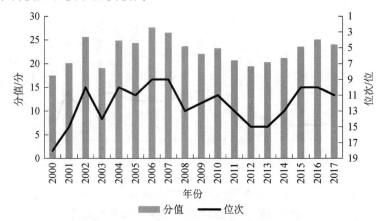

图 7.118　巴基斯坦科技创新综合投入的分值和位次

　　如图 7.119 所示，研究期内，巴基斯坦的科技创新综合产出得分在 32～38
分波动，2004 年得分最高，2010 年得分最低。巴基斯坦的科技创新综合产出位
次在 2004～2005 年最高，其余大部分年份稳定在第 10 位。2005 年，巴基斯坦
科技创新产出排在第 7 位，科技创新促进经济社会可持续发展排在第 13 位，其
中科技创新产出的排名相对较高。

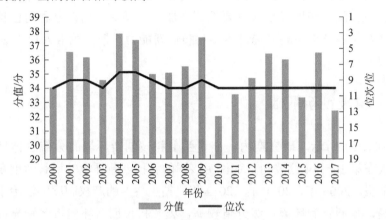

图 7.119　巴基斯坦科技创新综合产出的分值和位次

　　如图 7.120 所示，研究期内，巴基斯坦的科技创新综合能力得分相对较高，
基本上在 27 分左右波动，排名除了 2000 年排在第 12 位，其余年份都排在第 10
位。巴基斯坦的投入产出比相对较高，大部分年份在 1.5 以上，最高达到 1.8，
可以看出巴基斯坦的投入产出效率很高。

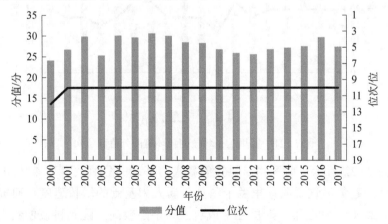

图 7.120　巴基斯坦科技创新综合能力的分值和位次

第七节 斯里兰卡科技创新能力研究

斯里兰卡是印度洋上的岛国，位于南亚次大陆南端，西北隔保克海峡与印度半岛相望。随着印度洋地区重要性的增加，斯里兰卡也充分利用自身的价值展开科技合作等外交策略，提升本国科技创新能力。斯里兰卡人口为2141.4万人（2017年底）。

一、科技创新基础

如图7.121所示，研究期内，斯里兰卡科技创新环境的分值总体呈下降趋势，位次在第10～14位波动。这说明该国的科技创新环境的增长速度在研究期内相对平缓。2006年、2011年、2012年，斯里兰卡的产权制度和法治水平评级分值较高，营商管制环境评级分值较高，因此科技创新环境排名稍靠前。2007年，斯里兰卡的城市化率较低，因此科技创新环境排名稍靠后。

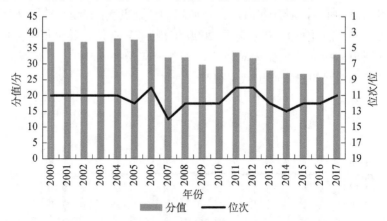

图 7.121　斯里兰卡科技创新环境的分值和位次

如图7.122所示，斯里兰卡科技创新人力基础的分值大多为40～50分，位次呈下降的趋势。这说明斯里兰卡科技创新人力基础的增长速度在研究期内相对较慢。2000～2002年，斯里兰卡成年人识字率较高，因此科技创新人力基础排名靠前。2013年，相对教育支出占GDP比例较低，因此科技创新人力基础排名靠后。

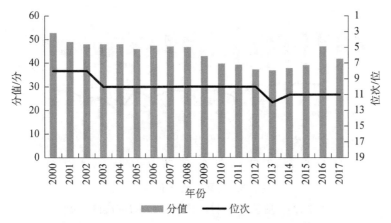

图 7.122　斯里兰卡科技创新人力基础的分值和位次

如图 7.123 所示,在研究期内,斯里兰卡科技创新基础的分值呈先下降后上升的趋势,位次持续波动。这说明在斯里兰卡科技创新基础的增长速度在研究期内相对先较慢后较快。2011～2012 年,斯里兰卡的科技创新环境分值及位次较好,因此科技创新基础分值较高,排名靠前。2016 年,斯里兰卡科技创新环境分值及位次较低,因此科技创新基础分值较低,排名靠后。

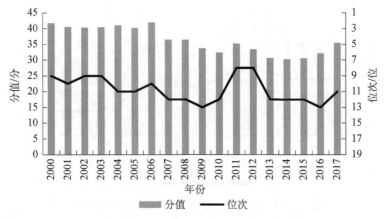

图 7.123　斯里兰卡科技创新基础的分值和位次

二、科技创新投入

如图 7.124 所示,研究期内,斯里兰卡科技创新人力投入的分值在 15～25 分波动,位次在第 10～15 位震荡。这说明该国科技创新人力投入的增长速度在研究期内相对平缓。2000 年,斯里兰卡接受过高等教育人口的劳动参与率较高,因此科技创新人力投入排名较好。2013 年,斯里兰卡百万人口 R&D 科学家数较少,因此科技创新人力投入排名靠后。

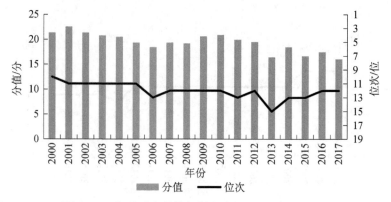

图 7.124　斯里兰卡科技创新人力投入的分值和位次

　　如图 7.125 所示，研究期内，斯里兰卡科技创新资金投入的分值呈开口向下的抛物线形变化，位次呈下降的趋势。这说明斯里兰卡科技创新资金投入的增长速度在研究期内相对较慢。2004～2006 年，斯里兰卡投入 R&D 的企业占比较高，因此科技创新资金投入排名较好。2017 年，斯里兰卡的 R&D 经费占 GDP 比例较低，因此科技创新资金投入排名靠后。

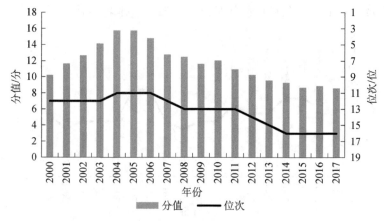

图 7.125　斯里兰卡科技创新资金投入的分值和位次

　　如图 7.126 所示，研究期内，斯里兰卡科技创新投入的分值和位次总体呈下降的趋势。这说明斯里兰卡科技创新投入的增长速度在研究期内相对较慢。2004 年，斯里兰卡科技创新人力投入和科技创新资金投入的位次较高，科技创新投入排名较好。2017 年，斯里兰卡科技创新资金投入分值较低，因此科技创新投入排名靠后。

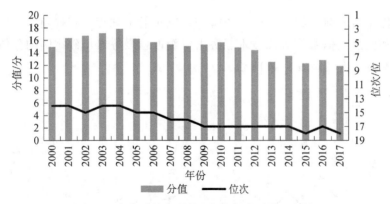

图 7.126 斯里兰卡科技创新投入的分值和位次

三、科技知识获取

如图 7.127 所示，研究期内，斯里兰卡科技合作的分值和位次呈现明显的波动；其中分值在 5~30 分，位次在第 7~13 位。这说明斯里兰卡科技合作的增长速度在研究期内相对处于中游水平。2005 年，斯里兰卡收到的官方发展援助和官方资助净额的分值较高，因此科技合作排名靠前，为第 7 位。2013~2014年，斯里兰卡收到的技术合作和转让补助金以及收到的官方发展援助和官方资助净额的分值较低，因此科技合作在 2013~2014 年排名靠后，为第 13 位。

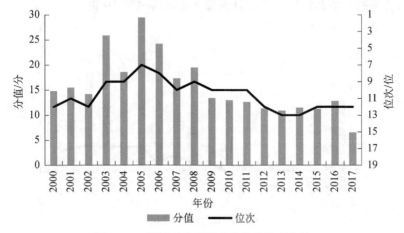

图 7.127 斯里兰卡科技合作的分值和位次

如图 7.128 所示，研究期内，斯里兰卡技术转移的分值和位次整体处于较低的水平，且有明显波动，分值在 0~15 分，位次在第 12~18 位。这说明斯里兰卡技术转移的增长速度在研究期内相对较慢。2001 年，斯里兰卡知识产权出让费和信息通信数据等高技术服务进口额占总服务进口额比例的分值稍高，因此技术转移排名靠前（第 12 位）。2014 年，斯里兰卡知识产权使用费、知识产权出让费和信息通信数据等高技术服务出口额占总服务出口额比例的分值较低，因此技术转移排名靠后（第 18 位）。

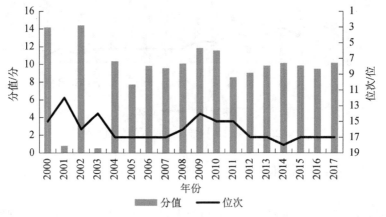

图 7.128　斯里兰卡技术转移的分值和位次

如图 7.129 所示，研究期内，斯里兰卡外商直接投资的分值和位次处于较低的水平，但有上升趋势。其中，分值在 0.11～2.06 分，波动较明显；位次在第16～19 位，波动不大。这说明斯里兰卡外商直接投资的增长速度在研究期内相对较慢。2004 年，斯里兰卡外商直接投资净流入额和外商直接投资净流入额占GDP 的比重的分值都较低，因此外商直接投资排名第 19 位。

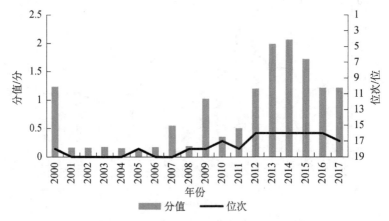

图 7.129　斯里兰卡外商直接投资的分值和位次

如图 7.130 所示，研究期内，斯里兰卡科技知识获取的分值和位次整体处于较低的水平，且都出现明显的波动，分值在 4～12 分，位次在第 14～19 位。这说明斯里兰卡科技知识获取的增长速度在研究期内相对处于中游水平。2003年，斯里兰卡科技合作和外商直接投资的位次稍高，因此科技知识获取排名稍靠前，为第 14 位。2013～2017 年，斯里兰卡的科技合作、技术转移和外商直接投资的分值较低，因此科技知识获取排第 19 位。

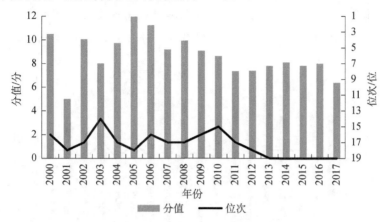

图 7.130　斯里兰卡科技知识获取的分值和位次

四、科技创新产出

如图 7.131 所示，研究期内，斯里兰卡高新产业的分值和位次整体处于中游偏下的水平，分值在 20 分左右，位次在第 12～14 位。这说明了斯里兰卡高新产业的增长速度在研究期内相对处于中游偏下水平。研究期内，斯里兰卡的每千人（15～64 岁）注册新公司数、信息通信技术产品出口额占商品出口总额的百分比和高新技术产品出口额占制造业出口额比重的分值都较低，因此高新产业排名一直都较为靠后。

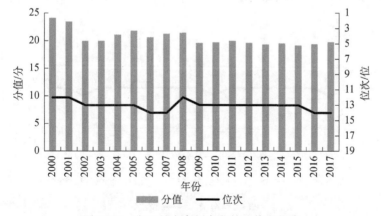

图 7.131　斯里兰卡高新产业的分值和位次

如图 7.132 所示，研究期内，斯里兰卡科技成果的分值和位次整体处于中间的水平，都出现明显的波动，分值在 40～60 分，位次在第 9～11 位。这说明斯里兰卡科技成果的增长速度在研究期内相对处于中游水平。2012年和2014年，斯里兰卡居民专利申请数和非居民工业设计知识产权申请数的分值稍高，因此科技成果排第9位。研究期内，斯里兰卡科技杂志论文数、商标申请数和非居民工业设计知识产权申请数的分值都处在中游水平，因此科技成果的排名整体居中。

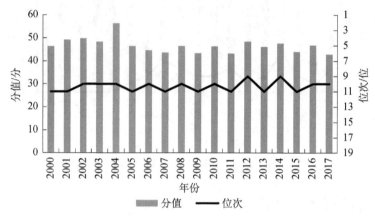

图7.132 斯里兰卡科技成果的分值和位次

如图7.133所示，研究期内，斯里兰卡科技创新产出的分值和位次整体处于中游水平，波动不明显，其中分值在30～40分，位次在第10～11位。斯里兰卡科技创新产出的增长速度在研究期内相对处于中游水平。研究期内，斯里兰卡高新产业和科技成果两个指标体系下的各项子指标的分值都处于中游水平，因此科技创新产出排名居中。从上述的分析及图示可知，斯里兰卡的科技创新产出的发展潜力是有望被激活的。

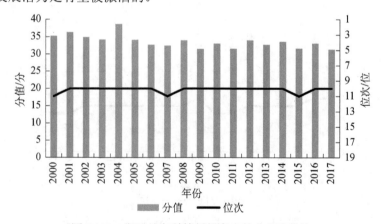

图7.133 斯里兰卡科技创新产出的分值和位次

五、科技创新促进经济社会可持续发展

如图 7.134 所示，斯里兰卡经济发展的分值在 2000～2012 年总体处于上升趋势，2006 年得分最低，2012 年得分最高（在 33 分左右）。其经济发展位次波动较大，2001 年排在第 19 位，之后总体上涨，最高上涨到第 6 位（2012 年），但 2017 年又下降到第 18 位。2017 年，斯里兰卡劳均 GDP、商品和服务出口总额占 GDP 的比重得分、农林渔劳均增加值得分、工业（含建筑业）劳均增加值得分、服务业劳均增加值得分和制造业增加值年增长率得分都有降低，因此经济发展的位次也相应下降。

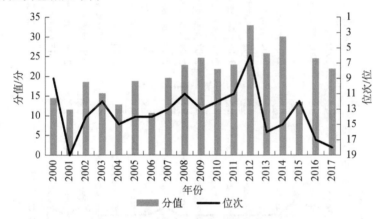

图 7.134　斯里兰卡经济发展的分值和位次

如图 7.135 所示，研究期内，斯里兰卡社会生活的分值波动频繁，2004 年得分最高（超过了 40 分），2007 年得分最低（仅有 25 分左右）。斯里兰卡社会生活位次总体处于下降的状态，在 2000～2002 年达到最高，在 2014～2016 年达到最低，2017 年又上涨了一位，排第 7 位。2003 年，斯里兰卡互联网使用比例得分和贫困率得分相比 2002 年有所下降，导致社会生活位次有所下降。2017 年，斯里兰卡的 GINI 系数得分、互联网使用比例得分和千人病床数得分相比 2016 年有明显提高，所以其社会生活位次有所上升。2004 年，斯里兰卡人均 GDP 得分、GINI 系数得分和贫困率得分较高，故社会生活位次较高。

如图 7.136 所示，研究期内，斯里兰卡环境保护的分值相对而言变化幅度不大，总体上呈缓慢上升的趋势，2001 年分值最低（只有 28 分左右），2017 年分值最高（接近 40 分）。斯里兰卡环境保护的位次大部分年份稳定在第 12 位，2002 年达到最高，排在第 10 位，少部分年份排在第 11 位。2002 年，斯里兰卡 $PM_{2.5}$ 空气污染年均暴露量得分、人均国内可再生淡水资源量得分、农村人

口用电比例得分和使用清洁能源和技术烹饪的人口比例得分都比 2001 年高，故环境保护的位次有所上升；2017 年，斯里兰卡人均国内可再生淡水资源量得分以及使用清洁能源和技术烹饪的人口比例得分升高，故环境保护的位次有所上升。

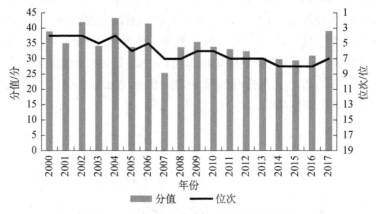

图 7.135　斯里兰卡社会生活的分值和位次

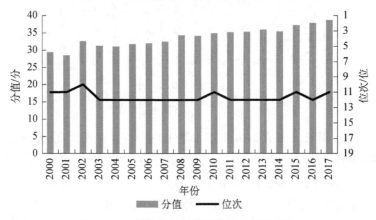

图 7.136　斯里兰卡环境保护的分值和位次

如图 7.137 所示，斯里兰卡科技创新促进经济社会可持续发展的分值在 2001 年时最低（只有 25 分），在 2012 年达到最高。斯里兰卡科技创新促进经济社会可持续发展的位次在 2000 年最高（达到第 7 位），在 2001 年最低（为第 12 位），2013~2016 年持续在第 11 位，2001 年，经济发展排在第 19 位，社会生活排在第 4 位，环境保护排在第 11 位。2016 年，斯里兰卡经济发展排在第 17 位，社会生活排在第 8 位，环境保护排在第 12 位。

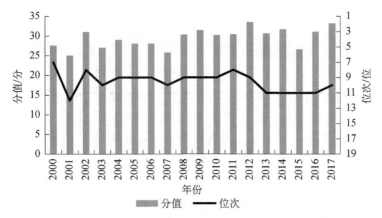

图 7.137 斯里兰卡科技创新促进经济社会可持续发展分值和位次

六、科技创新综合能力

如图 7.138 所示，研究期内，斯里兰卡的科技创新综合投入得分总体处于下降的状态，2000～2006 年得分在 20 分以上，从 2007 年开始得分都不超过 20分。斯里兰卡科技创新综合投入排名在 2006 年后也有明显下降，其中 2013年、2015 年和 2016 年降到第 19 位。2003 年，斯里兰卡科技创新基础排在第 9位，科技创新投入排在第 14 位，科技知识获取排在第 14 位。

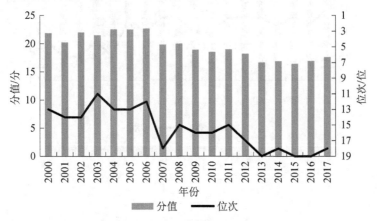

图 7.138 斯里兰卡科技创新综合投入的分值和位次

如图 7.139 所示，研究期内，斯里兰卡的科技创新综合产出得分相对较高，2007 年得分最低（29 分），2004 年得分最高（33.87 分）。斯里兰卡科技创新综合产出位次基本稳定在第 11 位，2016 年略有下降。

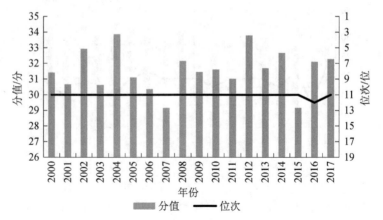

图 7.139 斯里兰卡科技创新综合产出的分值和位次

如图 7.140 所示，研究期内，斯里兰卡的科技创新综合能力得分变化不大，其中 2004 年得分最高。斯里兰卡的科技创新综合能力排名在第 10～16 位波动，其中 2000 年最高，排在第 10 位。斯里兰卡的投入产出比逐年增高，从 1.5 增加到 1.8 左右，可以看出斯里兰卡的投入产出效率正在逐年提高。

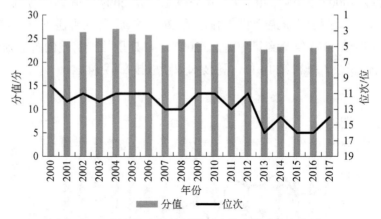

图 7.140 斯里兰卡科技创新综合能力的分值和位次

第八章

马来群岛科技创新国别研究

马来群岛上目前属于亚洲的共有六个国家：印度尼西亚、马来西亚、菲律宾、文莱、新加坡、东帝汶。

马来群岛各国在科技创新基础、科技创新投入、科技知识获取、科技创新产出，科技促进经济社会可持续发展各方面，整体上好于南亚次大陆和中南半岛平均值，但马来群岛六国的科技创新综合能力也存在显著差异，新加坡既是该地区科技创新最强的国家，也是亚洲创新能力最强的国家，在国际产权组织发布的全球创新指数排名中，过去数年新加坡是亚洲唯一位列全球前十的国家，其中 2015~2019 年分别排在第 7 位、第 6 位、第 7 位、第 5 位和第 8 位。

新加坡是亚洲最发达的资本主义国家之一。靠着新加坡人的智慧，充分利用新加坡海峡的地缘优势，通过不懈努力，以不断追求卓越的毅力，新加坡闯出了一条小国有大作为的道路，成为全世界称道的榜样力量。文莱也与其他国家有较大的区别，得益于周边海域的石油资源，文莱人民生活富裕，但科技创新压力不足，该国在科技创新方面没有重大举措。虽然该国的科技创新基础、科技创新投入、科技促进经济社会可持续发展 3 个一级指标上表现不错，但在科技知识获取、科技创新产出 2 个一级指标上表现一般。印度尼西亚和菲律宾是马来群岛的两个人口大国，在 2000~2017 年，经济发展较为稳定，科技创新的政策支持力度逐渐加强，科技创新力稳步提高是可以期待的。马来群岛中的东帝汶是科技创新较弱的国家。

第一节　文莱科技创新能力研究

文莱位于加里曼丹岛西北部，北濒中国南海，东南西三面与马来西亚接壤，并被马来西亚分隔为不相连的东西两部分，总面积为 5765 平方公里，总人口为 42.9 万人（2017 年底）。

2008 年，文莱发布了《文莱达鲁萨兰国长期发展计划（2035 年远景展望）》，确立了三大目标：第一是增加人民福祉，提高人民生活水平；第二是加快人力资源开发，培育技术人才，提高科技创新能力；第三是发展除油气之外的多元化经济。

一、科技创新基础

如图 8.1 所示，研究期内，文莱科技创新环境的分值和位次总体都呈上升趋势。这说明文莱的科技创新环境的增长速度在研究期内相对较快。2011～2013年、2015～2017 年文莱的电力接通需要天数较少，公权力透明度清廉度评级分值较高，制造业适用加权平均关税税率较少，因此科技创新环境排名稍靠前。2000～2004 年、2006 年，文莱制造业适用加权平均关税税率较高，因此科技创新环境排名稍靠后。

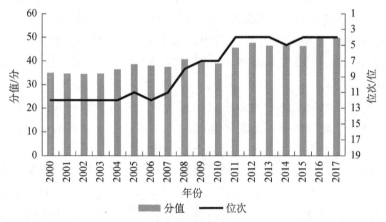

图 8.1　文莱科技创新环境的分值和位次

如图 8.2 所示，研究期内，文莱科技创新人力基础的分值在 40～62 分波动，位次在第 6～9 位轻微震荡。这说明文莱科技创新人力基础的增长速度在研究期内相对较平缓。2014～2016 年，文莱成年人识字率较高，因此科技创新人力基础排名靠前。2006～2011 年，文莱教育支出占 GDP 比例较低，高等教育毛入学率较低，因此科技创新人力基础排名稍低。

如图 8.3 所示，研究期内，文莱科技创新基础的分值和位次都总体呈上升趋势。这说明文莱科技创新基础的增长速度在研究期内相对较快。2016 年，文莱科技创新环境以及科技创新人力基础的分值和位次较好，因此科技创新基础分值最高，排名最靠前。2001 年、2007 年，文莱科技创新环境以及科技创新人力基础分值不高，因此科技创新基础分值较低，排名最靠后。

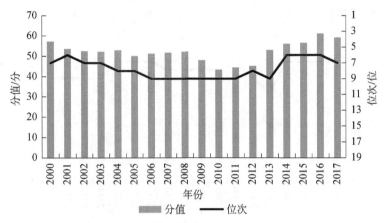

图 8.2 文莱科技创新人力基础的分值和位次

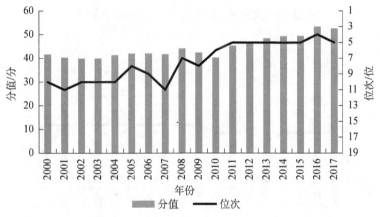

图 8.3 文莱科技创新基础的分值和位次

二、科技创新投入

如图 8.4 所示，研究期内，文莱科技创新人力投入的分值在 32～53 分波动，位次大体在第 3～8 位震荡。这说明文莱的科技创新人力投入的增长速度在研究期内相对温和。2000 年，文莱接受过高等教育人口的劳动参与率较高，因此科技创新人力投入排名靠前。2004 年，文莱百万人口 R&D 科学家数较少，因此科技创新人力投入排名稍低。

如图 8.5 所示，研究期内，文莱科技创新资金投入的分值呈上升趋势，位次在第 12～14 位波动。这说明文莱的科技创新资金投入的增长速度在研究期内较为平缓。2008～2017 年，文莱投入 R&D 的企业占比稍高，因此科技创新资金投入排名稍靠前。2004 年，文莱 R&D 经费占 GDP 比例稍低，因此科技创新资金投入排名稍靠后。

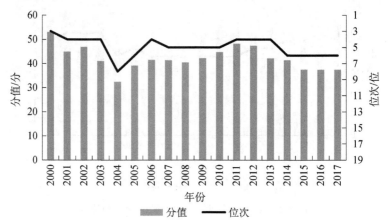

图 8.4　文莱科技创新人力投入的分值和位次

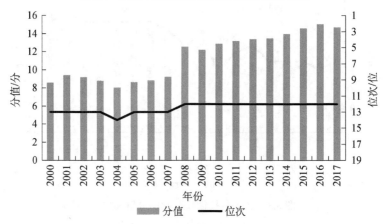

图 8.5　文莱科技创新资金投入的分值和位次

　　如图 8.6 所示，文莱科技创新投入的分值和位次在研究前期都呈 V 形变化，在研究后期呈开口向下的抛物线形变化。这说明文莱的科技创新投入的增长速度在研究期内相对先较慢再较快后又较慢。2012 年，文莱科技创新人力投入和科技创新资金投入的位次都较高，因此科技创新投入排名靠前。2004 年，文莱科技创新人力投入和科技创新资金投入的位次都较低，因此科技创新投入排名靠后。

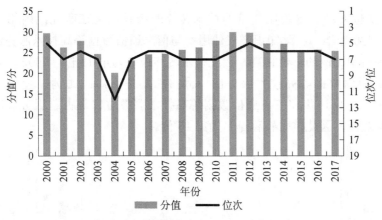

图 8.6 文莱科技创新投入的分值和位次

三、科技知识获取

如图 8.7 所示，研究期内，文莱科技合作的分值和位次处于很低的水平，分值为 0.000～0.025 分，位次始终为第 19 位。主要原因在于本书在指标设计时将科技合作的三级指标分设为收到的技术合作和转让补助金以及收到的官方发展援助和官方资助净额，而文莱是 ODA 受援国名单的第 II 部分的国家和地区，从 2005 年开始已从受援国名单中删除，国际社会已经将其公认为发达经济体。文莱这两个三级指标在 2000～2004 年始终保持比较低的稳定水平，且 2005 年及以后均没有数据。虽然如此，本书的指标设计并没有本质上的问题，前述两个三级指标能够较准确地衡量其他研究样本国家的科技知识获取能力，因此维持原有设计不变。

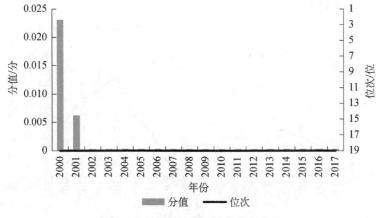

图 8.7 文莱科技合作的分值和位次

如图 8.8 所示，研究期内，文莱技术转移的分值大体上呈上升趋势，位次在第 13～17 位波动。这说明文莱的技术转移的增长速度在研究期内相对缓慢。2009 年、2011 年，文莱知识产权使用费与信息通信数据等高技术服务进口额占总服务进口额比例的分值稍高，因此技术转移排名为第 13 位。2002～2003 年，文莱信息通信数据等高技术服务出口额占总服务出口额比例、知识产权使用费、知识产权出让费和信息通信数据等高技术服务进口额占总服务进口额比例的分值都较低，因此技术转移排名为第 17 位。

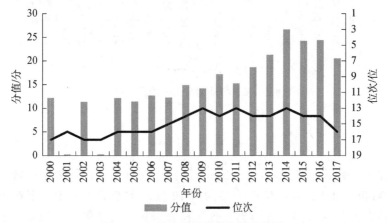

图 8.8　文莱技术转移的分值和位次

　　如图 8.9 所示，研究期内，文莱外商直接投资的分值和位次在大体呈上升的趋势，波动较为明显，分值在 0～12 分，位次在第 7～18 位。这说明文莱的外商直接投资的增长速度在研究期内相对较慢。2013 年，文莱外商直接投资净流入额的分值稍高，因此外商直接投资排名为第 7 位。2010 年，文莱外商直接投资净流入额和外商直接投资净流入额占 GDP 的比重的分值都较低，因此外商直接投资排名为第 18 位。

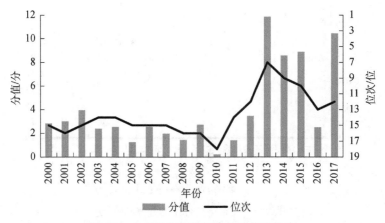

图 8.9　文莱外商直接投资的分值和位次

如图 8.10 所示,研究期内,文莱科技知识获取的分值和位次大体呈上升趋势,但整体的水平都较低,分值在 0～14 分,位次在第 15～19 位。这说明文莱的科技知识获取的增长速度在研究期内相对较慢。2015 年,文莱外商直接投资和技术转移的分值稍高,因此科技知识获取排名为第 15 位。2001～2007 年,文莱科技合作、技术转移和外商直接投资的分值都较低,因此科技知识获取排名为第 19 位。

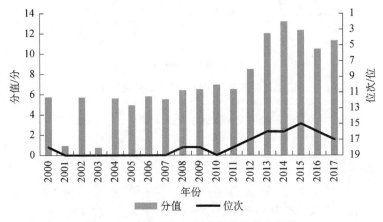

图 8.10　文莱科技知识获取的分值和位次

四、科技创新产出

如图 8.11 所示,研究期内,文莱高新技术产业的分值和位次大体上呈上升趋势,存在明显的波动,分值在 8～35 分,位次在第 8～19 位。这说明文莱的高新技术产业的增长速度在研究期内处于中游水平。2010 年,文莱每千人(15～64 岁)注册新公司数和高新技术产品出口额占制造业出口额比重的分值稍高,因此高新技术产业排名为第 8 位。2000～2003 年,文莱信息通信技术产品出口额占商品出口总额的百分比和高新技术产品出口额的分值都较低,因此高新技术产业排名为第 19 位。

如图 8.12 所示,研究期内,文莱科技成果的分值和位次处于较低的水平,波动比较频繁,分值在 20～40 分,位次在第 13～16 位。这说明文莱的科技成果的增长速度在研究期内相对较慢。2015 年,文莱科技杂志论文数和非居民工业设计知识产权申请数的分值稍高,因此科技成果排名为第 13 位。2011 年、2013 年,文莱科技杂志论文数、商标申请数和居民专利申请数的分值都较低,因此科技成果排名为第 16 位。

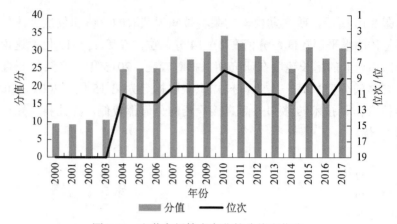

图 8.11　文莱高新技术产业的分值和位次

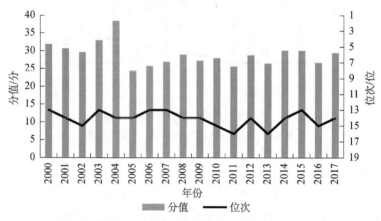

图 8.12　文莱科技成果的分值和位次

如图 8.13 所示，研究期内，文莱科技创新产出的分值和位次处于较低的水平，分值整体保持在 20～35 分（在 2004 年出现了最大值），位次在第 12～17 位。这说明文莱的科技创新产出的增长速度在研究期内相对处于中等偏下的水平。2007～2013 年，文莱高新技术产业和科技成果的分值稍高，因此科技创新产出排名为第 12 位。2001 年，文莱高新技术产业的分值较低，因此科技创新产出排名为第 16 位。

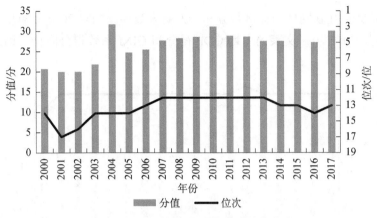

图 8.13　文莱科技创新产出的分值和位次

五、科技创新促进经济社会可持续发展

如图 8.14 所示，研究期内，文莱经济发展的分值总体较高，2000 年最低（只有 50 分），2002 年最高（在 65 分左右）。文莱经济发展的位次较高，有 6 年都位居第一，其余年份排在第 2 位。2015 年，文莱的劳均 GDP 得分、商品和服务出口总额占 GDP 的比重得分和工业（含建筑业）劳均增加值得分略有增加，其余指标得分略有降低，虽然经济发展总分相对于 2014 年有所降低，但位次在 2015 年上升了一位。

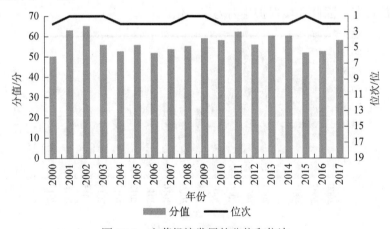

图 8.14　文莱经济发展的分值和位次

如图 8.15 所示，研究期内，文莱的社会生活分值普遍较高，但总体呈现下降的趋势，2017 年文莱的社会生活得分不足 50 分。文莱的社会生活位次在大部分年份排在第 2 位，只有 2005 年（第 1 位）和 2017 年（第 4 位）有所变化。

2005 年，文莱互联网使用比例得分和千人病床数得分相对 2004 年有所升高，故位次提高。2017 年，文莱的人均 GDP 得分和 GINI 系数得分降低，因此社会生活排名下降。

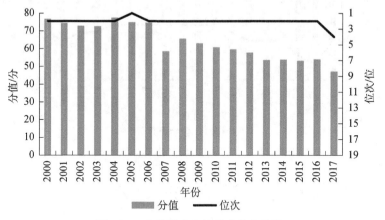

图 8.15　文莱社会生活的分值和位次

如图 8.16 所示，研究期内，文莱环境保护的分值总体较高（在 80 分以上），2000~2005 年缓慢地上升，但是从 2006 年开始下降，2017 年最低（为 84 分左右）。文莱环境保护的位次在研究期内一直稳居第 1 位。2000~2017 年，文莱的 $PM_{2.5}$ 空气污染年均暴露量得分、人均国内可再生淡水资源量得分、农村人口用电比例得分、使用清洁能源和技术烹饪的人口比例得分以及森林覆盖率得分总体都较高，因此环境保护排名为第 1 位。

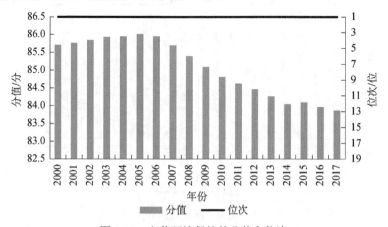

图 8.16　文莱环境保护的分值和位次

如图 8.17 所示，研究期内，文莱科技创新促进经济社会可持续发展的分值普遍较高，2002 年的得分最高（达到 74.6 分），2017 年的得分最低（为 63 分左右）。除 2017 年以外，文莱的科技创新促进经济社会可持续发展的位次一直稳居第 1 位。2017 年，文莱的经济发展排在第 2 位，社会生活排在第 4 位，环境保护排在第 1 位。

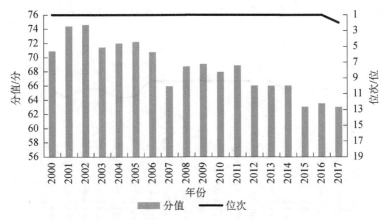

图 8.17　文莱科技创新促进经济社会可持续发展的分值和位次

六、科技创新综合能力

如图 8.18 所示，研究期内，文莱的科技创新综合投入得分整体呈上升趋势，2017 年得分最高（接近 30 分），2003 年得分最低（刚达 21 分）。文莱的科技创新综合投入排名在 2004～2017 年总体处于上升的状态，2017 年排到第 7 位。2017 年，文莱的科技创新基础排在第 5 位，科技创新投入排在第 7 位，科技知识获取排在第 17 位。文莱的科技知识获取位次一直较低，2017 年相比 2010 年及之前有略微提升。

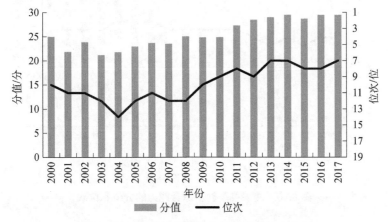

图 8.18　文莱科技创新综合投入的分值和位次

如图 8.19 所示，研究期内，文莱的科技创新综合产出得分相对较高，2004

年得分最高（超过 50 分），其余年份在 45～50 分波动。科技创新综合产出位次较高，2004～2011 年稳定在第 4 位，2012～2017 年徘徊在第 5～6 位。2017年，文莱科技创新产出排在第 13 位，科技创新促进经济社会可持续发展排在第 2 位。

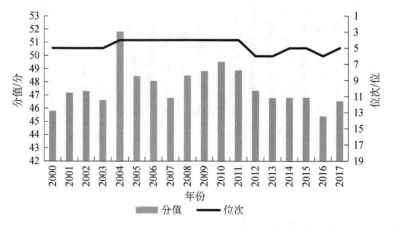

图 8.19　文莱的科技创新综合产出分值和位次

如图 8.20 所示，研究期内，文莱的科技创新综合能力得分处于上升的状态，2014 年最高（为 36.4 分）。文莱的科技创新综合能力排名相对较高，有 1/2的年份稳定在第 7 位，2011～2013 年排在第 6 位。文莱的投入产出比相对较高，最高达到 2，而在 2016 年下降到 1.5 左右。可以看出文莱的投入相比产出较少，但投入产出效率较高。

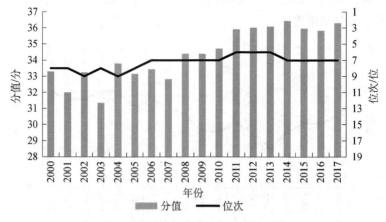

图 8.20　文莱科技创新综合能力的分值和位次

第二节　印度尼西亚科技创新能力研究

印度尼西亚是马来群岛最大的国家，陆地面积为 190 多万平方公里，总人口为 2.64 亿人（2017 年底），仅次于中国、印度、美国，居世界第四位。

印度尼西亚政府通过制定科技创新战略和政策，强调发展知识集约型经济，重视科技创新，力图以科技推动经济发展。印度尼西亚研究与技术部、高等教育部牵头制定了《国家科技总体规划 2015—2045》，该文件是印度尼西亚科技发展纲领性文件，确定了未来印度尼西亚科技发展十大重点领域，包括：粮食独立自主、新能源与可再生能源、医药健康科技发展、交通运输技术与管理、信息通信技术、国防与安全科技发展、先进材料、海洋科技、防灾减灾、人文社科等。

近年来，印度尼西亚大力发展数字经济。数字经济规模从 2014 年的 80 亿美元增长至 2019 年的 400 亿美元，其年均复合增长率达 49%。《2019 年东南亚数字经济报告》（e-Conomy SEA 2019）[1]显示，东南亚国家中，无论从经济体整体规模还是从数字经济增速来看，印度尼西亚都是当之无愧的"领跑者"；印度尼西亚数字产业的巨大增长潜力也不断吸引着投资人和创业者，预计到 2025 年印度尼西亚的数字经济将达到 1000 亿美元规模，将是 2018 年（270 亿美元）的 3.7 倍，也将成为东南亚最大的数字经济国家。

一、科技创新基础

如图 8.21 所示，2000～2015 年，印度尼西亚科技创新环境的分值总体呈下降趋势，2016～2017 年有所上升；位次在第 8～10 位波动。这说明印度尼西亚科技创新环境的增长速度在研究期内相对平缓，处于中游水平。2002～2003 年与 2006～2007 年，印度尼西亚市场交易环境评级分值较高，营商管制环境评级分值较高，因此科技创新环境排名靠前。2001 年、2008 年、2010 年，印度尼西亚制造业适用加权平均关税税率较高，因此科技创新环境在这几年里排名靠后。

如图 8.22 所示，印度尼西亚科技创新人力基础的分值在 2009 年及之前总体呈上升趋势，2010 年分值骤降 10 分，2013 年上升近 8 分；位次在第 6～10 位轻微震荡。这说明印度尼西亚的科技创新人力基础的增长速度在研究期内相对

---

[1]　Google，Temasek，Bain & Company. e-Conomy SEA 2019. https://www.bain.com/insights/e-conomy-sea-2019/.

平缓。2013 年，印度尼西亚成年人识字率较高，因此科技创新人力基础排名靠前。2002 年，印度尼西亚高等教育毛入学率较低，因此科技创新人力基础排名靠后。

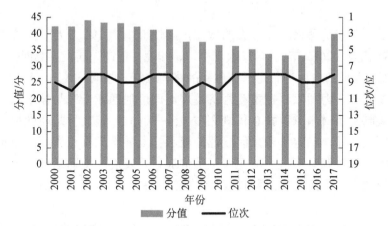

图 8.21　印度尼西亚科技创新环境的分值和位次

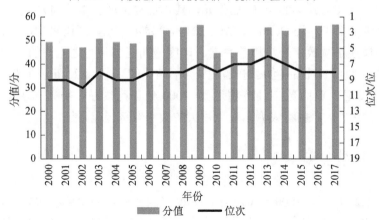

图 8.22　印度尼西亚科技创新人力基础的分值和位次

如图 8.23 所示，研究期内，印度尼西亚科技创新基础的分值呈波浪形变化，位次在第 7～10 位波动。这说明印度尼西亚科技创新基础的增长速度在研究期内相对平缓。2011～2012 年，印度尼西亚科技创新环境以及科技创新人力基础位次都较好，因此科技创新基础分值较高，排名靠前。2008 年，印度尼西亚科技创新环境分值及位次较低，因此科技创新基础分值较低，排名靠后。

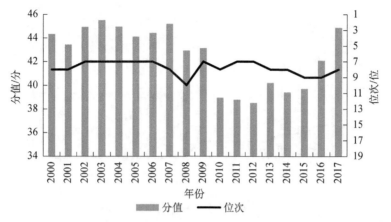

图 8.23　印度尼西亚科技创新基础的分值和位次

二、科技创新投入

如图 8.24 所示，研究期内，印度尼西亚科技创新人力投入的分值和位次整体上呈下降趋势。这说明印度尼西亚的科技创新人力投入的增长速度在研究期内相对较慢。2005 年，印度尼西亚接受过高等教育人口的劳动参与率较高，因此科技创新人力投入排名靠前。2010～2013 年，印度尼西亚百万人口 R&D 科学家数较少，因此科技创新人力投入排名靠后。

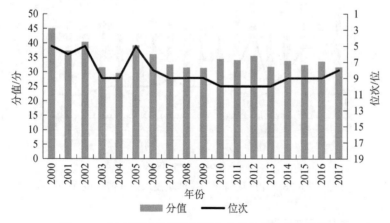

图 8.24　印度尼西亚科技创新人力投入的分值和位次

如图 8.25 所示，研究期内，印度尼西亚科技创新资金投入的分值和位次整体呈下降趋势。这说明印度尼西亚的科技创新资金投入的增长速度在研究期内相对较慢。2000 年，印度尼西亚投入 R&D 的企业占比稍高，因此科技创新资金投入排名稍靠前。2009～2017 年，印度尼西亚 R&D 经费占 GDP 比例低，科技创新资金投入排名靠后。

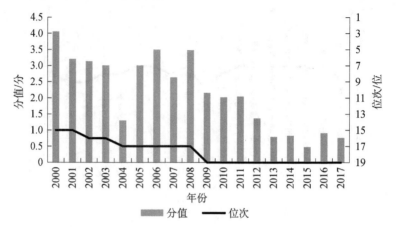

图 8.25　印度尼西亚科技创新资金投入的分值和位次

如图 8.26 所示，研究期内，印度尼西亚科技创新投入的分值在 15～25 分波动，位次在研究前期大致呈倒 N 形变化，在研究后期缓慢下降。这说明印度尼西亚的科技创新投入的增长速度在研究期内相对先较慢后较快再较慢。2005年，印度尼西亚科技创新人力投入的位次较高，因此科技创新投入排名靠前。印度尼西亚科技创新资金投入总体呈下降趋势，因此 2017 年科技创新投入排名靠后。

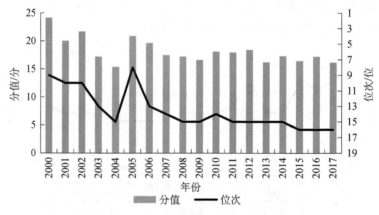

图 8.26　印度尼西亚科技创新投入的分值和位次

三、科技知识获取

如图 8.27 所示，研究期内，印度尼西亚科技合作的分值和位次呈下降趋势，波动较为明显，分值大多在 30～80 分，位次在第 2～9 位。这说明印度尼西亚的科技合作的增长速度在研究期内相对较快。2002～2003 年，印度尼西亚收到的技术合作和转让补助金以及收到的官方发展援助和官方资助净额的分值较高，因此科技合作排名比较靠前（第 2 位）。2017 年收到的官方发展援助和官方资助净额的分值稍低，因此科技合作排名稍靠后（第 9 位）。

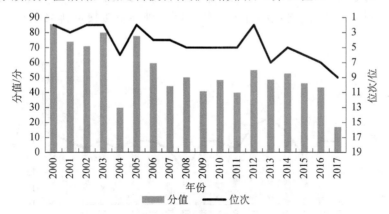

图 8.27　印度尼西亚科技合作的分值和位次

　　如图 8.28 所示，印度尼西亚技术转移的分值和位次在 2006 年有大幅下降，之后呈缓慢上升趋势，且波动较为明显。研究期内，分值在 15～50 分，位次在第 3～15 位。这说明印度尼西亚的技术转移的增长速度在研究期内相对较慢。2003～2004 年，印度尼西亚知识产权出让费和信息通信数据等高技术服务进口额占总服务进口额比例的分值较高，因此技术转移排名比较靠前（第 3 位）。2006 年，印度尼西亚知识产权使用费和信息通信数据等高技术服务出口额占总服务出口额比例的分值较低，因此技术转移排名靠后（第 15 位）。

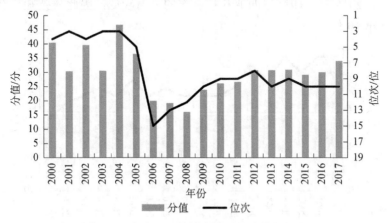

图 8.28　印度尼西亚技术转移的分值和位次

　　如图 8.29 所示，研究期内，印度尼西亚外商直接投资的分值和位次大体上居中，但波动较为明显，分值大致在 3～12 分，位次在第 8～15 位。这说明印度尼西亚的外商直接投资的增长速度在研究期内相对处于中游水平。2004

年，印度尼西亚外商直接投资净流入额的分值较高，因此外商直接投资排名比较靠前（第 8 位）。2009 年，印度尼西亚外商直接投资净流入额和外商直接投资净流入额占 GDP 的比重的分值较低，因此外商直接投资排名稍靠后（第 15 位）。

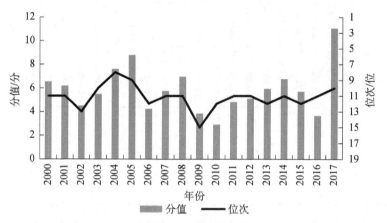

图 8.29　印度尼西亚外商直接投资的分值和位次

如图 8.30 所示，研究期内，印度尼西亚科技知识获取的分值和位次整体是下降的，且波动较为明显，分值大多在 20～40 分，位次在第 2～10 位。这说明印度尼西亚科技知识获取的增长速度在研究期内相对较慢。2000～2001 年，印度尼西亚科技合作和技术转移的分值较高，因此科技知识获取排名比较靠前（第 2 位）。2017 年，印度尼西亚科技合作的分值较低，因此科技知识获取排名稍靠后（第 10 位）。

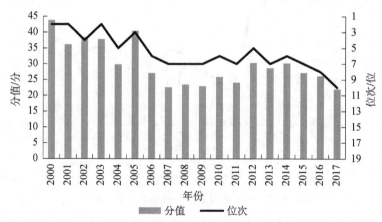

图 8.30　印度尼西亚科技知识获取的分值和位次

四、科技创新产出

如图 8.31 所示，研究期内，印度尼西亚高新产业的分值和位次大体呈下降趋势，且位次存在明显的波动，分值大多在 30～35 分，位次在第 7～11 位。这充分说明印度尼西亚高新产业的增长速度在研究期内处于中游水平。2000～2009 年，印度尼西亚信息通信技术产品出口额占商品出口总额的百分比、高新技术产品出口额和高新技术产品出口额占制造业出口额比重的分值较高，因此高新产业排名比较靠前（第 7～8 位）。2015～2017 年，印度尼西亚每千人（15～64 岁）注册新公司数和高新技术产品出口额的分值较低，因此高新产业排名稍靠后（第 11 位）。

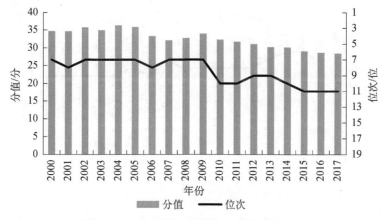

图 8.31　印度尼西亚高新产业的分值和位次

如图 8.32 所示，研究期内，印度尼西亚科技成果的分值和位次保持在较高的水平上，分值大多在 60～70 分，位次在第 3～6 位。这说明印度尼西亚科技成果的增长速度在研究期内相对较快。2012 年，印度尼西亚商标申请数和非居民工业设计知识产权申请数的分值较高，因此科技成果排名靠前（第 3 位）。研究期内，印度尼西亚科技杂志论文数、商标申请数、居民专利申请数和非居民工业设计知识产权申请数的分值都较高，因此科技成果的排名一直比较靠前（第 3～6 位）。

如图 8.33 所示，研究期内，印度尼西亚科技创新产出的分值和位次呈小幅下降趋势，且位次存在明显的波动，分值在 40～60 分，位次在第 6～9 位。这说明印度尼西亚科技创新产出的增长速度在研究期内是较慢的。2002～2003 年，印度尼西亚高新产业和科技成果的分值较高，因此科技创新产出的排名比较靠前（第 6 位）。2013～2017 年，印度尼西亚高新产业的分值较低，因此科技创新产出排名稍靠后（第 9 位）。

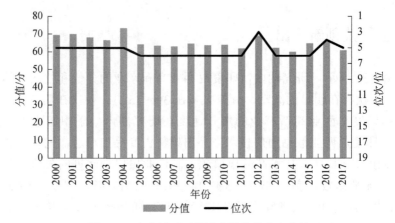

图 8.32　印度尼西亚科技成果的分值和位次

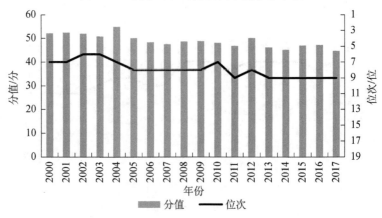

图 8.33　印度尼西亚科技创新产出的分值和位次

五、科技创新促进经济社会可持续发展

如图 8.34 所示，印度尼西亚经济发展的分值在 2006~2014 年处于上升的趋势，其中 2006 年分值最低（不足 10 分），2014 年分值最高（在 32 分左右）。经济发展的位次变化也较大，2006 年仅排在第 18 位，2009 年位次最高，排在第 10 位，但是后续的排名总体呈下降趋势。2006 年，印度尼西亚劳均 GDP 得分、GDP 年增长率得分、商品和服务出口总额占 GDP 的比重得分、工业（含建筑业）劳均增加值得分降低，因此经济发展位次排在第 18 位，相比 2005 年有明显降低。2009 年，印度尼西亚劳均 GDP 得分、GDP 年增长率得分、工业（含建筑业）劳均增加值得分有所增高，因此经济发展位次最靠前。

如图 8.35 所示，印度尼西亚社会生活的分值在 2004 年最高（30 分），2006 年后有明显下降，2013 年得分最低（不足 15 分），直到 2015 年才开始逐渐上升。印度尼西亚社会生活的位次在 2002～2007 年稳定在第 9 位，之后开始连续下降，到 2012 年才有所反弹。2011 年，印度尼西亚人均 GDP 得分、GINI系数得分、预期寿命得分和贫困率得分较低，社会生活的排名靠后，仅排在第16 位。2002～2007 年，印度尼西亚人均 GDP 得分、GINI 系数得分和千人病床数得分都普遍较高，因此社会生活的排名相对理想。

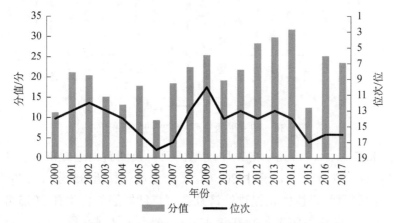

图 8.34　印度尼西亚经济发展的分值和位次

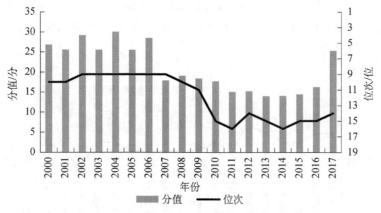

图 8.35　印度尼西亚社会生活的分值和位次

如图 8.36 所示，研究期内，印度尼西亚环境保护的分值总体呈缓慢上升趋势，2000 年得分最低（只有 40 分左右），2017 年得分最高（在 53 分左右）。环境保护的位次总体有所上升，其中 2000～2009 年稳定在第 6 位，2016 年排在第6 位，2010～2015 年和 2017 年排在第 5 位。2017 年，印度尼西亚 $PM_{2.5}$ 空气污染年均暴露量得分、人均国内可再生淡水资源量得分、农村人口用电比例得分、使用清洁能源和技术烹饪的人口比例得分以及森林覆盖率得分总体都有所升高，因此环境保护的位次相较 2016 年上升了一位。

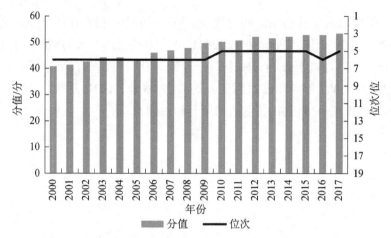

图 8.36　印度尼西亚环境保护的分值和位次

如图 8.37 所示，研究期内，印度尼西亚科技创新促进经济社会可持续发展的分值都在 25 分以上，其中 2017 年得分最高（接近 35 分），2000 年得分最低。印度尼西亚科技创新促进经济社会可持续发展的位次在 2015 年最低，排在第 12 位，其中经济发展排在第 17 位，社会生活排在第 15 位，环境保护排在第 5 位；2008~2012 年，印度尼西亚科技创新促进经济社会可持续发展稳定在第 10 位，其中 2012 年经济发展排在第 14 位，社会生活排在第 14 位，环境保护排在第 5 位。

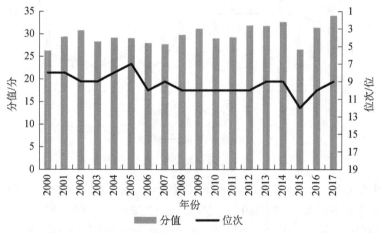

图 8.37　印度尼西亚科技创新促进经济社会可持续发展的分值和位次

六、科技创新综合能力

如图 8.38 所示，研究期内，印度尼西亚的科技创新综合投入分值总体呈下降趋势，其中，2000 年的得分最高（在 37 分左右），2017 年只有 27 分左右。科技创新综合投入的位次总体也呈下降趋势，其中 2003 年位次最靠前，排在第 4 位，2013～2017 年稳定在第 9 位。2017 年，印度尼西亚科技创新基础排在第 8 位，科技创新投入排在第 16 位，科技知识获取排在第 10 位，其中科技知识获取位次有明显降低。

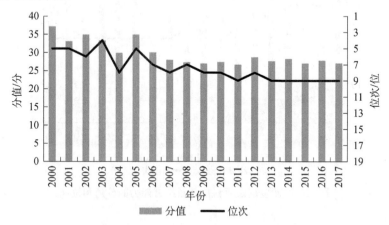

图 8.38　印度尼西亚科技创新综合投入的分值和位次

如图 8.39 所示，2004 年印度尼西亚的科技创新综合产出得分最高，2015 年得分最低。研究期内，印度尼西亚的科技创新综合产出位次总体处于下降的状态，其中 2000～2006 年稳定在第 6 位，2014～2017 年仅排在第 9 位。2017 年，印度尼西亚科技创新产出排在第 9 位，科技创新促进经济社会可持续发展排在第 9 位。

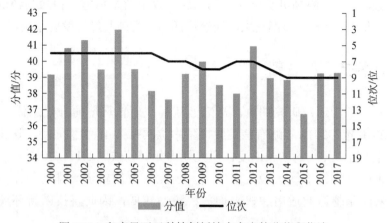

图 8.39　印度尼西亚科技创新综合产出的分值和位次

如图 8.40 所示，研究期内，印度尼西亚科技创新综合能力得分总体呈下降趋势，2000 年得分最高，2015 年得分最低。印度尼西亚的科技创新综合能力排名在 2003～2010 年有波动，之后稳定在第 9 位。印度尼西亚的投入产出比在1.4 左右，投入产出效率较理想。

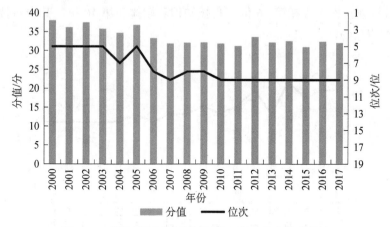

图 8.40　印度尼西亚科技创新综合能力的分值和位次

第三节　马来西亚科技创新能力研究

1996 年，马来西亚进入偏上中等收入国家行列，但人力资源发展迟缓、自主创新能力薄弱等因素阻碍了马来西亚进入高收入国家行列的步伐。进入 21 世纪以来，马来西亚政府相继推出经济、政治和社会转型计划，适时调整国家科技政策，推进人才激励机制建立。期冀通过以上改革措施，扫除其经济社会结构转型中的阻碍因素，重燃马来西亚经济活力，突破其经济发展瓶颈。

一、科技创新基础

如图 8.41 所示，研究期内，马来西亚科技创新环境的分值总体呈 N 形变化，在 2010 年、2014 年略有些跳脱模型，位次在第 4～7 位波动。这说明马来西亚的科技创新环境的增长速度在研究期内相对较快。2011～2012 年，马来西亚制造业适用加权平均关税税率较高，因此科技创新环境排名稍靠后。2014年，马来西亚制造业适用加权平均关税税率较低，因此科技创新环境排名稍靠前。

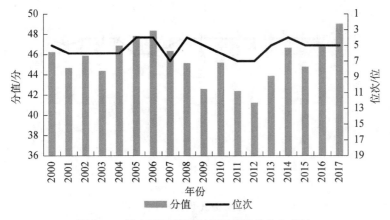

图 8.41　马来西亚科技创新环境的分值和位次

　　如图 8.42 所示，马来西亚科技创新人力基础的分值在 2010～2012 年有明显的下降，2013 年上升到 70 分左右后，波动就不太明显了。科技创新人力基础的位次在第 2～6 位波动。这说明马来西亚的科技创新人力基础的增长速度在研究期内先较慢再较快后保持平缓。2009 年，马来西亚成年人识字率较高，教育支出占 GDP 比例较高，因此科技创新人力基础排名靠前。2008 年，马来西亚高等教育毛入学率较低，因此科技创新人力基础排名稍低。

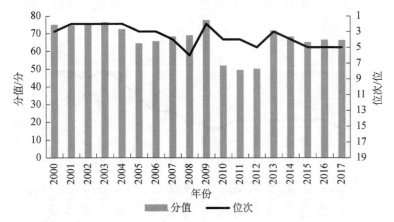

图 8.42　马来西亚科技创新人力基础的分值和位次

　　如图 8.43 所示，研究期内，马来西亚科技创新基础的分值呈凹形变化，位次在第 3～6 位波动。这说明马来西亚的科技创新基础的增长速度在研究期内相对较快。2000 年，马来西亚科技创新环境以及科技创新人力基础的分值及位次较好，因此科技创新基础分值较高，排名靠前。2011～2012 年，科技创新环境分值及位次较低，因此科技创新基础分值较低，排名有所下降。

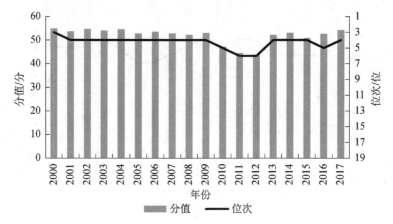

图 8.43　马来西亚科技创新基础的分值和位次

二、科技创新投入

如图 8.44 所示，研究期内，马来西亚科技创新人力投入的分值和位次整体呈上升的趋势。这说明马来西亚的科技创新人力投入的增长速度在研究期内相对较快。2017 年，马来西亚接受过高等教育人口的劳动参与率较高，因此科技创新人力投入排名靠前。2000 年，马来西亚百万人口 R&D 科学家数较少，因此科技创新人力投入排名靠后。

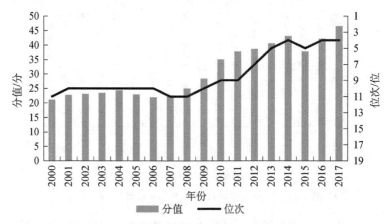

图 8.44　马来西亚科技创新人力投入的分值和位次

如图 8.45 所示，研究期内，马来西亚科技创新资金投入的分值和位次先下降后上升再保持水平。这说明该国的科技创新资金投入的增长速度在研究期内先较慢后较快。2009～2017 年，马来西亚 R&D 经费占 GDP 比例较高，因此科技创新资金投入排名靠前。2006～2007 年投入 R&D 的企业占比稍低，因此科技创新资金投入排名稍靠后。

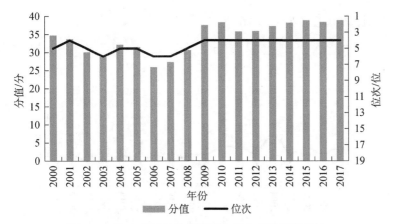

图 8.45　马来西亚科技创新资金投入的分值和位次

如图 8.46 所示，马来西亚科技创新投入的分值和位次整体上呈上升趋势。这说明马来西亚科技创新投入的增长速度在研究期内相对较快。2016～2017年，马来西亚科技创新人力投入和科技创新资金投入的排名较高，因此科技创新投入排名靠前。2007 年，马来西亚科技创新人力投入和科技创新资金投入的位次都较低，因此科技创新投入排名稍低。

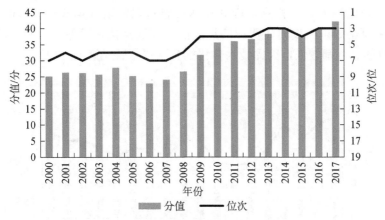

图 8.46　马来西亚科技创新投入的分值和位次

三、科技知识获取

如图 8.47 所示，研究期内，马来西亚科技合作的分值和位次整体呈下降趋势，分值在 1.5～12 分，位次在第 12～16 位。这说明马来西亚的科技合作的增长速度在研究期内相对较慢。2004 年收到的官方发展援助和官方资助净额的分值稍高，因此科技合作排名第 12 位。2008～2017 年，马来西亚收到的官方发展援助和官方资助净额以及收到的技术合作和转让补助金的分值都较低，因此科技合作排名比较靠后（第 15～16 位）。

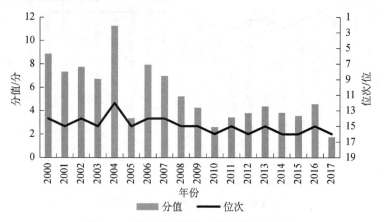

图 8.47　马来西亚科技合作的分值和位次

　　如图 8.48 所示，研究期内，马来西亚技术转移的分值和位次大体呈先减后增的趋势，分值在 5～40 分，位次在第 6～12 位。这说明马来西亚技术转移的增长速度在研究期内相对处于中游水平。2000 年，马来西亚信息通信数据等高技术服务出口额占总服务出口额比例和信息通信数据等高技术服务进口额占总服务进口额比例的分值稍高，因此技术转移排名靠前（第 6 位）。2006～2007 年，马来西亚知识产权出让费和信息通信数据等高技术服务进口额占总服务进口额比例的分值都较低，因此技术转移排名比较靠后（第 12 位）。

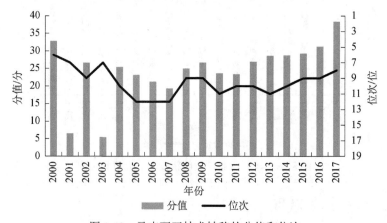

图 8.48　马来西亚技术转移的分值和位次

　　如图 8.49 所示，研究期内，马来西亚外商直接投资的分值和位次整体呈下降趋势，分值在 5～35 分，位次在第 3～11 位。这说明马来西亚外商直接投资的增长速度在研究期内相对处于中游水平。2000 年，马来西亚外商直接投资净流入额和外商直接投资净流入额占 GDP 的比重的分值稍高，因此外商直接投资在 2000 年排名靠前（第 3 位）。2017 年，马来西亚外商直接投资净流入额占GDP 的比重的分值较低，因此外商直接投资排名比较靠后（第 11 位）。

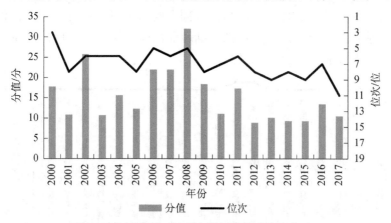

图 8.49 马来西亚外商直接投资的分值和位次

如图 8.50 所示，研究期内，马来西亚科技知识获取的分值和位次大体处于中游水平，前期波动明显，分值在 5～25 分，位次在第 9～15 位。这说明马来西亚科技知识获取的增长速度在研究期内相对处于中游水平。2008 年，马来西亚外商直接投资的分值稍高，因此科技知识获取排名靠前（第 9 位）。2001 年和2003 年，马来西亚技术转移和外商直接投资的分值较低，因此科技知识获取排名比较靠后（第 15 位）。

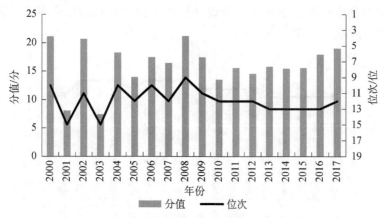

图 8.50 马来西亚科技知识获取的分值和位次

四、科技创新产出

如图 8.51 所示，研究期内，马来西亚高新产业的分值和位次始终保持在较高的水平，分值大多在 70～80 分，位次在第 1～2 位。这说明马来西亚高新产业的增长速度在研究期内相对较快。研究期内马来西亚的每千人（15～64 岁）注册新公司数、信息通信技术产品出口额占商品出口总额的百分比、高新技术产品出口额和高新技术产品出口额占制造业出口额比重的分值都较高，因此高新产业排名十分靠前（第 1～2 位）。

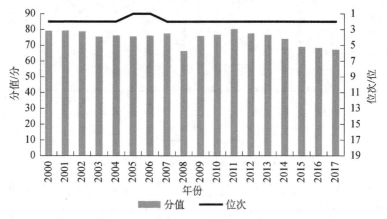

图 8.51　马来西亚高新产业的分值和位次

如图 8.52 所示，研究期内，马来西亚科技成果的分值和位次一直处于较高的水平，分值在 60～75 分，位次在第 4～6 位。这说明马来西亚科技成果的增长速度在研究期内相对较快。研究期内，马来西亚科技杂志论文数、商标申请数、居民专利申请数和非居民工业设计知识产权申请数的分值很高，因此科技成果排名比较靠前（第 4～6 位）。

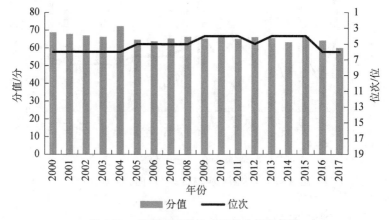

图 8.52　马来西亚科技成果的分值和位次

如图 8.53 所示，研究期内，马来西亚科技创新产出的分值和位次均处于较高的水平，分值在 60～80 分，位次在第 2～3 位。这说明马来西亚科技创新产出的增长速度在研究期内相对较快。研究期内，马来西亚高新产业和科技成果的分值很高，因此科技创新产出排名比较靠前（第2～3位）。

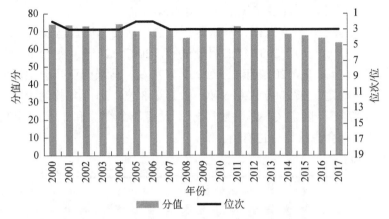

图8.53　马来西亚科技创新产出的分值和位次

五、科技创新促进经济社会可持续发展

如图8.54所示，马来西亚经济发展的分值在2000～2014年呈U形变化，2014年达到最高值（接近45分），2015年的得分最低（不足25分），2015年之后得分有所上升。马来西亚经济发展的位次普遍较高，有7年都排在第3位，2009年的位次最低（排在第8位），2014年之后排名一直下降。2009年，马来西亚劳均GDP得分、GDP年增长率得分、商品和服务出口总额占GDP的比重得分、农林渔劳均增加值得分和制造业增加值年增长率得分均大幅下降，因此经济发展排名降低了许多。2014年劳均GDP得分、GDP年增长率

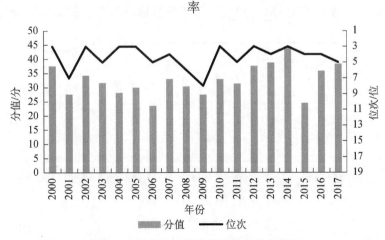

图8.54　马来西亚经济发展的分值和位次

得分、商品和服务出口总额占 GDP 的比重得分、农林渔劳均增加值得分、工业（含建筑业）劳均增加值得分、服务业劳均增加值得分和制造业增加值年增长率得分都有提升，因此经济发展位次排在第 3 位。

如图 8.55 所示，研究期内，马来西亚社会生活的分值普遍较高，2006 年达到最高分（超过 60 分），2007 年的得分最低，2007～2016 年得分的变化不大，一直徘徊在 50 分左右，2017 年上升到 59 分左右。马来西亚社会生活的位次一直较为靠前且稳定，在 2000～2016 年一直列第 3 位，2017 年排名上升一位，列第 2 位。2017 年，随着 GINI 系数得分、预期寿命得分和千人病床数得分提高，马来西亚社会生活得分也有所上升。

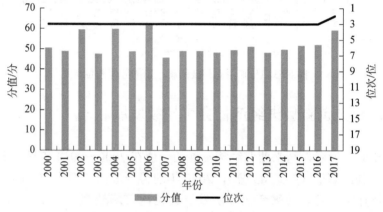

图 8.55 马来西亚社会生活的分值和位次

如图 8.56 所示，研究期内，马来西亚环境保护的分值总体较高，但是波动较为频繁，2010 年达到最高值（接近 71 分），2000 年最低（不足 68 分）。马来西亚环境保护的位次除了 2016 年和 2017 年排在第 3 位，其余年份都排在第 2 位。2017 年，马来西亚 $PM_{2.5}$ 空气污染年均暴露量得分、使用清洁能源和技术

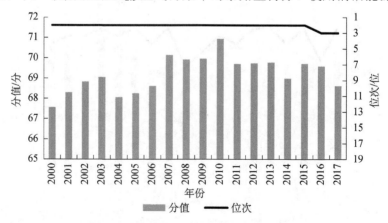

图 8.56 马来西亚环境保护的分值和位次

烹饪的人口比例得分以及森林覆盖率得分都有所降低，因此环境保护的分值下降，位次也比 2015 年降低了一位。

如图 8.57 所示，研究期内，马来西亚科技创新促进经济社会可持续发展的分值波动比较频繁，2002～2014 年整体呈现 U 形变化趋势，2017 年的得分最高（达到 55 分）。科技创新促进经济社会可持续发展的位次一直都稳居第 3 位。其中，2017 年经济发展排在第 5 位，社会生活排在第 2 位，环境保护排在第 3 位。

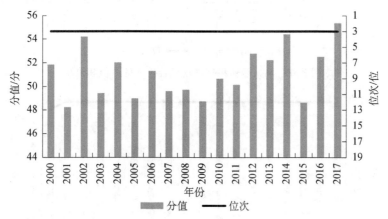

图 8.57　马来西亚科技创新促进经济社会可持续发展的分值和位次

六、科技创新综合能力

如图 8.58 所示，研究期内，马来西亚的科技创新综合投入分值处于缓慢增长的状态，2017 年得分最高（为 38 分左右），2003 年得分最低。马来西亚的科技创新综合投入排名较为靠前，2003 年最低（排在第 8 位），2006～2012 年稳定在第 6 位。2017 年，马来西亚科技创新基础排名第 4 位，科技创新投入排名第 3 位，科技知识获取排名第 12 位。

如图 8.59 所示，研究期内，马来西亚的科技创新综合产出得分一直较高，2002 年得分最高（在 63 分左右），2008 年得分最低（仍有 58 分）。马来西亚科技创新综合产出排名除了 2017 年排在第 3 位，其余年份都稳定在第 2 位。2017 年，马来西亚科技创新产出排在第 3 位，科技创新促进经济社会可持续发展排在第 3 位。

如图 8.60 所示，研究期内，马来西亚的科技创新综合能力得分普遍较高，2003 年最低（约为 41 分），2017 年最高（达到 46.5 分）。马来西亚科技创新综合能力排名 2003 年排在第 4 位，其余年份都稳定在第 3 位。马来西亚的科技创新投入产出比在 1.8 左右，科技创新投入产出效率高。

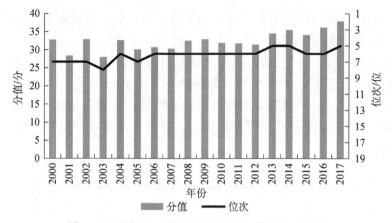

图 8.58 马来西亚科技创新综合投入的分值和位次

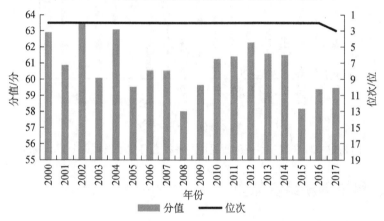

图 8.59 马来西亚科技创新综合产出的分值和位次

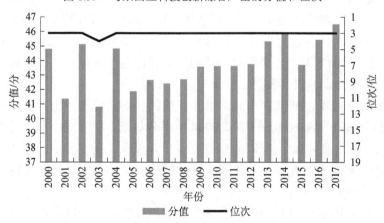

图 8.60 马来西亚科技创新综合能力的分值和位次

第四节 菲律宾科技创新能力研究

进入 21 世纪以来，菲律宾认识到科技创新能力是长期经济增长的关键驱动力，菲律宾政府在制定科技发展战略和政策时凸显了科技创新的重要地位，不仅在国家层面重视科技创新在经济和社会进步中发挥的重要作用，同时围绕制造业、信息通信技术、新能源、农业等重点领域制定了一系列重点产业科技规划与政策。例如，《国家可再生能源发展计划 2011—2030》明确提出地热、水力、生物质能、风能、太阳能和海洋能等能源路线图；《绿色菲律宾制造业路线图》提出到 2030 年菲律宾的工业将实现"绿色"创新；《国家宽带计划》提出了开放、普及、包容、经济实惠和可信的信息网络计划。一系列举动和措施有力地推动了科技创新发展。

一、科技创新基础

如图 8.61 所示，研究期内，菲律宾科技创新环境的分值在 40～50 分波动，位次在第 4～7 位轻微震荡（除了 2008 年下降到第 9 位）。这说明菲律宾科技创新环境的增长速度在研究期内相对平缓。2004 年，菲律宾的电力接通需要天数较少、商品和服务税占工业和服务业增加值的百分比较低，因此科技创新环境排名稍靠前。2008 年，菲律宾产权制度和法治水平评级分值较低，贿赂发生率较高，制造业适用加权平均关税税率较高，因此科技创新环境排名稍靠后。

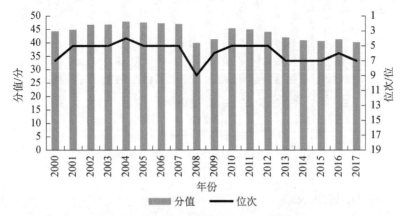

图 8.61 菲律宾科技创新环境的分值和位次

如图 8.62 所示，研究期内，菲律宾科技创新人力基础的分值和位次呈凸形变化。这说明该国科技创新人力基础的增长速度在 2010～2012 年相对领先，其余年份则较为平缓。2010～2012 年，菲律宾成年人识字率较高，教育支出占 GDP 比例较高，因此科技创新人力基础排名最靠前。2017 年，菲律宾教育支出占 GDP 比例较低，因此科技创新人力基础排名靠后。

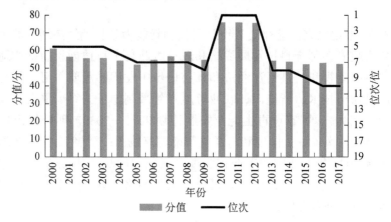

图 8.62　菲律宾科技创新人力基础的分值和位次

如图 8.63 所示，研究期内，菲律宾科技创新基础的分值和位次略呈凸形变化。这说明菲律宾科技创新基础的增长速度在 2010～2012 年相对较快，其余年份处于中等偏上的水平。2010～2012 年，菲律宾科技创新人力基础分值及位次较好，因此科技创新基础分值较高，排名靠前。2017 年，菲律宾科技创新人力基础分值及位次较低，因此科技创新基础分值较低，排名下降。

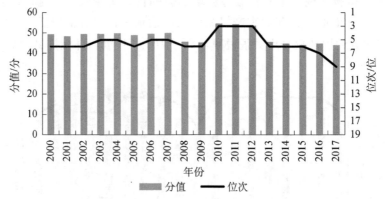

图 8.63　菲律宾科技创新基础的分值和位次

二、科技创新投入

如图 8.64 所示，研究期内，菲律宾科技创新人力投入的分值在 15～25 分波动，位次在第 11～15 位轻微震荡。这说明菲律宾科技创新人力投入的增长速度在研究期内相对平缓。2006 年，菲律宾接受过高等教育人口的劳动参与率较高，因此科技创新人力投入排名最靠前。2011 年，菲律宾百万人口 R&D 工程技术人员数较少，因此科技创新人力投入排名靠后。

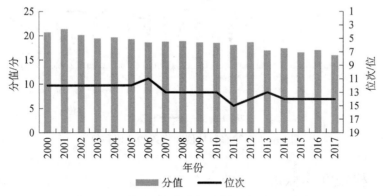

图 8.64 菲律宾科技创新人力投入的分值和位次

　　如图 8.65 所示，研究期内，菲律宾科技创新资金投入的分值和位次整体呈下降趋势。这说明菲律宾科技创新资金投入的增长速度在研究期内相对较慢。2006～2007 年，菲律宾投入 R&D 的企业占比较高，因此科技创新资金投入排名靠前。2016 年，菲律宾 R&D 经费占 GDP 比例最低，因此科技创新资金投入排名靠后。

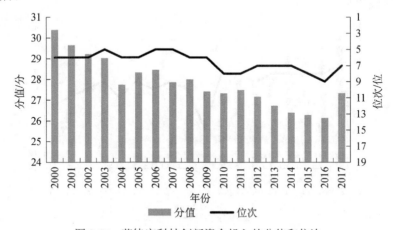

图 8.65 菲律宾科技创新资金投入的分值和位次

　　如图 8.66 所示，研究期内，菲律宾科技创新投入的分值和位次整体呈下降的趋势。这说明菲律宾科技创新投入的增长速度在研究期内相对缓慢。2004 年，菲律宾科技创新人力投入和科技创新资金投入的位次都较高，因此科技创新投入排名靠前。2010 年，菲律宾科技创新人力投入和科技创新资金投入的位次都较低，因此科技创新投入排名靠后。

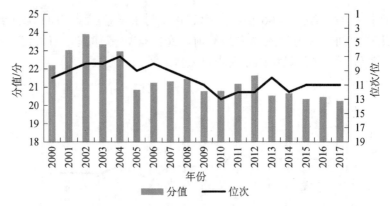

图 8.66　菲律宾科技创新投入的分值和位次

三、科技知识获取

　　如图 8.67 所示，研究期内，菲律宾科技合作的分值和位次呈波动下降的趋势，分值在 5～40 分，位次在第 6～14 位。这说明菲律宾科技合作的增长速度在研究期内处于中游水平。2000 年，菲律宾收到的官方发展援助和官方资助净额的分值稍高，因此科技合作排第 6 位。2008 年，菲律宾收到的技术合作和转让补助金以及收到的官方发展援助和官方资助净额的分值都较低，所以科技合作排名比较靠后（第 14 位）。

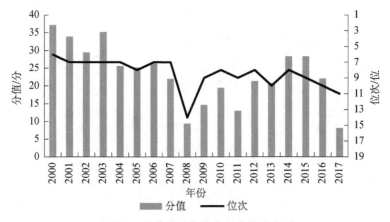

图 8.67　菲律宾科技合作的分值和位次

　　如图 8.68 所示，研究期内，菲律宾技术转移的分值和位次整体呈上升的趋势，且波动明显，其中分值在 0～45 分，位次在第 5～13 位。这说明菲律宾技术转移的增长速度在研究期内相对较快。2017 年，菲律宾知识产权使用费、信息通信数据等高技术服务出口额占总服务出口额比例、信息通信数据等高技术服务进口额占总服务进口额比例的分值稍高，因此技术转移排第 5 位。2005

年，菲律宾知识产权使用费和知识产权出让费的分值都较低，因此技术转移排名
比较靠后（第 13 位）。

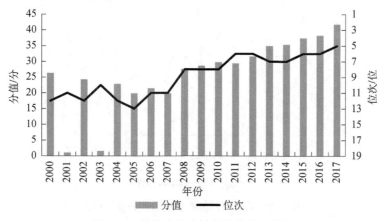

图 8.68　菲律宾技术转移的分值和位次

　　如图 8.69 所示，研究期内，菲律宾外商直接投资的分值和位次整体的波动
较大，分值在 2～14 分，位次在第 7～14 位。这说明菲律宾外商直接投资的增
长速度在研究期内相对处于中游水平。2005 年和 2007 年，菲律宾的外商直接投
资净流入额的分值稍高，因此外商直接投资排名第 7 位。2013 年，菲律宾外商
直接投资净流入额和外商直接投资净流入额占 GDP 的比重的分值都较低，因此
外商直接投资的排名比较靠后（第 14 位）。

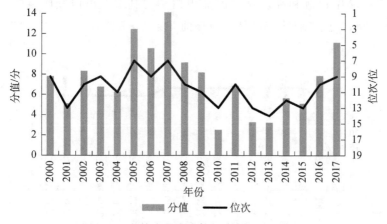

图 8.69　菲律宾外商直接投资的分值和位次

　　如图 8.70 所示，研究期内，菲律宾科技知识获取的分值和位次整体的波动
较大，分值大多在 15～25 分，位次在第 7～12 位。这说明菲律宾科技知识获取
的增长速度在研究期内相对处于中游水平。2014～2015 年，菲律宾科技合作和
技术转移的分值较高，因此科技知识获取排名第 8 位。2008 年，菲律宾科技合

作的分值较低，因此科技知识获取排名比较靠后（第 12 位）。

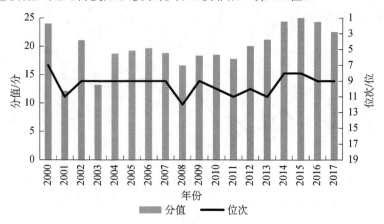

图 8.70　菲律宾科技知识获取的分值和位次

四、科技创新产出

如图 8.71 所示，研究期内，菲律宾高新科技产业的分值和位次是比较靠前的，有小幅的波动，分值大多在 35～45 分，位次在第 6～7 位。这说明菲律宾高新科技产业的增长速度在研究期内相对较快。研究期内菲律宾每千人（15～64 岁）注册新公司数、信息通信技术产品出口额占商品出口总额的百分比、高新技术产品出口额和高新技术产品出口额占制造业出口额比重的分值均较高，因此高新科技产业的排名都比较靠前（第 6～7 位）。

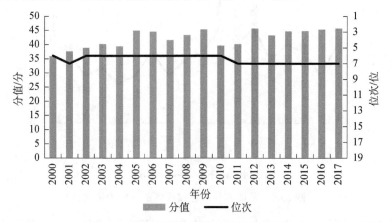

图 8.71　菲律宾高新科技产业的分值和位次

如图 8.72 所示，研究期内，菲律宾科技成果的分值和位次是比较靠前的，有小幅的波动，分值在 50～70 分，位次在第 7～9 位。这说明菲律宾科技成果的增长速度在研究期内相对较快。研究期内，菲律宾科技杂志论文、商标申请数、居民专利申请数和非居民工业设计知识产权申请数的分值均较高，因此科技成果排名一直比较靠前（第7～9位）。

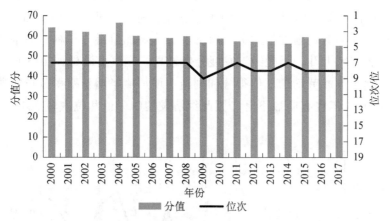

图 8.72 菲律宾科技成果的分值和位次

如图 8.73 所示，研究期内，菲律宾科技创新产出的分值和位次比较靠前，有小幅的波动，分值在 50 分左右波动，位次在第 6～8 位波动。这说明菲律宾科技创新产出的增长速度在研究期内相对较快。研究期内，菲律宾高新科技产业和科技成果的分值均较高，因此科技创新产出排名一直都比较靠前（第 6～8 位）。

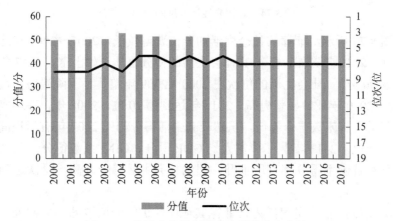

图 8.73 菲律宾科技创新产出的分值和位次

五、科技创新促进经济社会可持续发展

如图 8.74 所示，研究期内，菲律宾经济发展得分普遍不高，2000～2017 年

总体处于上升状态，2013 年分值最高（超过 35 分），2006 年的分值最低（不足 10 分）。经济发展的位次波动也较大，2006 年仅排第 17 位，2010 年上升到第 8 位，但 2011 年又跌到第 16 位。2013 年，菲律宾劳均 GDP 得分、GDP 年增长率得分、商品和服务出口总额占 GDP 的比重得分、农林渔劳均增加值得分、工业（含建筑业）劳均增加值得分、服务业劳均增加值得分和制造业增加值年增长率得分都有所上升，因此经济发展分值最高，位次也最高。2015 年，菲律宾工业（含建筑业）劳均增加值得分和制造业增加值年增长率得分较明显降低，位次相较 2014 年也有明显下降，因此经济发展的分值和位次较 2014 年明显下降。

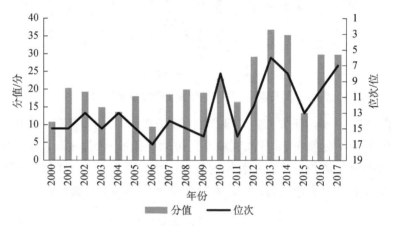

图 8.74　菲律宾经济发展的分值和位次

　　如图 8.75 所示，菲律宾社会生活的分值普遍较低，2007～2009 年连续三年低位运行，2010 年开始，菲律宾社会生活的得分总体开始上涨，2017 年达到最高（接近 30 分）。社会生活的位次在 2000～2009 年整体呈下降趋势，最低达到第 18 位，2010 年开始显著提高，2013 年达到第 10 位。2008 年，菲律宾预期寿命得分和千人病床数得分降低，虽然社会生活得分相比 2007 年有所提高，但位次下降了一位。2013 年，菲律宾人均 GDP 得分、GINI 系数得分、互联网使用比例得分和贫困率得分都有所上升，因此社会生活得分升高，位次达到一个小高峰。

　　如图 8.76 所示，研究期内，菲律宾环境保护的分值波动不大，处于非常缓慢的上升状态，2016 年达到最高（为 38 分左右），2000 年最低（只有 31 左右）。环境保护的位次大部分年份在第 11 位左右，其中 2004 年最高，达到了第 9 位。2004 年，菲律宾人均国内可再生淡水资源量得分和森林覆盖率得分降低了，$PM_{2.5}$ 空气污染年均暴露量得分、农村人口用电比例得分以及使用清洁能源和技术烹饪的人口比例得分增加了，因此相比 2003 年环境保护得分明显增加，位次也上升了一位。2017年，菲律宾 PM$_{2.5}$ 空气污染年均暴露量得分、农村人口用电比例得分、使用清洁能源和技术烹饪的人口比例得分以及森林覆盖率得分都有所增加，而人均国内可再生淡水资源量得分降低，导致环境保护位次降低了一位。

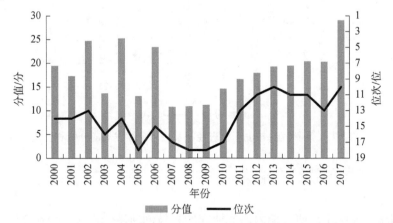

图 8.75　菲律宾社会生活的分值和位次

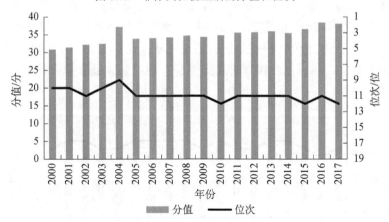

图 8.76　菲律宾环境保护的分值和位次

如图 8.77 所示，研究期内，菲律宾科技创新促进经济社会可持续发展的分值都在 35 分以下，2017 年得分最高（在 32 分左右），2003 年得分最低（只有 20 分）。科技创新促进经济社会可持续发展的位次最低排在第 15 位（2009年）。2013 年位次最高，排在第 10 位，其中经济发展排在第 6 位，社会生活排在第 10 位，环境保护排在第 11 位。

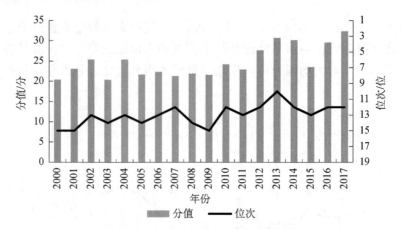

图 8.77 菲律宾科技创新促进经济社会可持续发展的分值和位次

六、科技创新综合能力

如图 8.78 所示，研究期内，菲律宾的科技创新综合投入得分在 27~32 分波动，2008 年得分最低（为 27 分左右），2000 年得分最高。科技创新综合投入位次变化不大，在第 7~9 位徘徊。2017 年，菲律宾科技创新基础排在第 9 位，科技创新投入排在第 11 位，科技知识获取排在第 9 位；2001 年，菲律宾科技创新基础排在第 6 位，科技创新投入排在第 9 位，科技知识获取排在第 11 位。

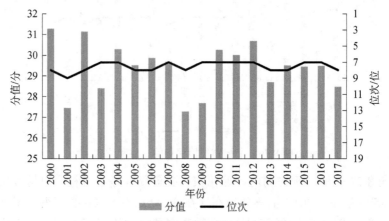

图 8.78 菲律宾科技创新综合投入的分值和位次

如图 8.79 所示，研究期内，菲律宾科技创新综合产出得分总体呈上升趋势，2000 年得分最低（只有 35 分左右），2017 年得分最高（超过 40 分）。菲律宾的科技创新综合产出排名在 2009 年之后呈上升趋势，2013~2017 年稳定在第 7 位。2017 年，菲律宾科技创新产出排在第 7 位，科技创新促进经济社会可持续发展排在第 12 位。

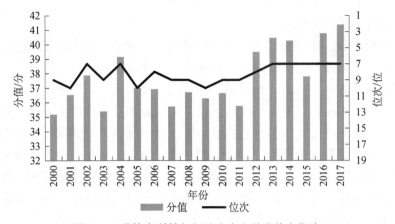

图 8.79　菲律宾科技创新综合产出的分值和位次

如图 8.80 所示，研究期内，菲律宾的科技创新综合能力得分在 2012 年最高，达到 34 分，在 2008 年最低。科技创新综合能力排名在 2010 年之前不断波动，2010 年及之后稳定在第 8 位。菲律宾的投入产出比在 1.2 左右，投入产出效率相对理想。

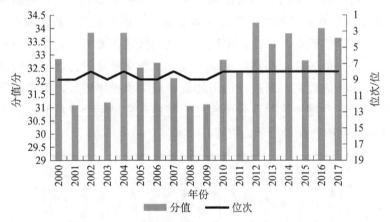

图 8.80　菲律宾科技创新综合能力的分值和位次

第五节　新加坡科技创新能力研究

新加坡是东南亚的一个岛国，总人口为 561 万人（2017 年底）。新加坡以科技创新驱动，在全球创新型国家中排名第 9 位（2019 年）。近十几年来，新加坡政府推行了一系列措施以促进制造业、服务业创新化发展，弘扬创新创业精神，营造宽松创新环境，培育及引进人才，推进科技成果商业化应用，打造优质创新平台，提升本土创新能力，使创新成为新加坡经济发展的驱动力，并推进新加坡创新城市发展。

2017年，新加坡推出"国家人工智能核心"计划，旨在凝聚政府、科研机构与产业界三大领域的核心力量，促进人工智能发展和应用，以提升新加坡在人工智能领域的竞争实力，巩固国家科技创新能力的强大竞争力。计划提出两大主要目标：第一，以产学研联合方式，汇集新加坡南洋理工大学、新加坡国立大学及新加坡理工大学等研究力量，广泛吸纳国内外专家资源，以期形成更全面的"智慧国"研发能力；第二，建立新加坡人工智能、机器人等智慧技术资源整合支持平台，并以机器人、数字健康、金融服务、智能能源、智能制造与智能交通等作为投资主轴，提供从技术端到商业化的完整支撑，开拓人工智能商业化发展途径。

一、科技创新基础

如图8.81所示，研究期内，新加坡科技创新环境的分值在80~~100分波动，科技创新环境的位次牢牢占据第1位。这说明新加坡的科技创新环境相对于其他18个国家在研究期内一直处于领先地位。研究期内，新加坡产权制度和法治水平评级分值较高，城市化率较高，电力接通需要天数较少，公权力透明度清廉度评级分值较高，贿赂发生率较低，市场交易环境评级分值较高，营商管制环境评级分值较高，制造业适用加权平均关税税率较低，只有商品和服务税占工业和服务业增加值的百分比相对于其他八个指标分值稍低，因此科技创新环境在研究期内一直处于领先位置。

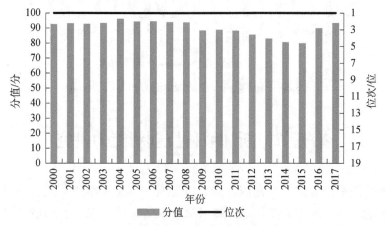

图8.81　新加坡科技创新环境的分值和位次

如图8.82所示，新加坡科技创新人力基础的分值在2000~2012年大体上呈下降的趋势,自 2012 年后开始上升,但其科技创新人力基础的位次自 2010 年降为第 2 位之后,一直未能回到第 1 位。这说明新加坡科技创新人力基础的增长速度在研究期并不是最快的,但还是一直处于领先地位。2000~2009 年,新加坡成年人识字率较高,因此科技创新人力基础排第 1 位。2010~2017 年,新加坡教育支出占 GDP 比例相对较低,因此科技创新人力基础排名稍靠后一些。

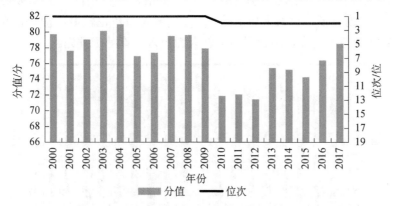

图 8.82 新加坡科技创新人力基础的分值和位次

如图 8.83 所示,新加坡科技创新基础的分值在 2008~2015 年整体上呈下降趋势,但在 2016~2017 年大幅上升,位次在研究期内始终保持在第 1 位。这说明尽管 2008~2015 年科技创新基础分值有所下降,但相对于其他国家,新加坡始终保持着领先。由于科技创新环境的位次始终稳居于第 1 位,并且科技创新人力基础的位次也稳居前两位,综合下来新加坡的科技创新基础在研究期内一直处于领先地位。

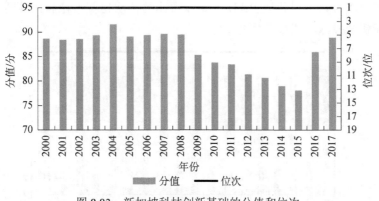

图 8.83 新加坡科技创新基础的分值和位次

二、科技创新投入

如图 8.84 所示，研究期内，新加坡科技创新人力投入的分值在大多数年份都是满分，位次也始终保持在第 1 位。这说明新加坡科技创新人力投入的增长速度在研究期内一直相对很快，始终保持领先。研究期内，新加坡百万人口 R&D 科学家数最多，百万人口 R&D 工程技术人员数也较多，接受过高等教育人口的劳动参与率又高，因此科技创新人力投入一直处于领先。

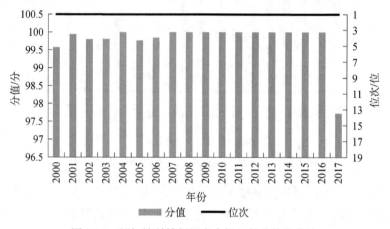

图 8.84　新加坡科技创新人力投入的分值和位次

如图 8.85 所示，研究期内，新加坡科技创新资金投入的分值始终保持满分，位次也牢牢保持在第 1 位。这说明新加坡科技创新资金投入的增长速度在研究期内一直相对很快，始终保持着领先。研究期内，R&D 经费占 GDP 比例始终稳居第 1 位，并且投入 R&D 的企业占比的位次也基本稳居前两位，因此科技创新资金投入一直处于领先。

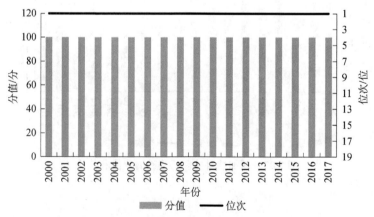

图 8.85　新加坡科技创新资金投入的分值和位次

如图 8.86 所示，研究期内，新加坡科技创新投入的分值大体上呈 N 形变化，但位次牢牢保持在第 1 位。这说明新加坡科技创新投入的增长速度在研究期内一直相对很快，始终保持着领先。研究期内，新加坡无论是科技创新人力投入还是科技创新资金投入，位次都稳居第 1 位，因此科技创新投入一直处于领先。

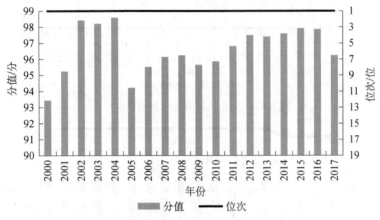

图 8.86　新加坡科技创新投入的分值和位次

三、科技知识获取

如图 8.87 所示，研究期内，新加坡科技合作的分值始终很低，且波动较大，分值在 0.3～0.8 分，新加坡科技合作的位次则始终处于第 18 位。其主要原因在于本书指标设计时将科技合作的三级指标分设为收到的技术合作和转让补助金以及收到的官方发展援助和官方资助净额，而新加坡是 ODA 受援国名单中第 II 部分的国家和地区，从 2005 年开始已被从受援国名单中删除，国际社会已经将其公认为发达经济体。新加坡的两个三级指标在 2000～2004 年始终保持比较低的稳定水平，且 2005 年及以后均没有数据。尽管如此，指标设计并没有本质上的问题，前述两个三级指标能够较为准确地衡量其他研究样本国家科技知识获取能力，因此维持原有设计不变。

如图 8.88 所示，研究期内，新加坡技术转移的分值和位次大体上都呈增加的趋势，分值大多在 40～80 分，位次在第 1～2 位。这说明新加坡技术转移的增长速度在研究期内一直相对很快，始终保持领先。研究期内，新加坡知识产权使用费、知识产权出让费、信息通信数据等高技术服务出口额占总服务出口额比例和信息通信数据等高技术服务进口额占总服务进口额比例的分值都比较高，因此技术转移的排名靠前。

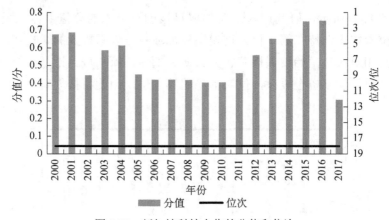

图 8.87　新加坡科技合作的分值和位次

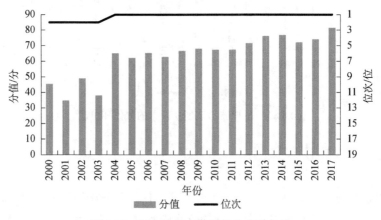

图 8.88　新加坡技术转移的分值和位次

如图 8.89 所示，研究期内，新加坡外商直接投资的分值和位次整体上保持着较高的水平，分值有明显的波动（在 60～80 分），位次始终处于第 1 位。这充分说明了新加坡外商直接投资的增长速度在研究期内一直相对很快，始终保持着领先。新加坡外商直接投资净流入额和外商直接投资净流入额占 GDP 的比重的分值都比较高，因此外商直接投资排名一直处于第 1 位。

如图 8.90 所示，研究期内，新加坡科技知识获取的分值和位次整体呈上升趋势，分值在 30～60 分，位次在第 1～3 位。这充分说明了新加坡科技知识获取的增长速度在研究期内一直相对很快，始终保持领先。研究期内，新加坡的技术转移和外商直接投资的分值都比较高，因此科技知识获取排名始终处于领先地位（第 1～3 位）。

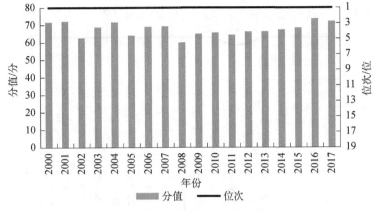

图 8.89　新加坡外商直接投资的分值和位次

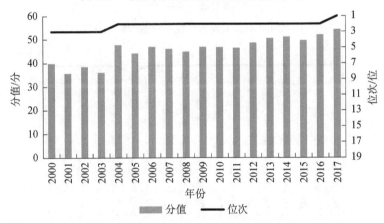

图 8.90　新加坡科技知识获取的分值和位次

四、科技创新产出

如图 8.91 所示，研究期内，新加坡高新科技产业的分值和位次整体上保持着很高的水平，分值大都在 70～100 分，位次在第 1～2 位。这说明新加坡高新科技产业的增长速度在研究期内一直相对很快，始终保持领先。研究期内，新加坡每千人（15～64 岁）注册新公司数、信息通信技术产品出口额占商品出口总额的百分比、高新技术产品出口额和高新技术产品出口额占制造业出口额比重的分值都比较高，因此高新科技产业排名始终处于领先（第 1～2 位）。

如图 8.92 所示，研究期内，新加坡科技成果的分值大都在 70 分左右，位次稳定在第 3 位（2012 年第 4 位除外）。这充分说明了新加坡科技成果的增长速度在研究期内一直相对很快，始终保持着靠前的位置。研究期内，新加坡科技杂志论文数、商标申请数、居民专利申请数和非居民工业设计知识产权申请数的分值都比较高，因此科技成果排名始终处于靠前的位置。

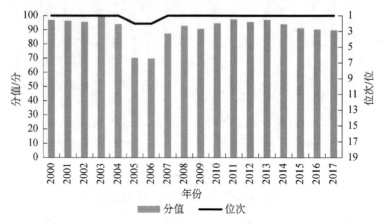

图 8.91　新加坡高新科技产业的分值和位次

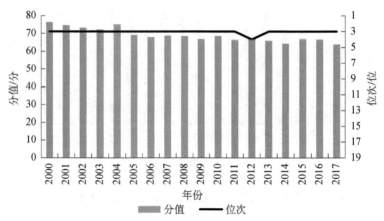

图 8.92　新加坡科技成果的分值和位次

　　如图 8.93 所示，研究期内，新加坡科技创新产出的分值和位次整体上都是较高的水平，2004 年后有所下降，分值大多在 70～90 分，位次在第 1～3 位。这说明新加坡科技创新产出的增长速度在研究期内一直相对很快，始终保持领先。研究期内，新加坡高新技术产业、科技成果的分值都比较高，因此科技创新产出排名始终保持领先（第 1～3 位）。

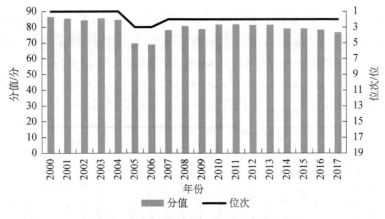

图 8.93　新加坡科技创新产出的分值和位次

五、科技创新促进经济社会可持续发展

如图 8.94 所示，研究期内，新加坡经济发展的分值始终较高，大都在 50 分以上，2001 年得分最低（只有 43 分左右），2010 年得分最高（接近 80 分）。经济发展的位次大多数年份排在第 1 位，2001～2003 年、2008～2009 年和 2015年排在第 2 位。研究期内，新加坡的劳均 GDP 得分、GDP 年增长率得分、商品和服务出口总额占 GDP 的比重得分、农林渔劳均增加值得分、工业（含建筑业）劳均增加值得分、服务业劳均增加值得分和制造业增加值年增长率得分总体都比较高，因此经济发展排名一直在前两位。2015 年，新加坡劳均 GDP得分、GDP 年增长率得分、商品和服务出口总额占 GDP 的比重得分和制造业增加值年增长率得分被文莱赶超，经济发展排在第 2 位。

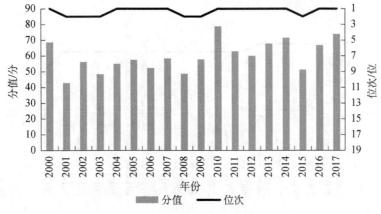

图 8.94　新加坡经济发展的分值和位次

如图 8.95 所示，新加坡社会生活的分值在 2004 年后有轻微下降，研究期

内，总体得分非常高（都在 60 分以上）。其中，2004 年的得分最高（在 87 分以上），2013 年得分最低。社会生活的位次除了 2005 年排第 2 位，其余年份一直居第 1 位。2005 年，新加坡的 GINI 系数得分、贫困率得分和千人病床数得分较 2004 年都有所降低，虽然人均 GDP 得分、预期寿命得分和互联网使用比例得分都排在第 1 位，但是社会生活位次依然比 2014 年下降了一位。

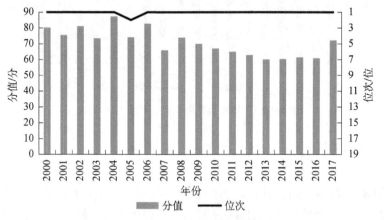

图 8.95　新加坡社会生活的分值和位次

　　如图 8.96 所示，新加坡环境保护的分值在 2000～2002 年稳定上升，2002 年后下降，2003 年达到最低值，之后开始波动上升，2012 年达到最高值。但是分值相差不大，均保持在 50 分以上。新加坡环境保护的位次在 2000～2004 年排在第 3 位，之后有所下降，连续几年排在第 4 位。2017 年，新加坡的 PM$_{2.5}$ 空气污染年均暴露量得分、农村人口用电比例得分、森林覆盖率得分相比 2016 年有所降低，但使用清洁能源和技术烹饪的人口比例得分上升，因此环境保护得分上涨，但是排名降低了 2 位。

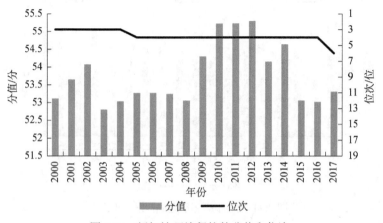

图 8.96　新加坡环境保护的分值和位次

如图 8.97 所示，研究期内，新加坡科技创新促进经济社会可持续发展的分值始终保持在 50 分以上，2000 年得分最高（接近 70 分），2015 年得分最低（只有 55 分左右）。科技创新促进经济社会可持续发展的位次，除了 2017 年上升到第 1 位之外，其余年份均排在第 2 位。2017 年，新加坡经济发展排在第 1 位，社会生活排在第 1 位，环境保护排在第 6 位；2016 年，新加坡经济发展排在第 1 位，社会生活排在第 1 位，环境保护排在第 4 位。

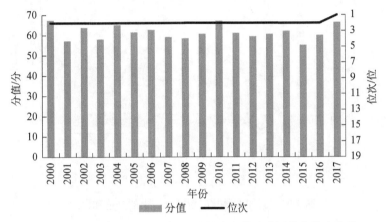

图 8.97　新加坡科技创新促进经济社会可持续发展的分值和位次

六、科技创新综合能力

如图 8.98 所示，研究期内，新加坡的科技创新综合投入分值始终较高，保持在 70 分以上，2017 年得分最高（超过了 80 分），其余年份在 70～80 分。新加坡的科技创新综合投入的位次一直稳居第 1 位。2017 年，新加坡科技创新基础、科技创新投入和科技知识获取均排在第 1 位。

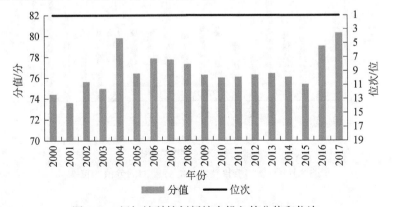

图 8.98　新加坡科技创新综合投入的分值和位次

　　如图 8.99 所示，研究期内，新加坡科技创新综合产出的分值都很高，即使 2005 年最低也有 65.59 分，2000 年得分最高（77 分左右）。新加坡科技创新综合产出的位次一直以来都稳居第 1 位。2017 年，新加坡科技创新产出排在第 2 位，科技创新促进经济社会可持续发展排在第 1 位。

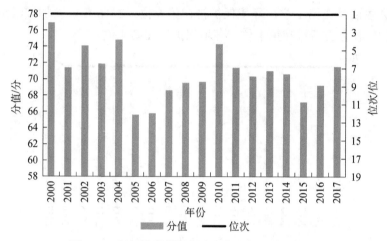

图 8.99　新加坡科技创新综合产出的分值和位次

　　如图 8.100 所示，研究期内，新加坡科技创新综合能力的得分整体较高，都在 70 分以上，2015 年最低，2004 年最高。新加坡的科技创新综合能力位次都排在第 1 位。新加坡的投入产出比除了 2000 年，其余年份都在 1 以下，由此可见新加坡虽然科技创新能力很强，但是因为处在领先地位，科技创新投入产出效率较低。

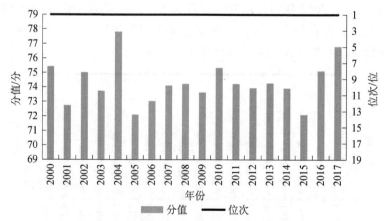

图 8.100　新加坡科技创新综合能力的分值和位次

第六节　东帝汶科技创新能力研究

东帝汶经济发展水平落后，结构失衡，严重依赖油气收入和外国援助，被联合国列为全球最不发达国家之一，30.3%的居民每日生活费不足 2 美元，科技创新能力低下。

一、科技创新基础

如图 8.101 所示，研究期内，东帝汶科技创新环境的分值呈下降趋势，科技创新环境的位次从 2000 年的第 8 位下降到 2004 年的第 10 位，之后震荡上升到 2008 年的最高位次（第 6 位），随后一直下降到 2017 年的最低位次（第 18 位）。这说明东帝汶科技创新环境的增长速度在研究期内先较快再较慢。2008 年，东帝汶电力接通需要天数较少、商品和服务税占工业和服务业增加值的百分比较低，因此科技创新环境排名靠前。2017 年，东帝汶产权制度和法治水平评级分值较低，市场交易环境评级分值较低，营商管制环境评级分值较低，因此科技创新环境排名第 18 位。

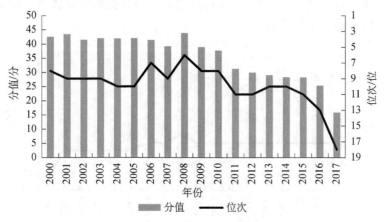

图 8.101　东帝汶科技创新环境的分值和位次

如图 8.102 所示，研究期内，东帝汶科技创新人力基础的分值从 2000 年的 9.7 分轻微下降到 2002 年的 7.7 分，再上升至 2009 年的 25 分，随后又下降至 2012 年的 9.7 分，之后又开始上升。科技创新人力基础的位次在 2000～2012 年呈上升趋势，自 2013 年下降到第 17 位后基本保持稳定。这说明东帝汶科技创新人力基础的增长速度在研究期内先略快后又较慢。2010～2012 年，东帝汶的成年人识字率较高，高等教育毛入学率较高，因此科技创新人力基础排名稍好。2000～2004 年，东帝汶成年人识字率较低，因此科技创新人力基础排名靠后。

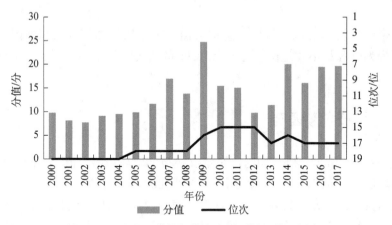

图 8.102　东帝汶科技创新人力基础的分值和位次

如图 8.103 所示，研究期内，东帝汶科技创新基础的分值和位次呈下降趋势。这说明东帝汶科技创新基础的增长速度在研究期内相对较慢。2009 年，东帝汶科技创新环境以及科技创新人力基础分值和位次都较好，因此科技创新基础分值较高、排名稍好。2017 年的科技创新环境分值和位次较低，因此科技创新基础分值较低、排名靠后。

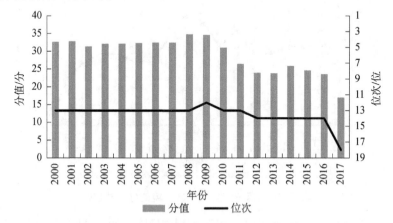

图 8.103　东帝汶科技创新基础的分值和位次

二、科技创新投入

如图 8.104 所示，研究期内，东帝汶科技创新人力投入的分值和位次呈上升趋势。这说明东帝汶科技创新人力投入的增长速度在研究期内相对较快。2017年，东帝汶接受过高等教育人口的劳动参与率较高，因此科技创新人力投入的排名稍好。2000年，东帝汶百万人口R&D科学家数较少，百万人口R&D工程技术人员数较少，因此科技创新人力投入排名最靠后。

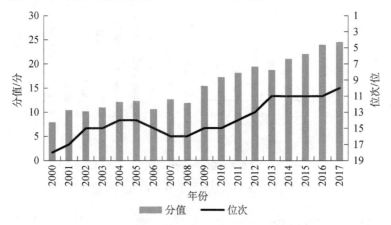

图8.104　东帝汶科技创新人力投入的分值和位次

如图8.105所示，研究期内，东帝汶科技创新资金投入的分值和位次呈上升趋势。这说明东帝汶科技创新资金投入的增长速度在研究期内相对较快。2015～2016年，东帝汶投入R&D的企业占比稍高，因此科技创新资金投入排名靠前。2004～2006年，东帝汶R&D经费占GDP比例稍低，因此科技创新资金投入排名靠后。

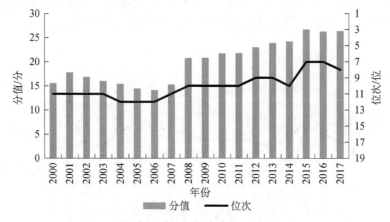

图8.105　东帝汶科技创新资金投入的分值和位次

如图8.106所示，研究期内，东帝汶科技创新投入的分值和位次呈上升趋势。这说明东帝汶科技创新投入的增长速度在研究期内相对较快。2015～2017年，东帝汶科技创新人力投入和科技创新资金投入的位次都较高，因此科技创新投入排名靠前。2000～2008 年，东帝汶科技创新资金投入的位次较低，因此科技创新投入排名靠后。

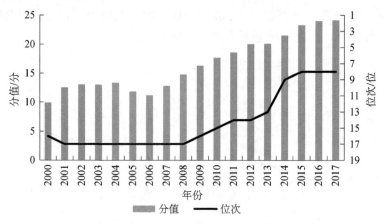

图 8.106　东帝汶科技创新投入的分值和位次

三、科技知识获取

如图 8.107 所示，研究期内，东帝汶科技合作的分值和位次呈下降的趋势，且整体波动较大，分值在 5.5～16 分，位次在第 11～14 位。这说明东帝汶科技合作的增长速度在研究期内相对较慢。2011～2012 年，东帝汶收到的技术合作和转让补助金的分值较高，因此科技合作排名相对靠前（第 11 位）。2016～2017 年，东帝汶收到的技术合作和转让补助金以及收到的官方发展援助和官方资助净额的分值较低，因此科技合作排名比较靠后（第 14 位）。

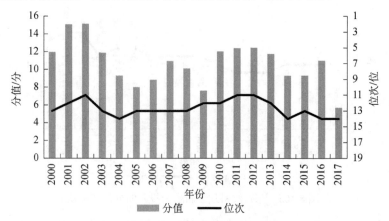

图 8.107　东帝汶科技合作的分值和位次

如图 8.108 所示，研究期内，东帝汶技术转移的分值和位次大体上呈下降的趋势，且整体波动较大，分值在 20～60 分，位次在第 1～9 位。这说明东帝汶技术转移的增长速度在研究期内相对较快。2003 年，东帝汶的信息通信数据等高技术服务出口额占总服务出口额比例和信息通信数据等高技术服务进口额占总服务进口额比例的分值较高，因此技术转移排第 1 位。2017 年，东帝汶知识产权使用费、知识产权出让费和信息通信数据等高技术服务出口额占总服务出口额比例的分值都比较低，因此技术转移排名比较靠后（第 9 位）。

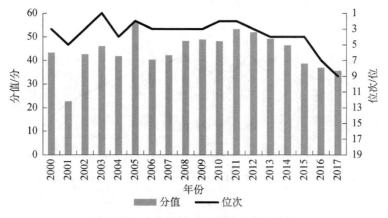

图 8.108 东帝汶技术转移的分值和位次

如图 8.109 所示，研究期内，东帝汶外商直接投资的分值和位次整体呈下降趋势，且波动较大，分值在 0～5 分，位次在第 12～19 位。这说明东帝汶外商直接投资的增长速度在研究期内相对较慢。2003 年和 2005 年，东帝汶外商直接投资净流入额占 GDP 的比重的分值较高，因此外商直接投资排名相对靠前（第 12 位）。2016～2017 年，东帝汶外商直接投资净流入额和外商直接投资净流入额占 GDP 的比重的分值较低，因此外商直接投资排名最靠后（第 19 位）。

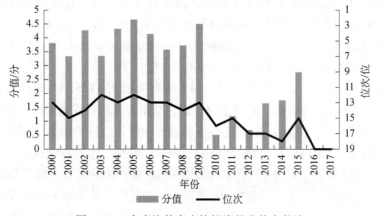

图 8.109 东帝汶外商直接投资的分值和位次

如图 8.110 所示，研究期内，东帝汶科技知识获取的分值总体呈下降趋势，位次从 2011 年起逐年下滑，分值在 14～30 分，位次在 5～14 位。这说明东帝汶科技知识获取的增长速度在研究期内相对先快后慢。2003 年，东帝汶科技合作和技术转移的分值较高，因此科技知识获取排名相对靠前（第 5 位）。2017 年，东帝汶科技合作、技术转移和外商直接投资的分值都较低，因此科技知识获取排名比较靠后（第 14 位）。

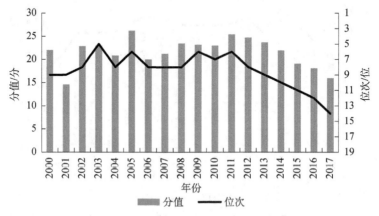

图 8.110　东帝汶科技知识获取的分值和位次

四、科技创新产出

如图 8.111 所示，研究期内，东帝汶高新产业的分值和位次呈波动下降趋势，分值在 20～41 分，位次在第 6～13 位。这说明了东帝汶高新产业的增长速度在研究期内相对较慢。2001 年，东帝汶每千人（15～64 岁）注册新公司数、信息通信技术产品出口额占商品出口总额的百分比和高新技术产品出口额占制造业出口额比重的分值较高，因此高新产业排名相对靠前（第 6 位）。2008 年，东帝汶高新技术产品出口额和高新技术产品出口额占制造业出口额比重的分值都较低，因此高新产业排名比较靠后（第 13 位）。

如图 8.112 所示，研究期内，除 2012 年为第 18 位以外，东帝汶科技成果的位次均为第 19 位，分值在 1.0～5.2 分。这说明东帝汶科技成果的增长速度在研究期内相对较慢。研究期内，东帝汶科技杂志论文数、商标申请数、居民专利申请数和非居民工业设计知识产权申请数的分值均比较少，因此科技成果排名始终在第 19 位（2012 年除外）。综上所述东帝汶科技成果在未来的发展前景不被看好。

如图 8.113 所示，研究期内，东帝汶科技创新产出的分值和位次呈波动下降趋势，分值在 10～25 分，位次在第 15～19 位。这说明东帝汶科技创新产出的增长速度在研究期内相对较慢。东帝汶由于科技成果的分值一直处于较低的水

平，因此科技创新产出排名始终保持在第 15～19 位。综上所述东帝汶科技创新
产出在未来的发展缺少持久的增长动力，将长期处于现有位次。

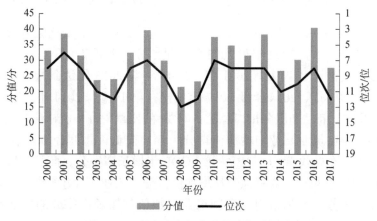

图 8.111 东帝汶高新产业的分值和位次

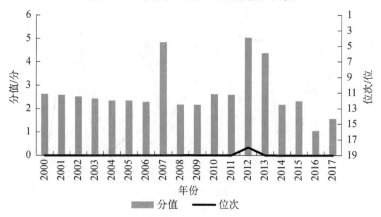

图 8.112 东帝汶科技成果的分值和位次

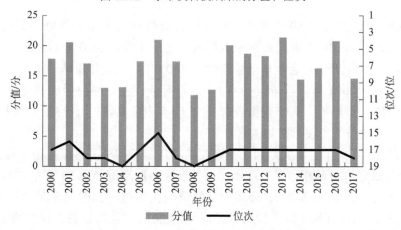

图 8.113 东帝汶科技创新产出的分值和位次

五、科技创新促进经济社会可持续发展

如图 8.114 所示，研究期内，东帝汶经济发展的分值变化幅度很大。2001 年分值在 34 分左右，2002 年和 2003 年不足 5 分，之后又上升到 20 分以上。经济发展的位次波动也很大，2001 年、2006 年与 2015 年达到最高，排在第 3 位，2002~2003 年、2014 年及 2017 年仅排在第 19 位。2014 年，东帝汶 GDP 年增长率得分、商品和服务出口总额占 GDP 的比重得分、农林渔劳均增加值得分和工业（含建筑业）劳均增加值得分大幅度降低，因此经济发展排在第 19 位。2015 年，东帝汶劳均 GDP 得分、GDP 年增长率得分、商品和服务出口总额占 GDP 的比重得分、农林渔劳均增加值得分、工业（含建筑业）劳均增加值得分、服务业劳均增加值得分和制造业增加值年增长率得分的排名都有所提升，因此经济发展排名有所上升。

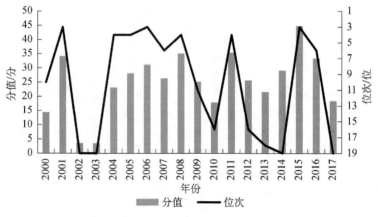

图 8.114　东帝汶经济发展的分值和位次

如图 8.115 所示，研究期内，东帝汶社会生活的分值在 2006 年达到最高（超过了 35 分），2007 年大幅下降至最低，之后上升，2010 年后趋于平稳，在 2017 年又开始上升。社会生活的位次除了 2007 年，其余年份波动不大，稳定在第 9 位左右。2007 年，东帝汶的 GINI 系数得分、互联网使用比例得分和贫困率得分下降，虽然千人病床数得分在 19 个国家中最高，但社会生活的得分仍大幅下降，位次最低，仅排在第 12 位。

如图 8.116 所示，研究期内，东帝汶的环境保护得分基本保持稳定且呈上升趋势，大部分年份都超过了 20 分，2017 年达到最高值（为 28 分左右），2014 年是低谷（只有 18 分左右）。环境保护的位次在 2000~2002 年相对高一点，排在第 15 位，后面开始下降；2009~2011 年和 2014 年位次最低，排在第 18 位。

2014 年，东帝汶的 PM$_{2.5}$ 空气污染年均暴露量得分、人均国内可再生淡水资源量得分和农村人口用电比例得分有所增加，但使用清洁能源和技术烹饪的人口比例得分以及森林覆盖率得分降低，因此环境保护的位次在该年最低。2015年，东帝汶 PM$_{2.5}$ 空气污染年均暴露量得分和森林覆盖率得分增加，因此环境保护的位次相较 2014 年上涨了两位。

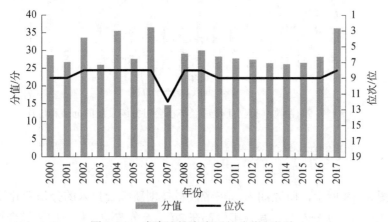

图 8.115　东帝汶社会生活的分值和位次

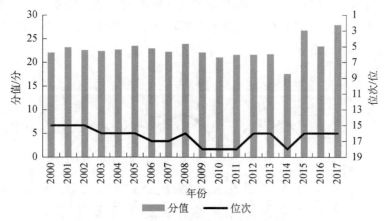

图 8.116　东帝汶环境保护的分值和位次

如图 8.117 所示，研究期内，东帝汶科技创新促进经济社会可持续发展的分值始终不高（在 35 分以下），2015 年得分最高（接近 33 分），2003 年得分最低（只有 17 分左右）。科技创新促进经济社会可持续发展的位次波动较大，2002～2003 年排在第 17 位；2006 年排名最靠前（为第 7 位），其中经济发展排在第 3 位，社会生活排在第 8 位，环境保护排在第 17 位。

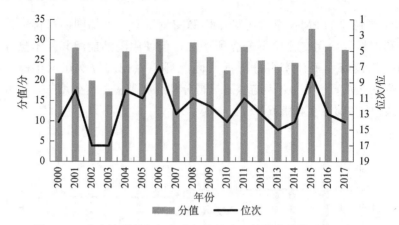

图 8.117 东帝汶科技创新促进经济社会可持续发展的分值和位次

六、科技创新综合能力

如图 8.118 所示，研究期内，东帝汶科技创新综合投入的分值变化不大，除了 2017 年只有 19 分左右，其余年份都在 20~25 分波动。科技创新综合投入的位次 2009 年最高（排第 9 位），2017 年最低（排第 15 位）。2009 年，东帝汶科技创新基础排在第 12 位，科技创新投入排在第 16 位，科技知识获取排在第 6 位。

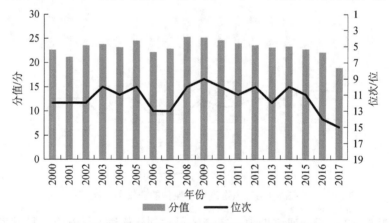

图 8.118 东帝汶科技创新综合投入的分值和位次

如图 8.119 所示，研究期内，东帝汶科技创新综合产出的得分波动不大，2003 年得分最低（为 15 分左右），2006 年得分最高（超过 25 分）。科技创新综合产出的排名波动较大，2006 年最靠前（达到第 12 位），2002~2004 年、2013~2014 年、2017 年仅排在第 19 位。2006 年，东帝汶科技创新产出排在第 15 位，科技创新促进经济社会可持续发展排在第 7 位，科技创新促进经济社会可持续发展排名明显上升。

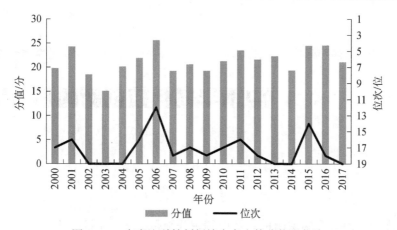

图 8.119　东帝汶科技创新综合产出的分值和位次

如图 8.120 所示，研究期内，东帝汶科技创新综合能力的得分始终不高，最高不超过 25 分。科技创新综合能力排名波动较大，2015 年排名最靠前（第 11位），2017 年仅排在第 19 位。东帝汶的投入产出比在 1 左右，且大部分年份低于 1，投入产出效率不够理想。

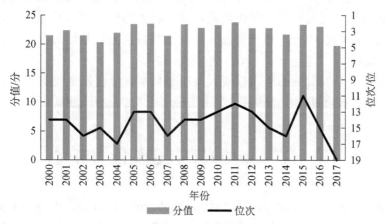

图 8.120　东帝汶科技创新综合能力的分值和位次

第九章
中南半岛科技创新国别研究

　　中南半岛由五个国家组成。从西到东分别是缅甸、泰国、柬埔寨、老挝、越南。中南半岛的科技创新综合能力居于南亚次大陆和马来群岛之间。进入 21 世纪后，中南半岛五国发展速度较快，尤其是越南。在国际产权组织发布的全球创新指数排名中，越南 2018 年列第 45 位，2019 年列第 42 位，已经赶上中南半岛强国——泰国的全球创新指数排位，泰国 2018 年列第 44 位，2019 年列第 43 位。

　　自 21 世纪以来，柬埔寨和老挝在经济、教育、科技方面取得长足进展，科技创新能力显著提高，但因基础较差，排位较为靠后。两国都需要外力持续投资和本国科技创新环境、科技创新人力基础等科技创新基础的改善，科技创新道路任重道远。

　　缅甸近年来吸引到的外国投资没有明显增加，经济发展受到不利影响，严重制约该国科技创新环境的改善，科技创新综合能力提升较慢。

第一节　柬埔寨科技创新能力研究

　　柬埔寨总人口为 1600 万人（2017 年底）。2010 年以来，柬埔寨出台了多项科技发展政策，以夯实科技人力资源、建设研发能力、创建科技环境和提升关键产业能力为具体路线，引导社会各界为建设科技创新型国家作出贡献。其中代表性政策包括：2013 年出台的《矩形战略：增长、就业、公平与效率（第三阶段）》和《全国科学技术总体规划（2014—2020）：经济增长与优质生活》；2014 年出台的《柬埔寨国家战略发展规划（2014—2018）》；2015 年颁布的《柬埔寨产业发展政策（2015—2025）：市场导向与优化产业发展环境》。从中可以发现，柬埔寨建设创新型国家的需求主要受到经济发展、产业结构转型的"拉力"以及科技落后、科研资源短缺的"推力"等因素的影响。

　　"拉力"方面，21 世纪以来，柬埔寨宏观经济形势逐渐向好，经济发展由要素驱动和效率驱动向创新驱动转变的需求越来越强烈。为了增加经济增长中的创新驱动要素，柬埔寨经济发展面临产业结构转型、科技进步、劳动者素质提升等新任务。柬埔寨希望通过鼓励大型产业发展、扩大内需和促进科技转化以吸引国外和国内私人投资，通过促进中小企业的现代化发展，巩固和强化制造业，确保技术转化和产业联系等方式促进创新驱动型产业的增长。经济发展和产业结构转型对创新要素驱动的需求越来越高，也对技术创新、知识创新与创新环境的优化提出了更高要求。

"推力"方面，建设创新型国家的需求也源于柬埔寨科研经费短缺、科研群体规模小、科研成果（主要表现在科研论文发表）增长慢、知识经济指数低等内部推动力。这些因素推动政府、高校、企业等社会主体为创造、保存和转让知识、技能和新产品形成相互作用的网络系统。柬埔寨正面临着化人力资源为人才优势、推动高校在建设创新型国家中发挥作用、实现向知识型经济转变的迫切需求。

一、科技创新基础

如图 9.1 所示，研究期内，柬埔寨科技创新环境的分值呈下降趋势，位次在第17～19 位波动。这说明柬埔寨科技创新环境的增长速度在研究期内相对较缓慢。2000～2003 年，柬埔寨营商管制环境评级分值较高，因此科技创新环境排名稍靠前。2013 年，柬埔寨市场交易环境评级分值较高，因此科技创新环境排名也稍靠前。2007 年、2009～2011 年、2015～2017 年，柬埔寨公权力透明度清廉度评级分值较低，贿赂发生率较高，因此科技创新环境排名稍靠后。

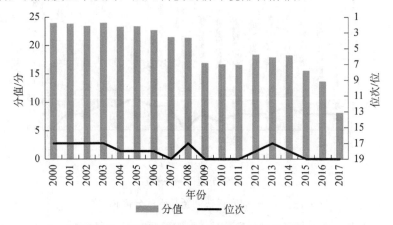

图 9.1 柬埔寨科技创新环境的分值和位次

如图 9.2 所示，研究期内，柬埔寨科技创新人力基础的分值大体呈 N 形变化，位次在第 12～15 位波动。这说明柬埔寨科技创新人力基础的增长速度在研究期内相对平缓。2010～2011 年，柬埔寨成年人识字率较高，因此科技创新人力基础排名稍好。2007~2009 年，柬埔寨高等教育毛入学率较低，所以柬埔寨的科技创新人力基础在这三年排名靠后。

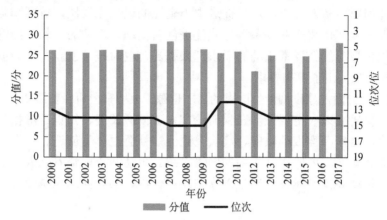

图 9.2　柬埔寨科技创新人力基础的分值和位次

如图 9.3 所示，研究期内，柬埔寨科技创新基础的分值呈下降趋势，位次自 2008 年之后大体呈先下降后上升再下降变化。这说明科技创新基础的增长速度在研究期内相对先较慢再较快后又较慢。2012 年，柬埔寨科技创新环境以及科技创新人力基础位次较好，因此科技创新基础分值较高，排名稍好。2017 年，柬埔寨科技创新环境分值及位次较低，因此科技创新基础分值较低，排名最靠后。

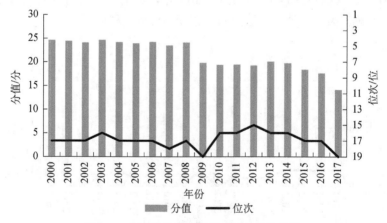

图 9.3　柬埔寨科技创新基础的分值和位次

二、科技创新投入

如图 9.4 所示，研究期内，柬埔寨科技创新人力投入的分值和位次大体呈开口向下的抛物线形变化。这说明柬埔寨科技创新人力投入的增长速度在研究期内相对先较快后较慢。2008~2011 年，柬埔寨接受过高等教育人口的劳动参与率较高，因此科技创新人力投入排名靠前。2017 年，柬埔寨接受过高等教育人口的劳动参与率较低，因此科技创新人力投入排名靠后。

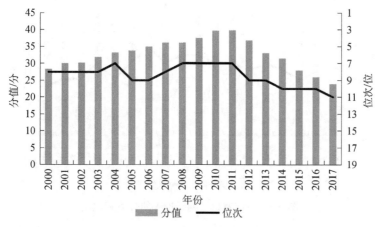

图 9.4 柬埔寨科技创新人力投入的分值和位次

如图 9.5 所示，研究期内，柬埔寨科技创新资金投入的分值呈上升趋势，位次自 2008 年之后大体先下降后上升。这说明柬埔寨科技创新资金投入的增长速度在研究期内相对先较慢后较快。2004 年，柬埔寨投入 R&D 的企业占比稍高，因此科技创新资金投入排名稍靠前。2013 年，柬埔寨的 R&D 经费占 GDP 比例稍低，因此科技创新资金投入排名稍靠后。

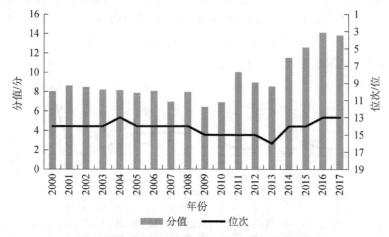

图 9.5 柬埔寨科技创新资金投入的分值和位次

如图 9.6 所示，研究期内，柬埔寨科技创新投入的分值和位次呈开口向下的抛物线形变化。这说明该国科技创新投入的增长速度在研究期内相对先较快后较慢。2011 年，柬埔寨科技创新人力投入的位次较高，因此科技创新投入排名靠前。2017 年，柬埔寨科技创新人力投入的位次较低，因此科技创新投入排名靠后。

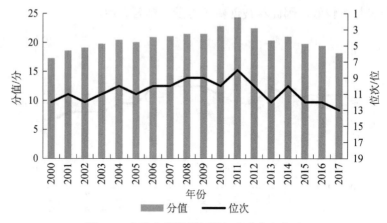

图 9.6　柬埔寨科技创新投入的分值和位次

三、科技知识获取

如图 9.7 所示，研究期内，柬埔寨科技合作的分值和位次的发展趋势相似，2016 年之前有小幅的波动，2017 年分值和位次快速上升。这说明柬埔寨科技合作的增长速度在研究期内相对先平缓后快速。2017 年，柬埔寨收到的技术合作和转让补助金以及收到的官方发展援助和官方资助净额的分值较高，因此科技合作排名最靠前（第 1 位）。2000～2016 年，柬埔寨收到的技术合作和转让补助金以及收到的官方发展援助和官方资助净额的分值处于中游水平，因此科技合作排名相对其他国家也处于中游位置。

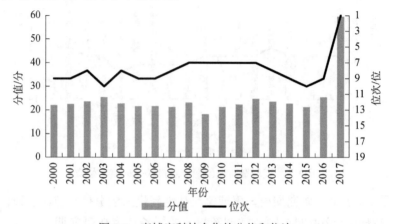

图 9.7　柬埔寨科技合作的分值和位次

如图 9.8 所示，研究期内，柬埔寨技术转移的分值和位次的发展趋势相似，整体都处于较低的水平，且存在明显的波动，分值在 0～12 分，位次在第 16～18 位。这说明柬埔寨技术转移的增长速度在研究期内相对较慢。研究期内，柬埔寨知识产权使用费、知识产权出让费和信息通信数据等高技术服务出口额占总服务出口额比例的分值较低，因此技术转移的排名比较靠后（第 16～18 位）。

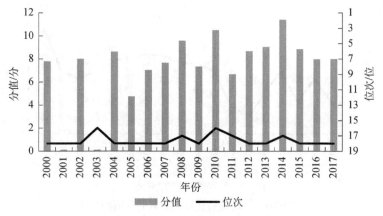

图 9.8　柬埔寨技术转移的分值和位次

如图 9.9 所示，研究期内，柬埔寨外商直接投资的分值和位次大致呈上升趋势，且存在明显的波动，分值在 5～45 分，位次在第 3～7 位。这说明柬埔寨外商直接投资的增长速度在研究期内相对较快。研究期内，柬埔寨外商直接投资净流入额和外商直接投资净流入额占 GDP 的比重的分值大部分年份都较高，因此外商直接投资的排名比较靠前（第 3～7 位）。

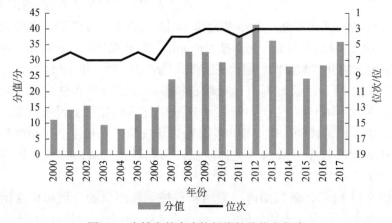

图 9.9　柬埔寨外商直接投资的分值和位次

如图 9.10 所示，研究期内，柬埔寨科技知识获取的分值和位次大致呈上升的发展趋势，且存在明显的波动，分值在 10～35 分，位次在第 6～17 位。这说明柬埔寨科技知识获取的增长速度在研究期内相对较快。2017 年，柬埔寨科技合作和外商直接投资的分值都较高，因此科技知识获取的排名比较靠前（第 6位）。2005 年，柬埔寨外商直接投资和科技合作的分值都较低，因此科技知识获取的排名比较靠后（第 17 位）。

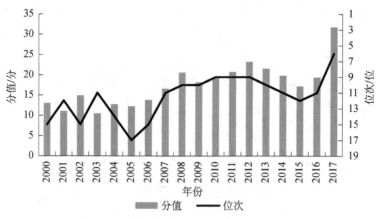

图 9.10　柬埔寨科技知识获取的分值和位次

四、科技创新产出

如图 9.11 所示，研究期内，柬埔寨高新产业的分值和位次整体呈上升趋势，存在明显的波动，分值在 12～20 分，位次在第 14～19 位。这说明柬埔寨高新产业的增长速度在研究期内相对较快。2015 年，柬埔寨信息通信技术产品出口额占商品出口总额的百分比以及高新技术产品出口额占制造业出口额比重的分值都较高，因此高新产业排名为第 14 位。2005～2007 年，柬埔寨每千人（15～64 岁）注册新公司数、高新技术产品出口额和高新技术产品出口额占制造业出口额比重的分值都较低，因此高新产业排名最靠后（第 19 位）。

如图 9.12 所示，研究期内，柬埔寨科技成果的分值和位次存在明显的波动，分值在 20～40 分，位次在第 12～16 位。这说明柬埔寨科技成果的增长速度在研究期内相对较慢。研究期内科技杂志论文数、居民专利申请数和非居民工业设计知识产权申请数的分值都较低，因此科技成果的排名比较靠后（第 12～16 位）。

如图 9.13 所示，研究期内，柬埔寨科技创新产出的分值和位次始终处于比较低的水平，且存在小幅的波动，分值在 15～30 分，位次在第 15～17 位。这说明柬埔寨科技创新产出的增长速度在研究期内相对较慢。研究期内，柬埔寨的科技产出和科技成果的分值较低，因此科技创新产出的排名比较靠后（第

15～17位)。

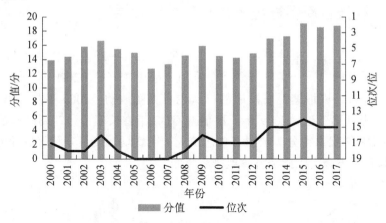

图 9.11　柬埔寨高新产业的分值和位次

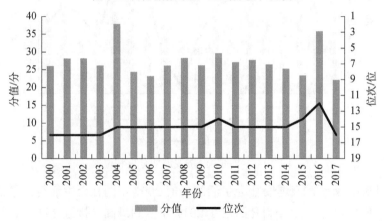

图 9.12　柬埔寨科技成果的分值和位次

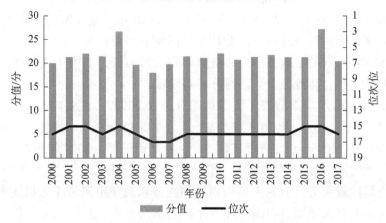

图 9.13　柬埔寨科技创新产出的分值和位次

五、科技创新促进经济社会可持续发展

如图 9.14 所示，柬埔寨经济发展的分值在 2000～2009 年总体呈下降趋势，2009 年之后开始上升，2013 年达到最高值（超过 35 分），2009 年分值最低（只有 13 分左右）。柬埔寨经济发展的位次也有大幅波动，2009 年跌到第 18 位，2013 年上涨到第 5 位。2009 年，柬埔寨 GDP 年增长率得分、商品和服务出口总额占 GDP 的比重得分、工业（含建筑业）劳均增加值得分和服务业劳均增加值得分都有所下降，因此经济发展排名降低。

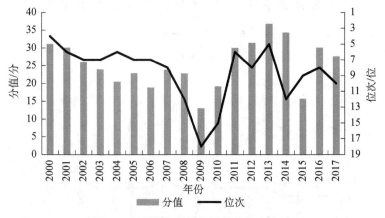

图 9.14 柬埔寨经济发展的分值和位次

如图 9.15 所示，柬埔寨社会生活的分值 2007 年的社会生活得分最低（仅有 10 分），在 2007 年之后开始升高，在 2017 年达到最高（接近 25 分）。社会生活的位次在 2000～2001 年最高（排在第 12 位），之后开始下降，2006～2007 年、2011 年最低，在 19 个国家中排在第 18 位。2000 年，柬埔寨的人均 GDP 得分和互联网使用比例得分较高，因此社会生活排名相应较高。2007 年，柬埔寨的人均 GDP 得分、GINI 系数得分和贫困率得分都较低，其中千人病床数得分在 19 个国家中最低，因此社会生活得分相对较低。

如图 9.16 所示，柬埔寨环境保护的分值在 2000～2016 年有略微下降的趋势，2017 年明显上升，从 2016 年的 21 分上升到 37 分左右。柬埔寨环境保护的位次在 2000～2004 年稳定在第 14 位，而后开始下降，2008 年和 2015 年最低（排在第 18 位），2017 年位次最高（排在第 13 位）。2017 年，柬埔寨 PM$_{2.5}$ 空气污染年均暴露量得分、农村人口用电比例得分以及使用清洁能源和技术烹饪的人口比例得分有大幅提高，因此环境保护的位次有明显上升；2015 年，柬埔寨的 PM$_{2.5}$ 空气污染年均暴露量得分、人均国内可再生淡水资源量得分、使用清洁

能源和技术烹饪的人口比例得分以及森林覆盖率得分都有所下降，因此环境保护排名仅在第 18 位。

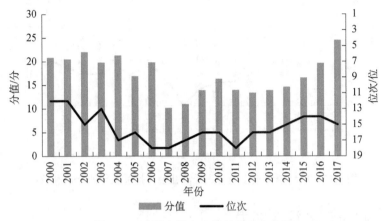

图 9.15　柬埔寨社会生活的分值和位次

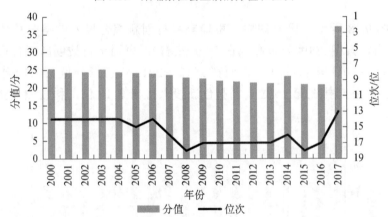

图 9.16　柬埔寨环境保护的分值和位次

　　如图 9.17 所示，研究期内，柬埔寨科技创新促进经济社会可持续发展的分值大致呈现 V 形变化，2017 年的得分最高（接近 30 分），2009 年的得分最低（只有 17 分左右）。柬埔寨科技创新促进经济社会可持续发展的位次在 2000 年最高，排在第 10 位，之后开始降低，到了 2009 年跌到第 19 位，之后开始上升，到了 2017 年上升到第 13 位。2017 年，柬埔寨经济发展排在第 10 位，社会生活排在第 15 位，环境保护排在第 13 位。

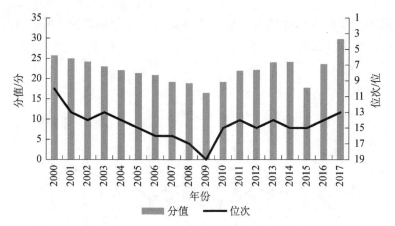

图 9.17　柬埔寨科技创新促进经济社会可持续发展的分值和位次

六、科技创新综合能力

如图 9.18 所示，研究期内，柬埔寨科技创新综合投入的得分总体保持在 20 分左右，其中 2008 年最高（在 22 分左右）。柬埔寨科技创新综合投入的位次在 2005～2011 年持续升高，而在 2012～2015 年持续降低。2012 年，柬埔寨科技创新基础排在第 15 位，科技创新投入排在第 10 位，科技知识获取排在第 9 位。

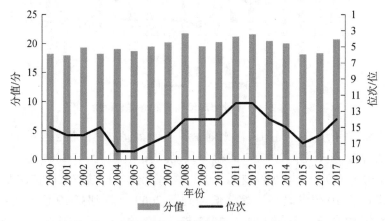

图 9.18　柬埔寨科技创新综合投入的分值和位次

如图 9.19 所示，研究期内，柬埔寨科技创新综合产出的总体得分较低，在 15～30 分波动，其中 2016 年最高（达到了 25 分）。科技创新综合产出的位次较为靠后，较多年份排在第 17 位，2009 年仅排在第 19 位。2017 年，柬埔寨科技创新产出排在第 16 位，科技创新促进经济社会可持续发展排在第 13 位。

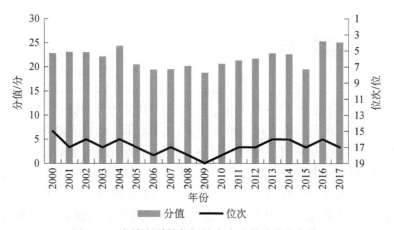

图 9.19　柬埔寨科技创新综合产出的分值和位次

如图 9.20 所示，研究期内，柬埔寨科技创新综合能力的得分不超过 25 分，其中 2017 年的得分最高（达到 22 分）。科技创新综合能力排名在第 16～18 位波动。柬埔寨的投入产出比在 1.1 左右，投入产出效率相比较而言并不十分理想。

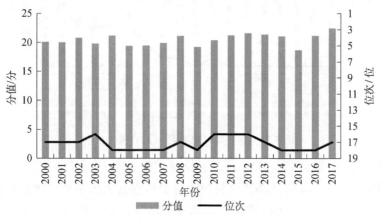

图 9.20　柬埔寨科技创新综合能力的分值和位次

第二节　老挝科技创新能力研究

老挝是中南半岛北部的内陆国家，总人口为 685 万人（2017 年底）。21 世纪以来，老挝确定了发展总体目标：通过使经济保持适度、稳步增长的方式，摘掉不发达国家的"帽子"。老挝政府致力于开发人力资源，大力培养高级科技人才、高技能人才、高级管理人才，逐步提高国家科技创新能力。

一、科技创新基础

如图 9.21 所示，研究期内，老挝科技创新环境的分值除 2016 年上升到 30 分左右外，其余年份在 15～25 分波动；位次总体呈上升趋势。这说明老挝科技创新环境的增长速度在研究期内相对较快。2016 年，老挝的市场交易环境评级分值较高，营商管制环境评级分值较高，制造业适用加权平均关税税率较低，因此科技创新环境排名稍好。2000～2006 年，老挝市场交易环境评级分值较低，因此科技创新环境在 2000～2006 年排名靠后。2008 年，老挝产权制度和法治水平评级分值较低，市场交易环境评级分值较低，因此科技创新环境排名靠后。

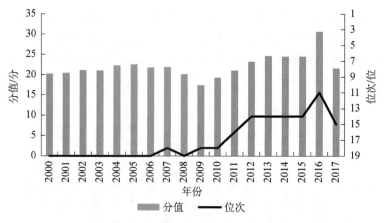

图 9.21　老挝科技创新环境的分值和位次

如图 9.22 所示，研究期内，老挝科技创新人力基础的分值大致呈 N 形变化，位次在第 11～14 位波动。这说明老挝科技创新人力基础的增长速度在研究期内相对平缓。2010～2013 年成年人识字率较高，因此科技创新人力基础排名稍好。2009 年，老挝高等教育毛入学率较低，因此科技创新人力基础排名靠后。

如图 9.23 所示，研究期内，老挝科技创新基础的分值和位次都总体呈上升趋势。这说明老挝科技创新基础的增长速度在研究期内相对较快。2016 年，老挝科技创新环境分值较好，因此科技创新基础分值较高，排名稍好。2000 年，老挝科技创新环境和科技创新人力基础分值较低，因此科技创新基础分值较低，排名靠后。

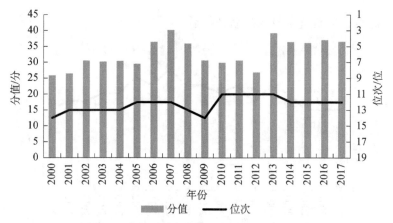

图 9.22　老挝科技创新人力基础的分值和位次

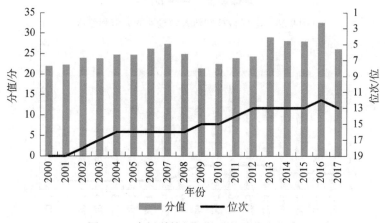

图 9.23　老挝科技创新基础的分值和位次

二、科技创新投入

如图 9.24 所示，研究期内，老挝科技创新人力投入的分值和位次都呈开口向下的抛物线形变化。这说明老挝科技创新人力投入的增长速度在研究期内相对先较快后较慢。2010 年，老挝接受过高等教育人口的劳动参与率较高，因此科技创新人力投入排名靠前。2017 年，老挝百万人口 R&D 科学家数较少，因此科技创新人力投入排名稍差。

如图 9.25 所示，研究期内，老挝科技创新资金投入的分值呈开口向下的抛物线形变化，位次在第 16～18 位波动。这说明老挝科技创新资金投入的增长速度在研究期内相对较慢。2004～2008 年，老挝投入 R&D 的企业占比稍高，因此科技创新资金投入排名稍靠前。2010～2017 年，老挝 R&D 经费占 GDP 比例稍低，因此科技创新资金投入排名稍靠后。

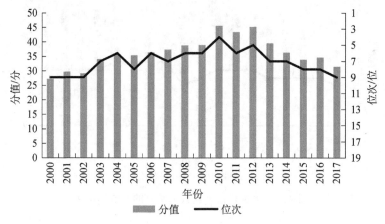

图 9.24　老挝科技创新人力投入的分值和位次

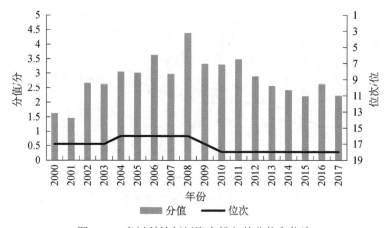

图 9.25　老挝科技创新资金投入的分值和位次

　　如图 9.26 所示，研究期内，老挝科技创新投入的分值和位次大致呈开口向下的抛物线形变化。这说明老挝科技创新投入的增长速度在研究期内相对先较快后较慢。2012 年，老挝科技创新人力投入的位次较高，因此科技创新投入排名靠前。2017 年，老挝科技创新人力投入和科技创新资金投入的位次都较低，因此科技创新投入在 2017 年排名靠后。

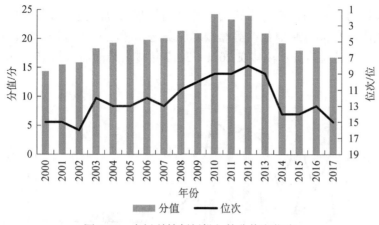

图 9.26　老挝科技创新投入的分值和位次

三、科技知识获取

如图 9.27 所示，研究期内，老挝科技合作的分值和位次呈波动变化，分值在 10~18 分，位次在 10~13 位。这说明老挝科技合作的增长速度在研究期内相对较慢。2017 年，老挝收到的官方发展援助和官方资助净额的分值较高，因此科技合作排名为第 10 位。2001~2002 年，老挝收到的技术合作和转让补助金以及收到的官方发展援助和官方资助净额的分值都较低，因此科技合作排名靠后（第 13 位）。

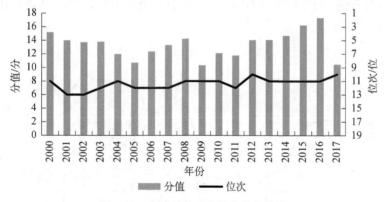

图 9.27　老挝科技合作的分值和位次

如图 9.28 所示，老挝在研究期内技术转移的分值和位次呈下降的发展趋势，其中分值在 0~32 分，位次在第 6~19 位。这说明老挝的技术转移相对于许多其他国家在研究期内增长速度较慢。其中，由于 2007 年的知识产权使用费和信息通信数据等高技术服务进口额占总服务进口额比例的分值较高，因此老挝的技术转移在 2007 年排名比较靠前（第 6 位）。同时，因为 2011~2017 年的知识产权使用费、知识产权出让费、信息通信数据等高技术服务出口额占总服务出口额比例和信息通信数据等高技术服务进口额占总服务进口额比例的分值都较低，所以老挝的技术转移在 2011～2017 年排名最靠后（第 19 位）。

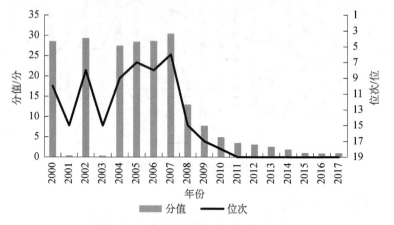

图 9.28　老挝技术转移的分值和位次

如图 9.29 所示，研究期内，老挝外商直接投资的分值和位次大体上呈先减后增的发展趋势，且波动很大，分值在 0～30 分，位次在第 4～19 位。这说明老挝外商直接投资的增长速度在研究期内相对先较慢后较快。2015 年，老挝外商直接投资净流入额和外商直接投资净流入额占 GDP 的比重的分值都较高，因此外商直接投资排名为第 4 位。2005 年，老挝外商直接投资净流入额和外商直接投资净流入额占 GDP 的比重的分值都较低，因此外商直接投资排名最靠后（第 19 位）。

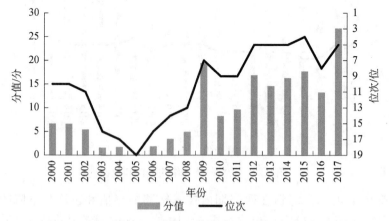

图 9.29　老挝外商直接投资的分值和位次

如图 9.30 所示，研究期内，老挝科技知识获取的分值和位次呈下降趋势，且波动较大，分值在 4～18 分，位次在第 10～18 位。这说明老挝科技知识获取的增长速度在研究期内相对较慢。2007 年，老挝科技合作和技术转移的分值较高，因此科技知识获取排名为第 10 位。2014 年，老挝技术转移的分值较低，因此科技知识获取排名比较靠后（第 18 位）。

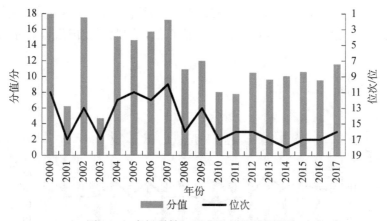

图 9.30　老挝科技知识获取的分值和位次

四、科技创新产出

如图 9.31 所示，研究期内，老挝高新技术产业的分值和位次呈上升趋势，且后期出现较大的升高，分值在 20～45 分，位次在第 8～12 位。这说明老挝高新技术产业的增长速度在研究期内相对处于中游水平的。2014～2017 年，老挝信息通信技术产品出口额占商品出口总额的百分比和高新技术产品出口额占制造业出口额比重的分值较高，因此高新技术产业排名比较靠前（第 8～9 位）。2000～2013 年，老挝每千人（15～64 岁）注册新公司数和高新技术产品出口额的分值较低，因此高新技术产业的排名比较靠后（第 9～12 位）。

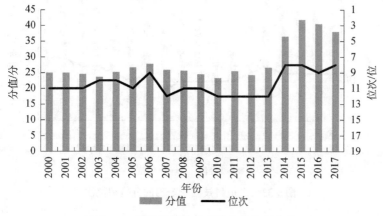

图 9.31　老挝高新技术产业的分值和位次

如图 9.32 所示，研究期内，老挝科技成果的分值和位次波动明显，分值在 15~40 分，位次在第 13~17 位。这说明老挝科技成果的增长速度在研究期内相对较慢。2004 年，老挝商标申请数和非居民工业设计知识产权申请数的分值稍高，因此科技成果排名为第 13 位。2007 年，老挝居民专利申请数、商标申请数和非居民工业设计知识产权申请数的分值较低，因此科技成果排名靠后（第 17 位）。

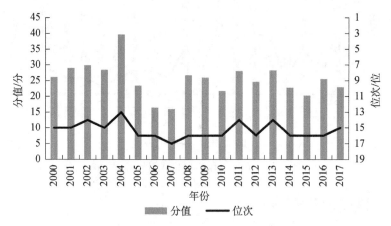

图 9.32 老挝科技成果的分值和位次

如图 9.33 所示，研究期内，老挝科技创新产出的分值和位次呈波动上升趋势，分值在 20~35 分，位次在第 11~15 位。这说明老挝科技创新产出的增长速度在研究期内相对较快。2016~2017 年，老挝高新技术产业的分值较高，因此科技创新产出排名为第 11 位。2010 年，老挝高新技术产业和科技成果的分值较低，因此科技创新产出排名比较靠后（第 15 位）。

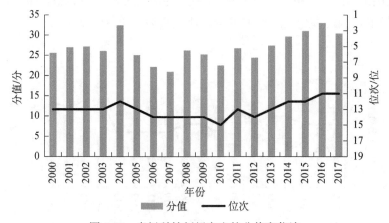

图 9.33 老挝科技创新产出的分值和位次

五、科技创新促进经济社会可持续发展

如图 9.34 所示，研究期内，老挝经济发展的分值处于不断波动的状态，2014 年分值最高（在 37 分左右），2015 年明显下降（不足 15 分）。老挝经济发展的位次波动也较大，2014 年位次最高（达到第 4 位），2015 年位次骤降（仅排在第 15 位）。2015 年，老挝 GDP 年增长率得分、工业（含建筑业）劳均增加值得分和制造业增加值年增长率得分下降明显，且排名相对落后，因此经济发展的分值和位次有大幅度下降。2014 年，老挝劳均 GDP 得分、GDP 年增长率得分、商品和服务出口总额占 GDP 的比重得分、农林渔劳均增加值得分、工业（含建筑业）劳均增加值得分、服务业劳均增加值得分和制造业增加值年增长率得分的排名相对较高，因此经济发展排名第 4 位。

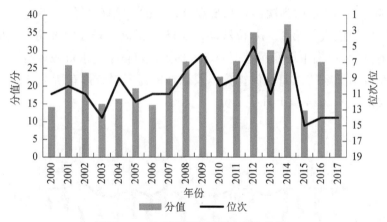

图 9.34　老挝经济发展的分值和位次

如图 9.35 所示，老挝社会生活的分值在 2000～2016 年波动上升，2007 年有明显下降，之后总体呈上升趋势，2017 年超过 25 分。2007 年老挝的社会生活得分最低，仅在 11 分左右。老挝社会生活的位次波动较大，2016 年达到最高（排在第 10 位），2010 年最低（仅在第 18 位）。2010 年，老挝的 GINI 系数得分、互联网使用比例得分、贫困率得分和千人病床数得分相对较低，因此社会生活得分也较低，位次也是历年来最低。2017 年，老挝的 GINI 系数得分、预期寿命得分和互联网使用比例得分较 2016 年有显著提升，因此社会生活得分较 2016 年有所上升，达到研究期内的最高分。

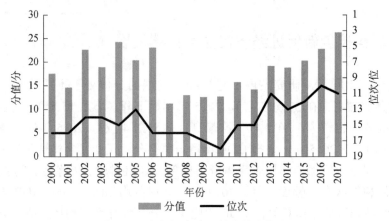

图 9.35　老挝社会生活的分值和位次

　　如图 9.36 所示，研究期内，老挝环境保护的分值总体呈上升的趋势，分别在 2015 年和 2017 年达到次高分和最高分，2000 年得分最低（不足 35 分）。老挝的环境保护位次在第 8～10 位波动，2015 年最高（排在第 8 位）。2015 年，老挝 $PM_{2.5}$ 空气污染年均暴露量得分、人均国内可再生淡水资源量得分、使用清洁能源和技术烹饪的人口比例得分以及森林覆盖率得分都有所上升，因此环境保护位次相较于 2014 年上升了 2 位。

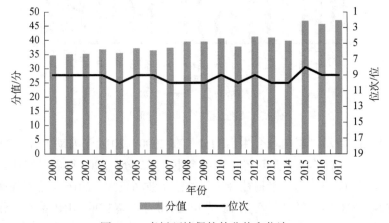

图 9.36　老挝环境保护的分值和位次

　　如图 9.37 所示，研究期内，老挝科技创新促进经济社会可持续发展的分值总体呈波动上升趋势，其中 2017 年得分最高（达到了 33 分左右），2000 年得分最低。科技创新促进经济社会可持续发展的位次在第 9～13 位波动。2016 年，老挝经济发展排名第 14 位，社会生活排名第 10 位，环境保护排名第 9 位，总体的科技创新促进经济社会可持续发展排名第 9 位。

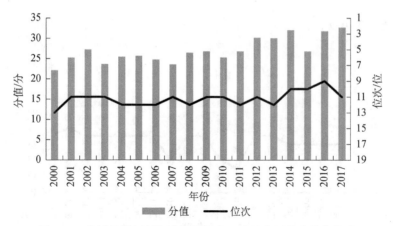

图 9.37　老挝科技创新促进经济社会可持续发展的分值和位次

六、科技创新综合能力

如图 9.38 所示，研究期内，老挝的科技创新综合投入得分始终不高，2007 年得分最高（超过 20 分），2001 年得分最低。老挝科技创新综合投入排名波动较大，2017 年排在第 19 位。2017 年，老挝科技创新基础排名第 13 位，科技创新投入排名第 15 位，科技知识获取排名第 16 位，总体的科技创新综合投入排第 19 位。

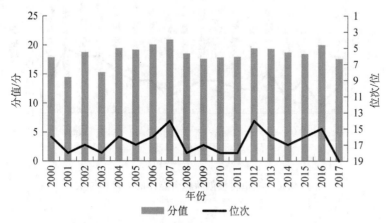

图 9.38　老挝科技创新综合投入的分值和位次

如图 9.39 所示，研究期内，老挝的科技创新综合产出的分值不高，2016 年的分值最高（超过 30 分），2007 年最低（仅有 22 分左右）。科技创新综合产出排名在 2005~2011 年波动较大，最低仅排在第 16 位，在 2011~2015 年稳定在第 12 位。2016 年，老挝科技创新产出排在第 11 位，科技创新促进经济社会可持续发展排在第 9 位。

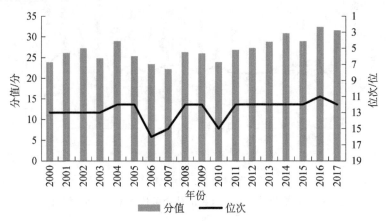

图 9.39　老挝科技创新综合产出的分值和位次

如图 9.40 所示，研究期内，老挝的科技创新综合能力的分值呈波动上升趋势，2016 年分值最高，2003 年分值最低（在 19 分左右）。科技创新综合能力排名总体也呈上升趋势，2001 年排在第 18 位，2016 年上升到第 11 位。老挝的科技创新投入产出比在 1.4 左右，科技创新投入产出效率相对较高。

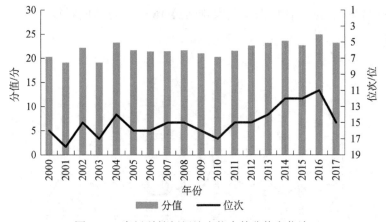

图 9.40　老挝科技创新综合能力的分值和位次

第三节　缅甸科技创新能力研究

缅甸是中南半岛的重要国家，西南临安达曼海，西北与印度和孟加拉国为邻，东北靠中国，东南接泰国与老挝；总人口为 5337 万人（2017 年底）。缅甸是当今世界最不发达国家之一，国民整体受教育水平低，技能型、高素质人才缺乏，丰富的资源、劳动力未能转化成科技创新发展动力和经济发展能力。近年来，缅甸科技孵化器开始活跃，尤其是 2019 年 1 月，缅甸政府召开了数字经济发展委员会会议，讨论了缅甸发展数字经济的路线图、网络安全、数字技术教育培训、国际电子商务、电子支付、互联网连接以及发展数字经济部门等议题，将提升科技创新能力提上议事日程。

一、科技创新基础

如图 9.41 所示，研究期内，缅甸科技创新环境的分值在 15～25 分波动，位次除了在 2010～2011 年跳动到第 14 位，其余年份在第 16～18 位波动。这说明缅甸科技创新环境的增长速度在研究期内相对平缓。2010～2011 年，缅甸商品和服务税占工业和服务业增加值的百分比较低，营商管制环境评级分值较高，制造业适用加权平均关税税率较低，因此科技创新环境排名稍好。2000～2003 年，缅甸公权力透明度清廉度评级分值较低，贿赂发生率较高，因此科技创新环境排名靠后。

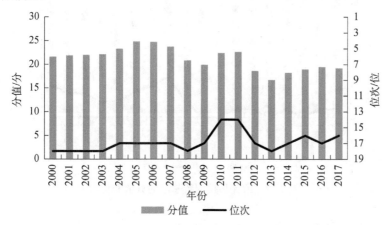

图 9.41　缅甸科技创新环境的分值和位次

如图 9.42 所示，研究期内，缅甸科技创新人力基础的分值大体呈 W 形变化，其位次在第 13～17 位波动。这说明缅甸科技创新人力基础的增长速度在研究期内相对平缓。2010 年，缅甸成年人识字率较高，因此科技创新人力基础排名稍好。2014 年，缅甸教育支出占 GDP 比例较低，因此科技创新人力基础排名靠后。

如图 9.43 所示，研究期内，缅甸的科技创新基础分值呈下降趋势，位次则是先上升再下降后又上升。这说明科技创新基础的增长速度在研究期内先较快再较慢后又较快。2010 年，缅甸科技创新环境和科技创新人力基础分值及位次较好，因此科技创新基础排名稍好。2008 年，缅甸科技创新环境和科技创新人力基础分值及位次较低，因此科技创新基础分值较低，排名靠后。

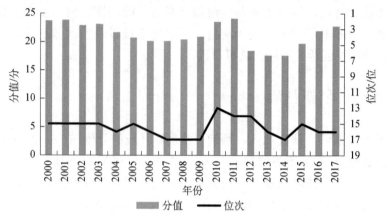

图 9.42　缅甸科技创新人力基础的分值和位次

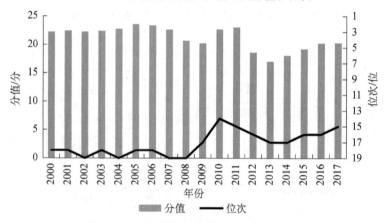

图 9.43　缅甸科技创新基础的分值和位次

二、科技创新投入

如图 9.44 所示，研究期内，缅甸科技创新人力投入的分值在 33～39 分波动，位次在第 5～8 位波动。这说明缅甸科技创新人力投入的增长速度在研究期内相对处于中游偏上水平。2004 年，缅甸接受过高等教育人口的劳动参与率较高，因此科技创新人力投入排名靠前。2008～2014 年，缅甸百万人口 R&D 科学家数较少，因此科技创新人力投入排名稍后。

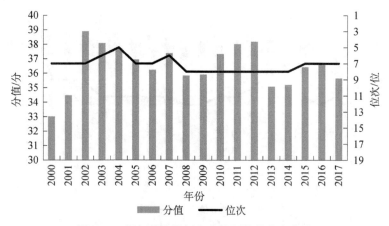

图 9.44　缅甸科技创新人力投入的分值和位次

如图 9.45 所示，研究期内，缅甸科技创新资金投入的分值呈上升趋势，位次在第 15～17 位波动。这说明科技创新资金投入的增长速度在研究期内相对平缓。2002～2008 年，缅甸 R&D 经费占 GDP 比例较高，因此科技创新资金投入排名稍靠前。2011～2017 年，缅甸投入 R&D 的企业占比稍低，因此科技创新资金投入排名稍靠后。

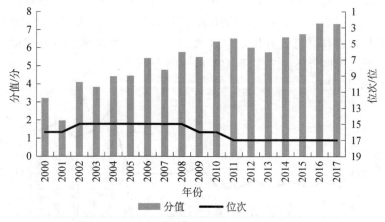

图 9.45　缅甸科技创新资金投入的分值和位次

如图 9.46 所示，研究期内，缅甸科技创新投入的分值在 15～25 分波动，位次大体呈 N 形变化。这说明缅甸科技创新投入的增长速度在研究期内先较快再较慢后较快。2004 年，缅甸科技创新人力投入和科技创新资金投入的位次较高，因此科技创新投入排名靠前。2008～2009 年，缅甸科技创新人力投入的位次较低，因此科技创新投入排名靠后。

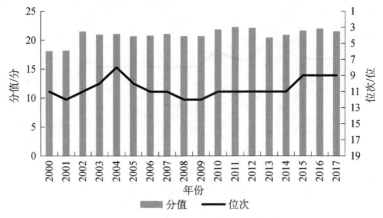

图 9.46 缅甸科技创新投入的分值和位次

三、科技知识获取

如图 9.47 所示，研究期内，缅甸科技合作的分值和位次呈上升趋势，且波动较大，分值在 5～60 分，位次在第 4～15 位。这说明缅甸科技合作的增长速度在研究期内相对先平缓后较快。2013 年，缅甸收到的官方发展援助和官方资助净额的分值较高，因此科技合作排名比较靠前（第 4 位）。2000～2007 年，缅甸收到的技术合作和转让补助金以及收到的官方发展援助和官方资助净额的分值较低，因此科技合作排名靠后（第 14～15 位）。

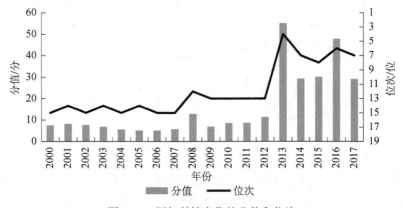

图 9.47 缅甸科技合作的分值和位次

如图 9.48 所示，研究期内，缅甸技术转移的分值和位次大致呈 W 形变化，波动较大，分值在 0～40 分，位次在第 5～14 位。这说明缅甸技术转移的增长速度在研究期内时慢时快。2013 年，缅甸知识产权出让费和信息通信数据等高技术服务进口额占总服务进口额比例的分值较高，因此技术转移排名比较靠前

（第 5 位）。2011 年，缅甸信息通信数据等高技术服务出口额占总服务出口额比例和信息通信数据等高技术服务进口额占总服务进口额比例的分值较低，因此技术转移排名靠后（第 14 位）。

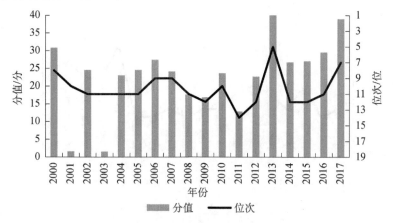

图 9.48　缅甸技术转移的分值和位次

如图 9.49 所示，研究期内，缅甸在研究期内外商直接投资的分值和位次大致呈 N 形变化，且后期的波动较大，分值在 0～30 分，位次在第 5～11 位。这说明缅甸外商直接投资的增长速度在研究期内相对处于中游水平。2001～2005 年，缅甸外商直接投资净流入额占 GDP 的比重的分值较高，因此外商直接投资排名比较靠前（第 5 位）。2010 年，缅甸外商直接投资净流入额和外商直接投资净流入额占 GDP 的比重的分值较低，因此外商直接投资排名靠后（第 11 位）。

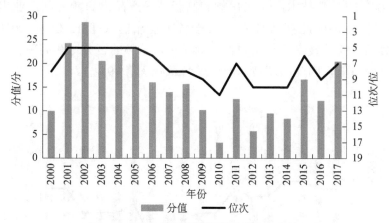

图 9.49　缅甸外商直接投资的分值和位次

如图 9.50 所示，研究期内，缅甸科技知识获取的分值和位次大体呈先下降后上升的趋势，且整体的波动较大，分值在 5～40 分，位次在第 5～14 位。这说明缅甸科技知识获取的增长速度在研究期内相对先较慢后较快。2013 年，缅甸科技合作和技术转移的分值较高，因此科技知识获取排名比较靠前（第5位）。2011~2012年，缅甸科技合作、技术转移和外商直接投资的分值较低，因此科技知识获取排名靠后（第14位）。

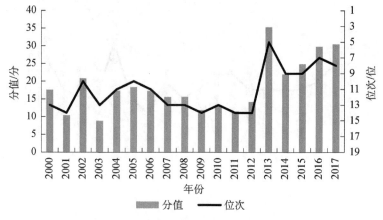

图9.50　缅甸科技知识获取的分值和位次

四、科技创新产出

如图9.51所示，研究期内，缅甸高新技术产业的分值和位次大体呈先下降后上升的趋势，且整体的波动较大，分值在8~25分，位次在第12~19位。这说明缅甸高新技术产业的增长速率在研究期内相对先慢后快。2002~2003年缅甸的高新技术产品出口额和高新技术产品出口额占制造业出口额比重的分值稍高，因此高新技术产业排名比较靠前（第12位）。2010~2011年，缅甸信息通信技术产品出口额占商品出口总额的百分比和高新技术产品出口额的分值较低，因此高新技术产业排名靠后（第19位）。

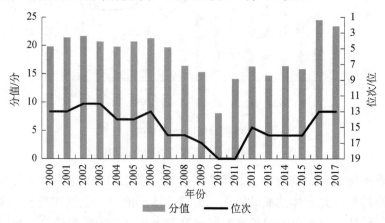

图9.51　缅甸高新技术产业的分值和位次

　　如图 9.52 所示，研究期内，缅甸科技成果的分值和位次呈前期平缓后期波动较大的趋势，分值在 20～45 分，位次在第 12～15 位。这说明缅甸科技成果的增长速率在研究期内相对处于中等偏下的水平。2015 年，缅甸商标申请数、居民专利申请数和非居民工业设计知识产权申请数的分值都较低，因此科技成果排名靠后（第 15 位）。2000～2017 年，缅甸科技杂志论文数、商标申请数、居民专利申请数和非居民工业设计知识产权申请数的分值都比较靠后，因此科技成果排名比较靠后（第 12～15 位）。

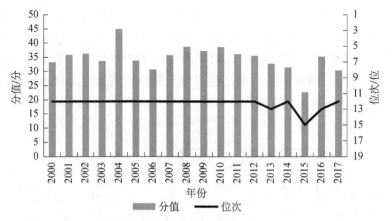

图 9.52　缅甸科技成果的分值和位次

　　如图 9.53 所示，缅甸在研究后期科技创新产出的分值和位次波动明显，略呈下降趋势，分值在 19～33 分，位次在第 12～16 位。这说明缅甸科技创新产出的增长速度在研究期内相对较慢。2015 年，缅甸高新产业和科技成果的分值都较低，因此科技创新产出排名靠后（第 16 位）。2000～2017 年，缅甸高新产业和科技成果的分值都比较靠后，因此科技创新产出排名比较靠后（第 12～16 位）。

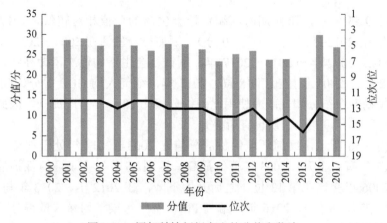

图 9.53　缅甸科技创新产出的分值和位次

五、科技创新促进经济社会可持续发展

如图 9.54 所示，研究期内，缅甸经济发展的分值总体不高，且有个别年份存在明显的下降。2015 年分值最低（只有 13.37 分），2014 年分值最高（达到 35 分）。缅甸经济发展的位次在 2007～2017 年波动较大，2009 年达到最高（排在第 3 位），2011 年与 2015 年为最低（排在第 14 位）。2015 年，缅甸劳均 GDP 得分、GDP 年增长率得分、工业（含建筑业）劳均增加值得分和制造业增加值年增长率得分都有明显降低，因此经济发展位次相对落后。2009 年，缅甸劳均 GDP 得分、GDP 年增长率得分、农林渔劳均增加值得分、工业（含建筑业）劳均增加值得分、服务业劳均增加值得分和制造业增加值年增长率得分都有所上升，因此经济发展位次靠前。

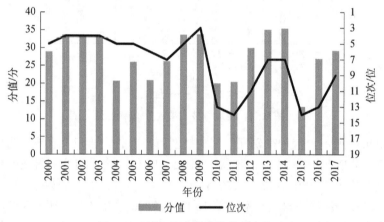

图 9.54 缅甸经济发展的分值和位次

如图 9.55 所示，研究期内，缅甸社会生活的分值相对较低，2017 年最高（约 20 分），2013 年最低（不足 10 分）。缅甸社会生活在 2004～2013 年一直排在第 19 位。2002 年和 2015～2017 年，缅甸社会生活的位次稍微高些，排在第 17 位，2000～2001 年排在第 18 位。2015 年，缅甸人均 GDP 得分、GINI 系数得分、预期寿命得分和互联网使用比例得分相比 2014 年有所提升，因此社会生活得分有所上升，相应位次也有所提升。

如图 9.56 所示，缅甸环境保护的分值在 2003～2014 年处于波动下降的状态，2015 年有所上升；2003 年分值最高，达到 25 分以上。环境保护的位次在 2000～2006 年稳定在第 13 位，之后开始下降，在 2012 年、2013 年与 2016 年最低（排在第 18 位）。2016 年，缅甸 $PM_{2.5}$ 空气污染年均暴露量得分、农村人口用电比例得分、使用清洁能源和技术烹饪的人口比例得分下降，尤其是农村

人口用电比例得分下降幅度较大，因此环境保护的位次比 2015 年降低 1 位。2006 年，缅甸农村人口用电比例得分、使用清洁能源和技术烹饪的人口比例得分以及森林覆盖率得分较高，因此环境保护排名比 2007 年高。

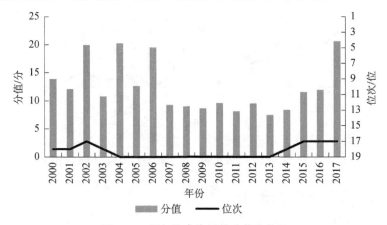

图 9.55　缅甸社会生活的分值和位次

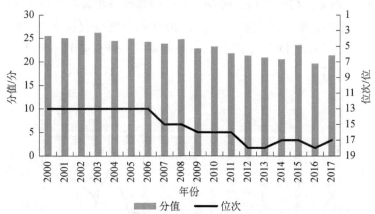

图 9.56　缅甸环境保护的分值和位次

如图 9.57 所示，研究期内，缅甸科技创新促进经济社会可持续发展的分值普遍较低，未超过 30 分。其中，2002 年得分最高（在 26 分左右），2015 年得分最低（只有 16 分左右）。缅甸科技创新促进经济社会可持续发展的位次总体呈下降趋势，最高排在第 12 位，2011 年最低，仅排在第 19 位。2011 年，缅甸经济发展排在第 14 位，社会生活排在第 19 位，环境保护排在第 16 位。

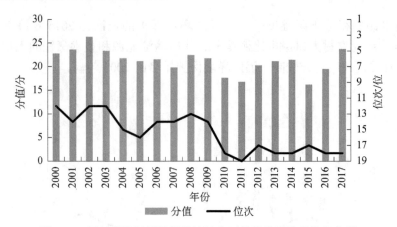

图 9.57　缅甸科技创新促进经济社会可持续发展的分值和位次

六、科技创新综合能力

如图 9.58 所示，研究期内，缅甸的科技创新综合投入的分值在 15～25 分波动，2013 年位次最高（排在第 10 位），2009 年最低（仅排在第 18 位），2013年，缅甸科技创新基础排在第 17 位，科技创新投入排在第 11 位，科技知识获取排在第 5 位。

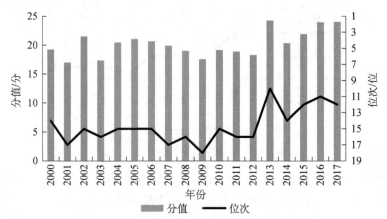

图 9.58　缅甸科技创新综合投入的分值和位次

如图 9.59 所示，研究期内，缅甸的科技创新综合产出的分值在 2002 年最高（达到 27 分左右），2015 年最低（仅有 18 分左右）。缅甸的科技创新综合产出排名总体呈下降趋势，2000～2003 年稳定在第 12 位，2010 年和 2015 年仅排在第19 位，2017 年有所上升，排名第 16 位。2002 年，缅甸科技创新产出排在第 12位，科技创新促进经济社会可持续发展排在第 12 位。

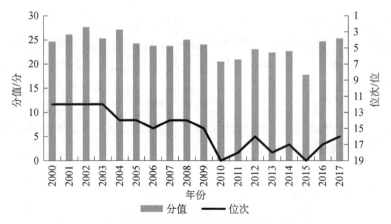

图 9.59　缅甸科技创新综合产出的分值和位次

如图 9.60 所示，研究期内，缅甸的科技创新综合能力的分值在 20 分左右，2017 年得分最高，2010 年得分最低。缅甸的科技创新综合能力排名在第 12～18 位波动，2017 年排在第 12 位。缅甸的科技创新投入产出比在 1.1 左右，个别年份低于 1，投入产出效率较低。

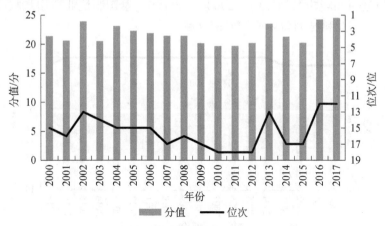

图 9.60　缅甸科技创新综合能力的分值和位次

第四节　泰国科技创新能力研究

泰国西边与北边和缅甸、安达曼海接壤，东北边是老挝，东南边是柬埔寨，南边狭长的半岛与马来西亚相连。总人口为 6903 万人（2017 年底）。

2016 年，泰国制订了高附加值经济模式的"泰国 4.0"计划，"泰国 4.0"全国发展计划是泰国迈向"价值导向和创新驱动型经济"的 20 年路线图，推动制造业沿价值链向上发展，同时借助科技及创新，促进国家经济从依赖于制造他人设计的现有产品转变为由创新、研发主导的产品。

着眼于未来数字经济、提供金融服务的亚洲生态通证（Asia Ecology Token，AET）成为"泰国4.0"计划实现的新力量之一。2021年末，《AET白皮书：AET生态最基础的社区共识》正式发布，AET生态将构建数字资产交易所业务、数字货币银行业务、区块链投资与孵化、全球区块链教育与咨询四大生态业务，其使命是建立一整套基于通证经济理念的全球金融基础设施，有力助推泰国科技创新能力。

一、科技创新基础

如图9.61所示，研究期内，泰国科技创新环境的分值呈先上升后下降的趋势，位次在第2~3位波动。这说明泰国科技创新环境的增长速度在研究期内相对较快，一直都领先于大部分国家。2004~2016年，泰国产权制度和法治水平评级分值较高、电力接通需要天数较少、公权力透明度清廉度评级分值较高、贿赂发生率较低、市场交易环境评级分值较高、营商管制环境评级分值较高，因此科技创新环境排名稍靠前。2000~2003年，泰国制造业适用加权平均关税税率较高，因此科技创新环境排名稍靠后。

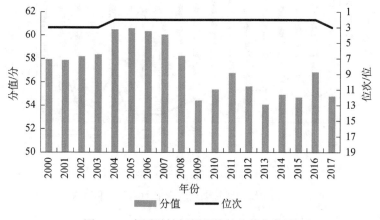

图9.61　泰国科技创新环境的分值和位次

如图9.62所示，研究期内，泰国科技创新人力基础的分值在50~80分，科技创新人力基础的位次大体上呈下降趋势。这说明泰国科技创新人力基础的增长速度在研究期内相对较慢。2005~2008年，泰国成年人识字率较高，因此科技创新人力基础排名靠前。2013~2014年，泰国高等教育毛入学率较低，教育支出占GDP比例较低，因此科技创新人力基础排名稍低。

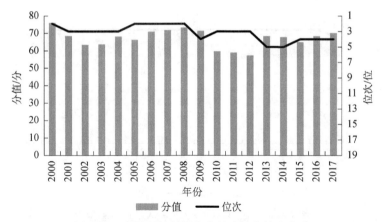

图 9.62　泰国科技创新人力基础的分值和位次

如图 9.63 所示，泰国科技创新基础的分值在研究期内大体呈 W 形变化，位次在第 2～3 位。这说明泰国科技创新基础的增长速度在研究期内相对较快。2000～2012 年，泰国科技创新环境和科技创新人力基础位次稍好，因此泰国的科技创新基础比 2013～2017 年稍靠前一位。

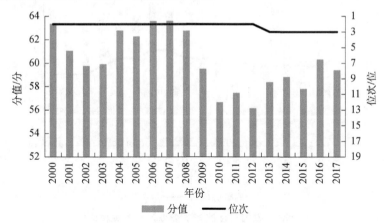

图 9.63　泰国科技创新基础的分值和位次

二、科技创新投入

如图 9.64 所示，研究期内，泰国科技创新人力投入的分值在 43～55 分波动，位次除 2000 年居第 4 位外，其余年份稳居第 3 位。这说明泰国科技创新人力投入的增长速度在研究期内相对平缓，但一直处于靠前的位置。2001～2017 年，泰国接受过高等教育人口的劳动参与率较高，因此科技创新人力投入排名稍靠前一位。2000 年，泰国百万人口 R&D 科学家数较少，因此科技创新人力投入在 2000 年排名稍靠后一位。

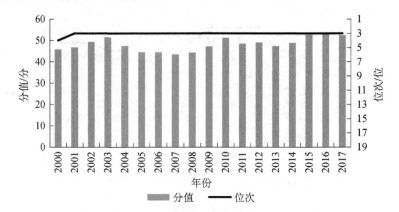

图 9.64　泰国科技创新人力投入的分值和位次

如图 9.65 所示，研究期内，泰国科技创新资金投入的分值在 20～25 分波动，位次在第 7～10 位波动。这说明泰国科技创新资金投入的增长速度在研究期内相对较快。2011 年，泰国科技创新资金投入的分值最高（为 29 分）。2017 年，泰国投入 R&D 的企业占比稍低，因此科技创新资金投入排名稍靠后。

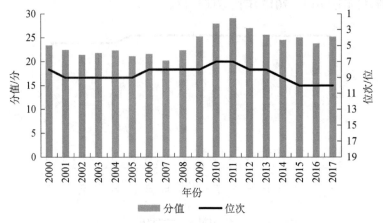

图 9.65　泰国科技创新资金投入的分值和位次

如图 9.66 所示，研究期内，泰国科技创新投入的分值在 30～40 分，位次在第 3～4 位波动。这说明泰国科技创新投入的增长速度在研究期内较快。2015 年，泰国科技创新人力投入及科技创新资金投入分值较高，因此科技创新投入排名上升前一位。2016 年，泰国科技创新资金投入的分值比 2015 年低，因此科技创新投入在 2016 年排名稍靠后一位。

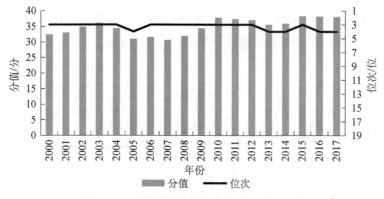

图 9.66　泰国科技创新投入的分值和位次

三、科技知识获取

如图 9.67 所示，研究期内，泰国科技合作的分值和位次呈下降趋势，且波动明显，分值在 5～35 分，位次在第 7～14 位。这说明了泰国科技合作的增长速度在研究期内相对较慢。2000～2003 年，泰国收到的技术合作和转让补助金以及收到的官方发展援助和官方资助净额的分值较高，因此科技合作排名比较靠前（第 7～9 位）。2004～2017 年，泰国收到的官方发展援助和官方资助净额的分值较低，因此科技合作排名靠后（第 10～14 位）。

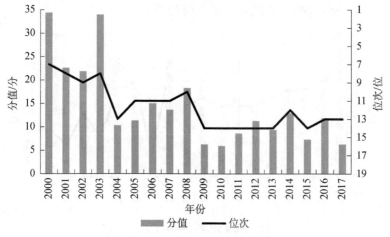

图 9.67　泰国科技合作的分值和位次

如图 9.68 所示，研究期内，泰国技术转移的分值和位次波动较大，分值在 5～30 分，位次在第 6～15 位。这说明泰国技术转移的增长速度在研究期内处于中游水平。2003 年，泰国知识产权使用费和知识产权出让费的分值稍高，因此技术转移排名比较靠前（第 6 位）。2005 年，泰国信息通信数据等高技术服务出口额占总服务出口额比例和信息通信数据等高技术服务进口额占总服务进口额比例的分值较低,因此技术转移排名靠后(第15位)。

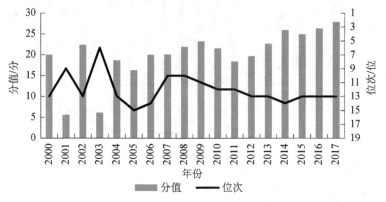

图 9.68　泰国技术转移的分值和位次

如图 9.69 所示,研究期内,泰国外商直接投资的分值和位次呈大幅下降趋势,且波动较大,分值在 0～13 分,位次在第 5～16 位。这说明泰国外商直接投资的增长速度在研究期内相对较慢。2000 年,泰国外商直接投资净流入额和外商直接投资净流入额占 GDP 的比重的分值稍高,因此外商直接投资排名比较靠前(第 5 位)。2011 年的外商直接投资净流入额和外商直接投资净流入额占 GDP 的比重的分值较低,因此外商直接投资排名靠后(第 16 位)。综上所述,泰国外商直接投资竞争力呈下降趋势。

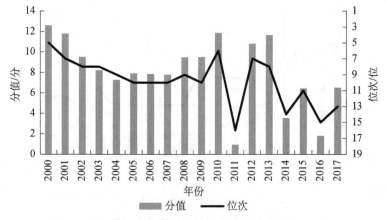

图 9.69　泰国外商直接投资的分值和位次

如图 9.70 所示,研究期内,泰国科技知识获取的分值和位次呈下降趋势,且波动较大,分值在 10～23 分,位次在第 8～16 位。这说明泰国科技知识获取的增长速度在研究期内相对较慢。2000 年和 2003 年,泰国科技合作和外商直接投资的分值稍高，因此科技知识获取排名比较靠前（第 8 位）。2005 年，泰国科技合作和技术转移的分值较低，因此科技知识获取排名靠后（第 16 位）。综上所述，泰国科技知识获取竞争力呈下降趋势。

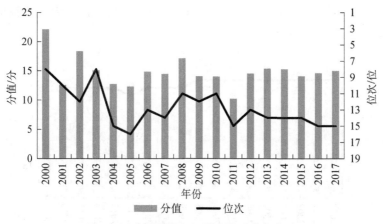

图 9.70 泰国科技知识获取的分值和位次

四、科技创新产出

如图 9.71 所示，研究期内，泰国高新技术产业的分值和位次都稳定在较高的水平，分值在 40～54 分，位次在第 3～6 位。这说明了泰国高新技术产业的增长速度在研究期内相对较快。研究期内，泰国每千人（15～64 岁）注册新公司数、信息通信技术产品出口额占商品出口总额的百分比、高新技术产品出口额和高新技术产品出口额占制造业出口额比重的分值均较高，因此高新技术产业排名比较靠前（第 3～6 位）。

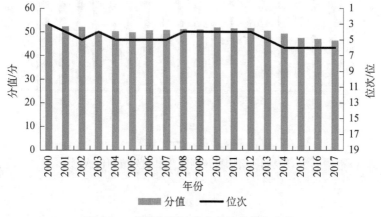

图 9.71 泰国高新技术产业的分值和位次

如图 9.72 所示，研究期内，泰国科技成果的分值和位次都稳定在较高的水平，分值在 60～80 分，位次在第 4～6 位。这说明泰国科技成果的增长速度在研究期内相对较快。研究期内，泰国科技杂志论文数、商标申请数、居民专利申请数和非居民工业设计知识产权申请数的分值均较高，因此科技成果的排名比较靠前（第 4～6 位）。

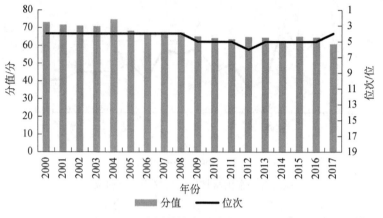

图 9.72　泰国科技成果的分值和位次

如图 9.73 所示，研究期内，泰国科技创新产出的分值和位次都稳定在较高的稳定水平，分值在 50～70 分，位次在第 4～6 位。这说明泰国科技创新产出的增长速度在研究期内相对较快。研究期内，泰国高新技术产业和科技成果的分值相对处于较高水平，因此科技创新产出的排名比较靠前（第 4～6 位）。

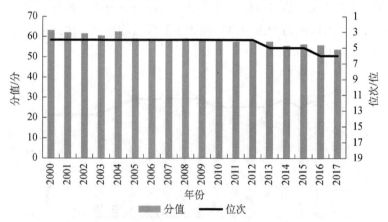

图 9.73　泰国科技创新产出的分值和位次

五、科技创新促进经济社会可持续发展

如图 9.74 所示，研究期内，泰国经济发展的分值不算很高，且波动较大，2012 年得分较高（超过 35 分），2011 年得分最低（不足 10 分）。泰国经济发展的位次变化也较大，2011 年排在第 19 位，2012 年排在第 4 位。2011 年，泰国劳均 GDP 得分、GDP 年增长率得分、商品和服务出口总额占 GDP 的比重得分、农林渔劳均增加值得分、工业（含建筑业）劳均增加值得分、服务业劳均增加值得分和制造业增加值年增长率得分的排名都比较靠后，因此经济发展位次在该年最靠后。2012 年，泰国劳均 GDP 得分、GDP 年增长率得分、商品和服务出口总额占 GDP 的比重得分有所提高，尤其是 GDP 年增长率得分提高较多，因此经济发展位次有大幅度提升。

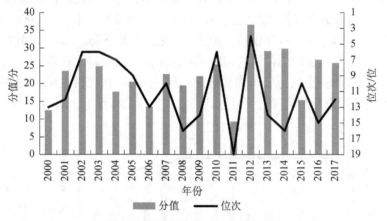

图 9.74　泰国经济发展的分值和位次

如图 9.75 所示，研究期内，泰国社会生活的分值相对较高，2017 年达到最高（为 40.55 分），2007 年得分最低（仅在 25 分左右），2008 年之后有所增长。泰国社会生活的位次在 2006~2010 年波动较大，2008 年和 2009 年最低（仅在第 9 位）。2008 年，泰国的 GINI 系数得分、预期寿命得分、互联网使用比例得分和贫困率得分相对较低，虽然社会生活的分值较 2007 年高一点，但是位次相较于 2006 年还是下降了一位。2017 年，泰国 GINI 系数得分、预期寿命得分、互联网使用比例得分、贫困率得分和千人病床数的得分较高，因此社会生活的分值在研究期内最高，位次也相应最高。

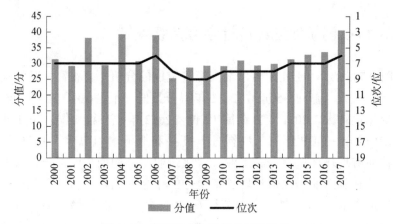

图 9.75　泰国社会生活的分值和位次

如图 9.76 所示，研究期内，泰国环境保护的分值总体较高，并总体呈上升趋势，2017 年得分最高（在 50 分左右），2001 年得分最低（不足 45 分）。泰国环境保护的位次在 2000～2009 年保持在第 5 位，之后开始下降，2012～2017 年稳定在第 7 位。2012 年，泰国的使用清洁能源和技术烹饪的人口比例得分以及森林覆盖率得分下降，PM$_{2.5}$ 空气污染年均暴露量得分、人均国内可再生淡水资源量得分和农村人口用电比例得分略微升高，因此环境保护排名相较于 2011 年下降了一位。

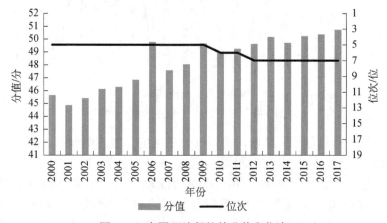

图 9.76　泰国环境保护的分值和位次

如图 9.77 所示，泰国科技创新促进经济社会可持续发展的分值在 2000 年最低（只有 30 分左右），2017 年得分最高（接近 40 分）。泰国科技创新促进经济社会可持续发展的位次相对较高，2000 年、2002 年和 2004 年的位次最高（排在第 4 位），2011 年的位次最低（仅排在第 9 位），2011 年，泰国的经济发展排在第 19 位，社会生活排在第 8 位，环境保护排在第 6 位。

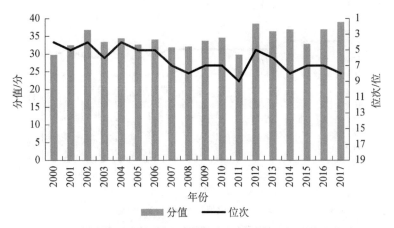

图 9.77　泰国科技创新促进经济社会可持续发展的分值和位次

六、科技创新综合能力

如图 9.78 所示，研究期内，泰国科技创新综合投入的分值在 2000 年最高，之后开始下降，2011 年最低，之后开始上升。泰国科技创新综合投入的排名始终在前 6 位，大部分年份排在第 3 位，2012 年，泰国的科技创新基础排在第 2 位，科技创新投入排在第 3 位，科技知识获取排在第 13 位。

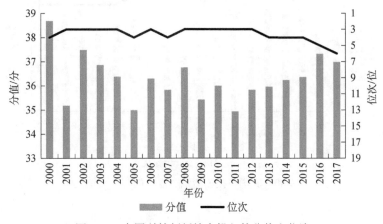

图 9.78　泰国科技创新综合投入的分值和位次

如图 9.79 所示，研究期内，泰国科技创新综合产出的分值总体处于波动状态，2002 年得分最高（达到 49 分），2011 年得分最低（接近 44 分）。泰国的科技创新综合产出位次在第 4～6 位波动。2017 年，泰国的科技创新产出排在第 6 位，科技创新促进经济社会可持续发展排在第 8 位。

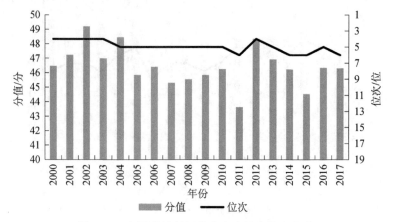

图 9.79　泰国科技创新综合产出的分值和位次

如图 9.80 所示，研究期内，泰国科技创新综合能力的分值在 2002 年最高（达到 42 分），在 2011 年最低（为 38 分左右）。泰国科技创新综合能力的排名在大部分年份排第 4 位，2013～2017 年排第 5 位。泰国的科技创新综合投入产出比基本都在 1.2 左右，只有 2015 年在 1 以下，泰国科技创新投入产出效率相对较理想。

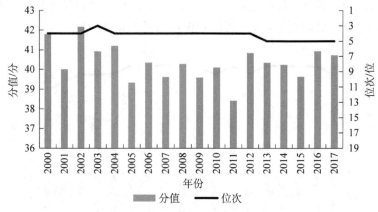

图 9.80　泰国科技创新综合能力的分值和位次

第五节　越南科技创新能力研究

越南位于中南半岛东部，人口为 9554 万人（2017 年底）。21 世纪以来，越南政府认识到该国的科技水平竞争力不足，明确指出自身科技发展的局限性和不足之处，同时认识到科技与创新是促进国家快速、可持续发展的基础，是社会经济发展模式的直接生产力和主要动力，并提出了如下发展方向：一是以企业为国家创新系统的中心，按市场方向和国际惯例完善创新体系，促进科技发展；二是注重发展高水平应用型科技以及其他跨自然科学与其他领域的科技，使科技成为第一生产力；提出信息通信技术、生物技术、新材料技术、机械制造与自动化等领域为重点优先发展领域；三是出台具体有效的办法，以加强科研机构、高校与企业的联系，重点是提高企业接收、主动探求和逐步参与新技术创造的能力；四是结合建立国家科技数据库，着力发展科技市场，大力发展中介服务机构、技术评估与技术转移行业，开发集技术、专家以及新科技产品供需对接于一体的国家科技数据系统；五是科技人才使用和重用政策改革，主要针对学科带头人、国家重点项目主持人和青年科学家；加强科技国际融入与合作，扩大与战略伙伴和发达国家科技合作与共同研究，吸引海外越南科学家，发展越南人才对接网络，助力国家科技创新能力快速提升。

一、科技创新基础

如图 9.81 所示，研究期内，越南科技创新环境的分值和位次呈波动上升趋势。这说明越南科技创新环境的增长速度在研究期内相对较快。2015 年，越南产权制度和法治水平评级分值较高，电力接通需要天数较少，因此科技创新环境排名靠前（第 8 名）。2007 年，越南商品和服务税占工业和服务业增加值的百分比较高，制造业适用加权平均关税税率较高，因此科技创新环境排名最靠后。

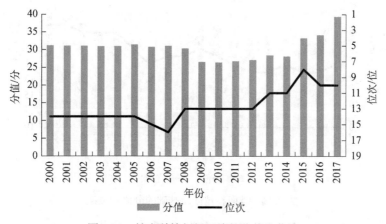

图 9.81　越南科技创新环境的分值和位次

如图 9.82 所示，研究期内，越南科技创新人力基础的分值和位次大致都呈 N 形变化。这说明越南科技创新人力基础的增长速度在研究期内相对先较快再较慢后较快。2014～2017 年，越南成年人识字率较高，教育支出占 GDP 比例较高，因此科技创新人力基础排名靠前。2001 年，越南高等教育毛入学率较低，因此科技创新人力基础排名稍低。

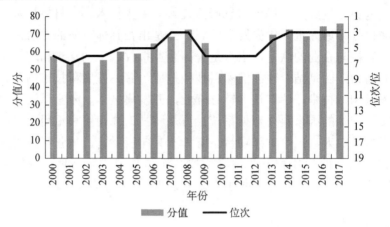

图 9.82　越南科技创新人力基础的分值和位次

如图 9.83 所示，研究期内，越南科技创新基础的分值和位次大致都呈 N 形变化。这说明越南科技创新基础的增长速度在研究期内相对先快后较慢再较快。2017 年，越南科技创新环境和科技创新人力基础分值和位次较好，因此，越南科技创新基础分值较高，排名靠前。2001 年，越南科技创新人力基础分值和位次较低，因此科技创新基础分值较低，排名靠后。

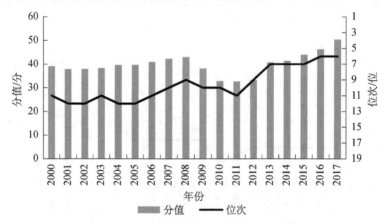

图 9.83　越南科技创新基础的分值和位次

二、科技创新投入

如图 9.84 所示，研究期内，越南科技创新人力投入的分值大致呈倒 U 形变化，位次在第 4～6 位。这说明越南科技创新人力投入的增长速度在研究期内相对较快。2015 年，越南投入 R&D 的企业占比较高，因此科技创新人力投入排名靠前。2010 年，越南 R&D 经费占 GDP 比例较低，因此科技创新人力投入排名稍低。

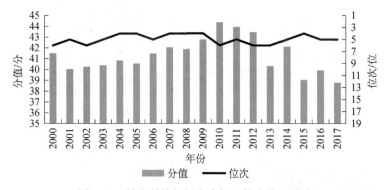

图 9.84　越南科技创新人力投入的分值和位次

如图 9.85 所示，研究期内，越南科技创新资金投入的分值和位次总体呈上升趋势。这说明越南科技创新资金投入的增长速度在研究期内相对较快。2016 年，越南投入 R&D 的企业占比较高，因此科技创新资金投入分值较高，排名靠前。2008～2012 年，越南 R&D 经费占 GDP 比例较低，因此科技创新资金投入分值较低，排名靠后。

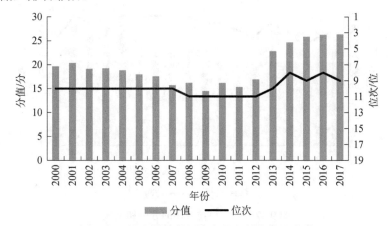

图 9.85　越南科技创新资金投入的分值和位次

如图 9.86 所示，研究期内，越南科技创新投入的分值总体呈上升趋势，位次在第 4～7 位波动。这说明越南科技创新投入的增长速度在研究期内相对较快。2001 年，越南科技创新人力投入分值较高，科技创新资金投入的位次较靠前，因此科技创新投入排名稍靠前。2011 年，越南科技创新资金投入的位次较靠后，因此科技创新投入排名稍靠后。

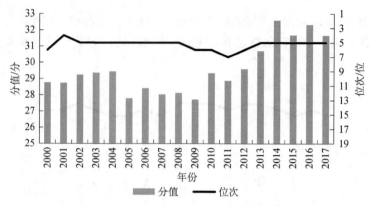

图 9.86 越南科技创新投入的分值和位次

三、科技知识获取

如图 9.87 所示，研究期内，越南科技合作的分值和位次波动明显，分值在 40～90 分，位次在第 1～5 位。这说明越南科技合作的增长速度在研究期内相对较快。研究期内，越南收到的技术合作和转让补助金以及收到的官方发展援助和官方资助净额的分值都较高，因此科技合作排名比较靠前（第 1～5 位）。2017 年，越南补助金和资助净额双双减少，导致当年分值和排位下降。

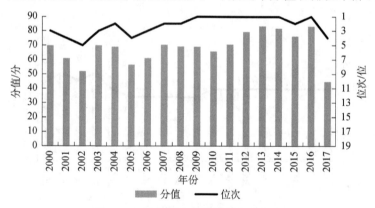

图 9.87 越南科技合作的分值和位次

如图 9.88 所示，研究期内，越南技术转移的分值和位次呈上升趋势，且存在比较明显的波动，分值在 10～45 分，位次在第 5～9 位。这说明越南技术转移的增长速度在研究期内相对较快。研究期内，越南知识产权使用费、知识产权出让费、信息通信数据等高技术服务出口额占总服务出口额比例和信息通信数据等高技术服务进口额占总服务进口额比例的分值都比较靠前，因此技术转移排名较为靠前（第 5～9 位）。

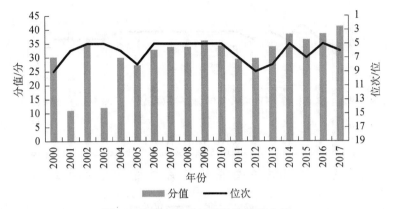

图 9.88　越南技术转移的分值和位次

如图 9.89 所示，研究期内，越南外商直接投资的分值和位次总体呈下降趋势，且后期存在比较明显的波动，分值在 10～35 分，位次在第 4～7 位。这说明越南外商直接投资的增长速度在研究期内相对较快。在研究期内，越南外商直接投资净流入额和外商直接投资净流入额占 GDP 的比重的分值比较靠前，因此外商直接投资排名靠前（第 4～7 位）。

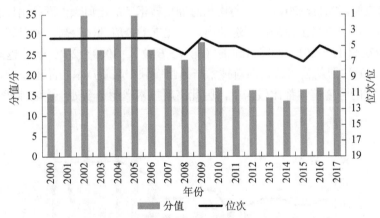

图 9.89　越南外商直接投资的分值和位次

如图 9.90 所示，研究期内，越南科技知识获取的分值和位次呈轻微波动趋势，且前期波动较为明显，分值在 30～46 分，位次在第 2～5 位。这说明越南科技知识获取的增长速度在研究期内相对较快。研究期内，越南科技合作、技术转移和外商直接投资的分值都比较靠前，因此科技知识获取排名靠前（第 2～5 位）。

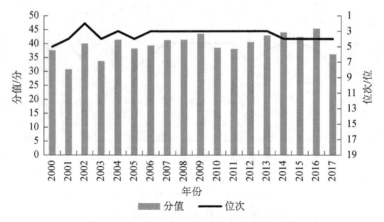

图 9.90　越南科技知识获取的分值和位次

四、科技创新产出

如图 9.91 所示，研究期内，越南高新技术产业的分值和位次呈上升趋势，分值在 20～60 分，位次在第 4～11 位。这说明越南高新技术产业的增长速度在研究期内相对较快。2011～2017 年，越南信息通信技术产品出口额占商品出口总额的百分比和高新技术产品出口额占制造业出口额比重的分值都比较高，所以越南的高新技术产业在 2011～2017 年排名靠前（第 4～6 位）。2000～2010 年，越南每千人（15～64 岁）注册新公司数、高新技术产品出口额和高新技术产品出口额占制造业出口额比重的分值整体都比较居中，因此高新技术产业排名处于中游水平（第 8～11 位）。

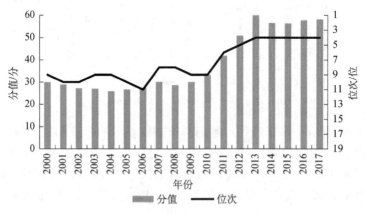

图 9.91　越南高新技术产业的分值和位次

如图 9.92 所示，研究期内，越南科技成果的分值和位次始终稳定在较高的水平，分值在 50～70 分，位次在第 7～8 位。这说明越南科技成果的增长速度在研究期内相对较平缓。研究期内，越南科技杂志论文数、商标申请数、居民专利申请数和非居民工业设计知识产权申请数的分值都比较靠前，因此科技成果排名靠前（第 7～8 位）。

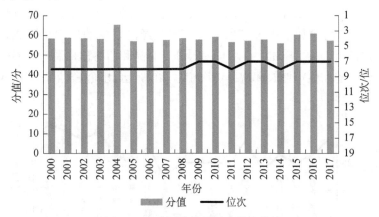

图 9.92　越南科技成果的分值和位次

　　如图 9.93 所示，研究期内，越南科技创新产出的分值和位次呈上升趋势，且 2009～2013 年有明显上升，分值在 40～60 分，位次在第 4～9 位。这说明越南科技创新产出的增长速度在研究期内相对较快。2011～2017 年，越南高新技术产业和科技成果的分值比较高，因此科技创新产出排名靠前（第 4～6 位）。2000～2010 年，越南高新技术产业的分值和位次都比较居中，因此科技创新产出排名处于中游水平（第 8～9 位）。

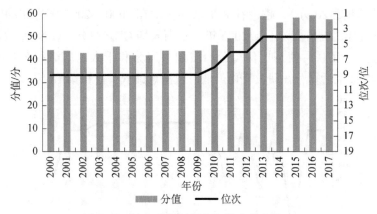

图 9.93　越南科技创新产出的分值和位次

五、科技创新促进经济社会可持续发展

　　如图 9.94 所示，研究期内，越南经济发展的分值总体呈上升趋势，但是

2015 年有明显下降，2015 年之后又开始上升。其中，2006 年得分最低（只有 15 分左右），2017 年得分最高（达到了 40 分）。越南经济发展的位次在 2010 年最低（排在第 11 位），2017 年上升到第 4 位。2010 年，越南的 GDP 年增长率得分、商品和服务出口总额占 GDP 的比重得分、农林渔劳均增加值得分和工业（含建筑业）劳均增加值得分有所下降，因此经济发展的位次相比 2009 年下降了 2 位。2017 年，越南 GDP 年增长率得分、商品和服务出口总额占 GDP 的比重得分和制造业增加值年增长率得分位次相对靠前，因此经济发展排名第 4 位。

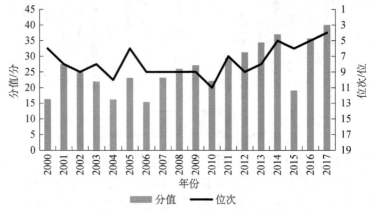

图 9.94　越南经济发展的分值和位次

如图 9.95 所示，越南社会生活的分值在 2000～2007 年波动频繁，而在 2007～2016 年趋于稳定。其中，2009 年社会生活得分最高（超过 45 分），2002 年得分最低（不足 20 分）。越南社会生活的位次在 2000～2007 年也波动较大，在 2007～2014 年稳定在第 4 位。2002 年，越南人均 GDP 得分、GINI 系数得分、预期寿命得分、互联网使用比例得分、贫困率得分和千人病床数得分都有明显下降，因此社会生活得分在研究期内最低，位次也最低（排在第 18 位）。

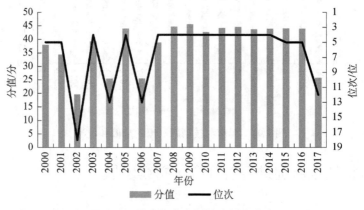

图 9.95　越南社会生活的分值和位次

如图 9.96 所示，研究期内，越南环境保护的分值呈上升趋势，从 2000 年的 35 分左右上升到 2017 年的 54 分左右，提高了近 20 分。越南环境保护的位次在 2002~2011 年稳定在第 7 位，之后持续上升，2017 年位次最高（排在第 4 位）。2017 年，越南农村人口用电比例得分、使用清洁能源和技术烹饪的人口比例得分以及森林覆盖率得分增高，$PM_{2.5}$ 空气污染年均暴露量得分和人均国内可再生淡水资源量得分略微降低，因此环境保护分值升高，位次相比 2016 年上升 1 位。

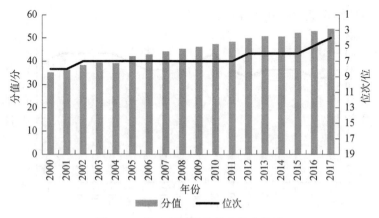

图 9.96 越南环境保护的分值和位次

如图 9.97 所示，研究期内，越南科技创新促进经济社会可持续发展的分值在 2010~2014 年稳定地增长，2015 年分值有所降低，2016 年的分值最高（接近 45 分）。越南科技创新促进经济社会可持续发展的位次在 2000~2007 年波动较大，2004 年和 2006 年位次最低（排在第 11 位），之后在第 4~6 位波动。2016 年，越南经济发展排在第 5 位，社会生活排在第 5 位，环境保护排在第 5 位。

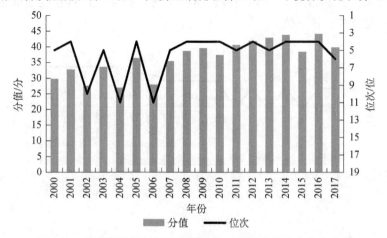

图 9.97 越南科技创新促进经济社会可持续发展的分值和位次

六、科技创新综合能力

如图 9.98 所示，研究期内，越南的科技创新综合投入的分值变化幅度不大，始终保持在 30 分以上，2016 年分值最高，2001 年分值最低。越南的科技创新综合投入位次相对较高，2013～2016 年都维持在第 3 位，2017 年下降 1位，排在第 4 位。2016 年，越南科技创新基础排在第 6 位，科技创新投入排在第 5 位，科技知识获取排在第 4 位。

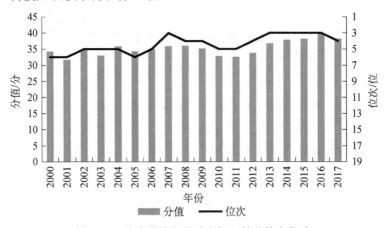

图 9.98 越南科技创新综合投入的分值和位次

如图 9.99 所示，研究期内，越南的科技创新综合产出分值相对较高，始终保持在 30 分以上，其中 2016 年最高（超过 50 分）。越南的科技创新综合产出位次在 2000～2007 年波动较大，2008～2010 年稳定在第 6 位，2013～2017 年稳定在第 4 位。2017 年，越南科技创新产出排在第 4 位，科技创新促进经济社会可持续发展排在第 6 位。

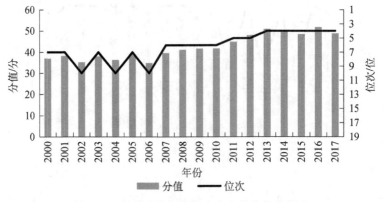

图 9.99 越南科技创新综合产出的分值和位次

　　如图 9.100 所示，研究期内，越南的科技创新综合能力得分总体呈上升趋势，2016 年的得分最高（达到了 45 分）。越南的科技创新综合能力在 2000～2002 年和 2005 年排名靠后（排在第 7 位），2013～2017 年排名靠前（稳定在第 4 位）。越南的科技创新综合投入产出比在 1.2 左右，投入产出效率处于中游水平。

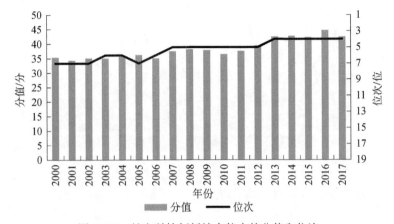

图 9.100　越南科技创新综合能力的分值和位次

第三篇
南亚东南亚国家
科技创新综合能力
指标体系构建

　　在科技发展"时新日异"、知识经济"风起云涌"的当今时代，科技创新日益成为各国国际竞争力提升的决定性因素，也是推动各国经济持续、快速增长的源泉与动力[①]。

　　科技创新活动是一个多要素投入和多要素产出的复杂系统，对科技创新综合能力的评价应涵盖各国科技创新活动的各个方面，贯穿从科技投入到科技产出的整个过程。也就是说，对各国科技创新能力的综合评价不是靠某一个指标或部分指标就能实现的，而应根据特定的时代背景，以及各国科技创新的本质、特点和规律，构建一个既能体现各国科技创新现有实力，又能反映各国科技创新发展潜力的指标体系，从而对各国科技创新能力进行整体的、综合的评价。

　　如何制定科学、系统、全面的评价指标体系，是科技创新综合能力评价首先要解决的问题，仅采用一个单项指标或某几个指标对各国科技创新能力进行评价具有一定的片面性和主观性。为此，在选择科技创新能力评价指标时应遵循统计指标选取的系统性、科学性、可比性、可行性和可操作性的一般原则。

　　本书研究指标体系的一级指标中既包括绝大多数学者认同的科技创新投入和科技创新产出，也包括现行评价指标体系中常被忽视却非常重要的科技知识获取和科技创新促进经济社会可持续发展，因此在很大程度上具有重点和全面相结合的特点。本书研究指标体系还考虑到不同板块国家统计指标的差异，选择的所有指标均为各国共有；再则，本书的研究指标体系充分考虑了指标定量化难的问题，确保了评价结果的可信度，因而具有更强的可比性。鉴于我国目前还未有比较系统地评价科技创新综合能力的统计指标体系，数据采集较为困难，只能设置现有的可利用的统计数据和易于收集统计资料的指标。对于部分虽有价值但无法统计或难以取得资料的指标，暂不纳入指标体系，从而使指标体系具有较强的可操作性[②]。

　　在数据选取上，本书绝大多数指标取自世界银行的公开数据，极少数采用了世界知识产权组织的公开数据，以保证本研究结果的可验证性和可重复性。

---

　　① 王章豹，徐枞巍. 高校科技创新能力综合评价：原则、指标、模型与方法. 中国科技论坛，2005，(2)：55-59.

　　② 李宗璋，林学军. 科技创新能力综合评价方法探讨. 科学管理研究，2002，20（5）：8-11.

第十章
科技创新综合能力三级指标体系选择

　　根据科技创新活动的自身特点和指标体系设置的基本原则，本书研究的评价指标体系共分为三级指标系统，由 5 个一级指标、12 个二级指标和 51 个三级指标构成。5 个一级指标包括科技创新基础、科技创新投入、科技知识获取、科技创新产出、科技创新促进经济社会可持续发展。其中科技创新基础、科技创新投入、科技知识获取 3 个一级指标又可视为科技创新潜力（科技创新综合投入），而科技创新产出、科技创新促进经济社会可持续发展 2 个一级指标又可视为科技创新实力（科技创新综合产出）。科技创新潜力指标反映的是各国科技创新的基础条件、资源优势和发展趋势，体现了各国科技创新的潜在竞争力；科技创新实力指标反映了各国将科技创新资源和投入转化为价值形态的科技创新成果的能力，体现了各国科技创新所达到的实际水平。

第一节　科技创新基础指标

　　科技创新基础即各国开展科技创新活动所拥有的科技创新环境优势和科技创新人力基础条件，包括科技创新的机制环境、政策法制环境、基础环境、市场环境和人文环境以及科技创新的人力资源、物质条件等，它是产出高水平创新成果的重要前提。

一、科技创新环境指标

　　科技创新环境是科技创新赖以生存与发展的物理空间和社会空间，包括机制环境、政策法制环境、基础环境、市场环境和人文环境等。
　　机制环境是指开展科技创新活动的经济体已经形成的用来规范、约束创新主体建立生产、交换与分配的基本政治、社会和经济基础规则。具体指标包括：商品和服务税占工业和服务业增加值的百分比、制造业适用加权平均关税税率、制造业适用简单平均关税税率、员工收入与效率挂钩程度等。虽然第二个指标与第三个指标只有两字之差，但对于刻画制造业的关税税率，加权平均相对于简单平均要更为准确，同时，最后一个指标由于数据太少和等级分值等原因，不如前两者，因此第三个与最后一个指标都不予采用。

政策法制环境是指由鼓励科技创新的人才流动、技术奖励和知识产权保护等一系列相关法规政策构成的法律制度环境[①]。具体指标包括：营商管制环境评级、产权制度和法治水平评级、产权与基于规则的治理评级等。因为后两个指标衡量政治法制环境的方式十分相近，但后一个指标相对于前一个指标来说，数据缺失得更严重，所以后一个指标不予采用。

基础环境是由科技基础条件平台建设、铁路与公路等各类社会基础设施、各类开展科研开发的基础机构组成，以此为基础为实现科技创新活动的知识与技术支撑以及高新技术的产业化提供有利的环境。具体指标包括：电力接通需要天数、城市化率、企业创新项目获得风险资本支持的难易程度、企业与大学研究与发展协作程度等。后两个指标都只从企业的角度来体现对科技创新环境的影响，相比于前两个指标过于片面，因此不予采用。

市场环境是由科技技术市场交易、科技中介服务、科技创新市场等构成[②]。具体指标包括：市场交易环境评级、本地竞争强度、国内市场规模等。第二个指标的竞争强度概念略微有些模糊，因此不予采用。同时，后一个指标的数据值和前两个指标相比过于庞大，不便于处理，因此也不予采用。

科技创新氛围与科技创新人才是构成人文环境的重要因素。人文环境具体指标包括：贿赂发生率、公权力透明度清廉度评级、QS 高校排名（前三位平均分）等。后一个指标只用前三位高校排名的平均分来代替该国高校的排名，相比于前两个指标略显不够严谨，因此不予采用。

最终，本书选定了市场交易环境评级、商品和服务税占工业和服务业增加值的百分比、贿赂发生率、公权力透明度清廉度评级、电力接通需要天数、产权制度和法治水平评级、营商管制环境评级、城市化率、制造业适用加权平均关税税率 9 个指标度量科技创新环境。

二、科技创新人力基础指标

科技创新人力基础是指实际从事或有潜力参与科技创新活动的人力资源，

---

① 边蕊. 科技创新环境评价指标体系的探讨. 黑龙江科技信息，2013，（13）：6.

② 边蕊. 科技创新环境评价指标体系的探讨. 黑龙江科技信息，2013，（13）：6.

是科技创新的主体，对经济和社会发展可产生战略性和决定性的影响，主要指接受过教育尤其是高等教育的人员。具体指标包括：高等教育毛入学率、成年人识字率、教育支出占 GDP 比例、生师比、高等教育入境留学生占比等。其中的生师比指标覆盖了学前教育以及特殊教育的生师比，在某种程度上不能充分体现科技创新人力基础的实际情况，因此未采用该指标。对于最后一个指标，入境留学生不都是科技创新的主体，大部分入境留学生的科技创新成果最终归属于该入境留学生所在的国家，所以也不宜采用该指标。

最终，本书选定了高等教育毛入学率、成年人识字率、教育支出占 GDP 比例 3 个指标度量科技创新人力基础。

第二节　科技创新投入指标

科技创新投入是指各国能够投入到科技创新过程中的主要创新资源，包括科技创新人力投入和科技创新资金投入。科技创新投入是科技创新产出的前提条件，对科技创新产出的影响和促进作用毋庸置疑。从科技创新活动的主体来看，科技创新投入越多，进行科技创新活动的人员就会越多，R&D 人员的积极性就会越高，从而促进科技创新产出；从科技创新活动的平台来看，科技创新投入越多，科技设备就越完善，科技环境就越先进，从而越有利于科技创新产出；从科技创新活动的过程来看，科技创新投入越多，进行科技创新的阻力越小，越有利于研发人员、企业以及政府进行科技创新产出[①]。

一、科技创新人力投入指标

R&D 是科技活动的核心，是创新体系的重要组成部分，在科技创新活动中起着关键性的作用。一国的经济增长在一定程度上依赖于整个社会的 R&D 活动。但 R&D 人力投入能否增加社会知识总量，能否提升整个社会的科技水平，能否把 R&D 人力资源转化为直接的生产力，能否获得科技竞争优势，能否促进经济的增长，关键还要看 R&D 人力投入的经济效果[②]。具体指标包括：百万人口 R&D 科学家数、百万人口 R&D 工程技术人员数、接受过高等教育人口的劳动参与率、百万人口全职研究人员数、企业中专业技术人员所占比例等。由于

---

① 董兴林，齐欣. 基于时滞效应的青岛市两阶段科技投入与产出互动关系. 山东大学学报（理学版），2018，53（5）：80-87.

② 冯利英，明苗苗. 内蒙古 R&D 人力资源状况统计实证分析. 经济论坛，2012，（6）：50-54.

第四个指标限定了全职，不能完整地体现科技创新人力投入的情况，因此不采用第四个指标。同时，在许多情况下企业中专业技术人员是属于百万人口 R&D 工程技术人员的，因此不采用第五个指标。

最终，本书选定百万人口 R&D 科学家数、百万人口 R&D 工程技术人员数、接受过高等教育人口的劳动参与率 3 个指标度量科技创新人力投入。

二、科技创新资金投入指标

政府 R&D 资金是实现国家科技发展目标的最重要、最稳定和最集中的资金来源[1]。随着科技进步对经济增长的作用日益突出，财政支持科技进步成为世界上大多数国家的客观选择。政府支持科技进步主要是通过财政政策干预市场中的 R&D 活动来实现的。国家对 R&D 活动的资金投入规模和构成能集中体现出国家对科技的重视程度以及对科技发展方向的偏好[2]。因此，可以通过对 R&D 资金投入状况的分析来认识政府在科技创新中的作用[3]。具体指标包括：R&D 经费占 GDP 比例、投入 R&D 的企业占比、R&D 经费增长率等。其中，第一个指标和最后一个指标在衡量科技创新资金投入方面的方式十分相似，但第一个指标更侧重于在 GDP 中的占比，可较为客观地体现各国在科技创新方面资金投入的比重，因此采用第一个指标，未采用最后一个指标。

最终，本书选定 R&D 经费占 GDP 比例与投入 R&D 的企业占比 2 个指标度量科技创新资金投入。

第三节　科技知识获取指标

科技知识被认为是国家实现快速成长的关键资源，其难以模仿性和难以替代性促使国家不断地更新知识以建立起独特的竞争优势。然而并非所有的知识都需要在内部开发，通过多种方式获取知识已成为世界各国增强竞争力的一个关键因素。科技知识获取反映国家从外部获取科技知识的能力和向外传播科技知识的能力，包括科技合作、技术转移和外商直接投资。

---

① 陈震. 我国 R&D 经费投入结构研究. 哈尔滨：哈尔滨理工大学，2004.
② 洪荭，何光瑶. 教育投资收益率计算方法研究. 北京工业大学学报，1998，24（S1）：75-80.
③ 白亚男. 促进科技进步的财政政策问题与对策. 合作经济与科技，2010，（23）：104-105.

一、科技合作指标

科技创新合作是共建"一带一路"倡议的一项重要内容，也是推动共建"一带一路"合作国家迈向高质量发展的一个重要力量。国际科技合作成为推进国家科技发展、培养创新人才、提高科技实力、转变经济发展方式、改善国际关系的重要手段和支撑，也是解决跨国、跨区域和涉及全人类共同利益科学难题的关键途径。具体指标包括：收到的技术合作和转让补助金、收到的官方发展援助和官方资助净额、科技论文合著数量、合资战略联盟交易额等。从宏观角度出发，前两个指标能全面地度量科技合作的程度；从微观角度出发，仅通过科技论文合著数量与合资战略联盟交易额去衡量科技合作的好坏是不够全面的，因此不予采用后两个指标。

最终，本书选定收到的技术合作和转让补助金、收到的官方发展援助和官方资助净额 2 个指标度量科技合作。

二、技术转移指标

技术转移是指把制造一种产品、采用一种工艺或提供一种服务的系统知识的技术，从其所有人向引进人的转移。这种转移是在契约基础上，在一定的期限与地域范围内，将该技术产品或服务的制造权与营销权而不是所有权转让给引进人。具体指标包括：知识产权使用费、知识产权出让费、信息通信数据等高技术服务出口额占总服务出口额比例、信息通信数据等高技术服务进口额占总服务进口额比例、ICT 服务出口在贸易总额中的占比、高技术出口净额在贸易总额中的占比等。其中，在许多情况下 ICT 服务出口被包含在信息通信数据等高技术服务出口中，所以仅采用了第三个指标。同时，最后一个指标与第三指标衡量技术转移的形式相似，但相比于第三个指标，最后一个指标的数据缺失得更加严重，因此还是只采用第三指标。

最终，本书选定知识产权使用费、知识产权出让费、信息通信数据等高技术服务出口额占总服务出口额比例、信息通信数据等高技术服务进口占总服务进口比例 4 个指标度量技术转移。

三、外商直接投资指标

外商直接投资是指在投资人以外的国家所经营的企业中拥有持续利益的一种投资，其目的在于对该企业的经营管理具有发言权。跨国公司是外商直接投资的主要形式。具体指标包括：外商直接投资净流入额、外商直接投资净流入额占 GDP 的比重、海外供资 GERD（全球研发支出总额）占比等。其中，第二个指标与最后一个指标衡量外商直接投资方式相似，但第二个指标侧重于在 GDP 中的占比，而最后一个指标则侧重于在 GERD 中的占比，由于 GDP 数据相比于 GERD 数据更具权威性，因此仅采用第二个指标。

最终，本书选定外商直接投资净流入额、外商直接投资净流入额占 GDP 的比重 2 个指标度量外商直接投资。

第四节 科技创新产出指标

科技创新产出能力包括创造和发展新知识、新理论的知识创新能力，将新知识、新理论转化为新技术、新方法、新工艺、新流程、新产品和新服务的科技创新能力以及实现科技成果的转移、传播、扩散和渗透，形成现实生产力的科技成果转化能力，具体表现为出成果、出人才和出效益[①]。

一、科技成果指标

科技成果是指由法定机关（一般指科技行政部门）认可，在一定范围内经实践证明先进、成熟、适用，能取得良好经济、社会或生态环境效益的科学技术成果，其内涵与知识产权和专有技术基本相一致，是无形资产中不可缺少的重要组成部分。具体指标包括：科技杂志论文数、商标申请数、居民专利申请数、非居民工业设计知识产权申请数、ICT 和商业模式创造数、ICT 和组织模式创造数、工业品外观设计数等。由于前四个指标与后三个指标有相互交叉的地方，且前四个指标在衡量科技成果时更具有代表性，因此只采用了前四个指标。

最终，本书选定科技杂志论文数、商标申请数、居民专利申请数、非居民工业设计知识产权申请数 4 个指标度量科技成果。

二、高新技术产业指标

高新技术产业是国际经济和科技竞争的重要阵地。一般来说，高新技术产

---

① 王章豹，徐枞巍. 高校科技创新能力综合评价：原则、指标、模型与方法. 中国科技论坛，2005（2）：55-59.

业是指相对成熟并在研究与开发领域投入比较多的一些产业，如民用飞机制造业、通信设备制造业和在研发方面投入多的新兴产业（如机器人研制等）。除此之外，很多应用技术改造升级的产业也被归入高新技术产业，如新材料、电子元器件。具体指标包括：每千人（15～64岁）注册新公司数、信息通信技术产品出口额占商品出口总额比重、高新技术产品出口额、高新技术产品出口占制造业出口额比重、高新技术产品进口额、高新技术产品进口额占制造业进口额比重、机械及运输设备增加值占制造业增加值比重、中高新技术产业增加值占制造业增加值比重、中高新技术制成品出口额占制成品出口总额比重等。由于后两个指标的数据缺失严重，在2000～2017年研究的各国几乎都无数据，因此无法对这两个指标展开研究。同时，机械及运输设备增加值被包含在中高新技术产业增加值里面，而高新技术产品进口额、高新技术产品进口额占制造业进口额比重与高新技术产品出口额、高新技术产品出口额占制造业出口额比重类似，因此对后五个指标不予采用。

最终，本书选定每千人（15～64岁）注册新公司数、信息通信技术产品出口额占商品出口总额比重、高新技术产品出口额、高新技术产品出口额占制造业出口额比重4个指标度量高新产业。

第五节　科技创新促进经济社会可持续发展指标

经济社会可持续发展是在人们对传统发展模式和工业文明进行深刻反思的基础上形成的新发展观和新发展模式，是关于人与自然和谐发展的一种主张，是人类走出生态危机的一种理性选择[①]。在人类面临生态危机的今天，科技创新生态化是国家、企业、科技创新本身可持续发展及人类社会全面可持续发展的有力保障。在知识经济时代，科技创新也是经济增长的发动机，因此古今中外都对经济增长十分重视。经济增长的基本因素是劳动、资本、科技进步和制度创新[②]。科技进步对经济增长的贡献是通过科技创新实施的。一项成果的科技创新，通过大面积的技术扩散，必然会导致产业结构、市场结构、外贸结构等方面的变化，同时又牵动新一轮的科技创新[③]。如此循环往复，推动经济社会可持续发展。因此，经济社会可持续发展是科技创新的根本目的。

---

① 黄星君. 关于科技创新生态化的若干论证. 武汉：武汉科技大学，2004.
② 贾媛. 科技创新对经济可持续发展的促进作用. 现代商贸工业，2007，19（9）：58-59.
③ 刘同德. 青藏高原区域可持续发展研究. 天津：天津大学，2009.

一、经济发展指标

经济发展就是在经济增长的基础上，一个国家经济结构和社会结构持续高级化的创新过程或变化过程。经济发展的财富增长体现在 GDP 上，费用与时间在流通、管理、服务等环节的分配与效率直接影响生产的质量与效率。因而，管理、服务与流通等环节越是精简、廉洁和有效率，就越能促进经济发展。经济学家一般用 GDP 来作为衡量经济发展水平的重要指标。具体指标包括：劳均GDP、GDP 年增长率、商品和服务出口总额占 GDP 的比重、农林渔劳均增加值、工业（含建筑业）劳均增加值、服务业劳均增加值、制造业增加值年增长率、商品和服务出口增长值、政府一般消费开支占 GDP 比例、税收占 GDP 比例等。由于第三个指标与第八个指标都通过商品和服务出口增加值来衡量经济发展的快慢，但第三个指标偏向于与 GDP 值进行比较，更易看出经济发展的快慢，因此选择了第三个指标。对于后两个指标，由于政府一般消费开支大部分来源于税收，而政府通过税收等形式集中的财政收入就是归国家集中使用的GDP，财政收入是 GDP 的一部分，因此不予采用。

最终，本书选定劳均 GDP、GDP 年增长率、商品和服务出口总额占 GDP的比重、农林渔劳均增加值、工业（含建筑业）劳均增加值、服务业劳均增加值、制造业增加值年增长率 7 个指标度量经济发展。

二、社会生活指标

科技创新推动经济增长，终极目的是推动民众的生活改善、社会进步。物质的和精神的、主观的和客观的因素错综复杂地结合，构成了社会生活这一有机整体。社会生活主要表现为个体、家庭及其他社会群体在物质和精神方面的消费性活动，包括吃、穿、住、用、行等广泛领域。具体指标包括：人均GDP、GINI 系数、预期寿命、互联网使用比例、贫困率、千人病床数、国家贫困线上的贫困差距、粮食生产指数等。由于国家贫困线上的贫困差距表示的是国家贫富差异的大小，贫困率则表示的是国家贫困的程度，并且虽然粮食生产指数也可以体现国家的贫困程度，但贫困率会更加直接地反映社会生活的幸福程度，因此综合下来不予采用最后两个指标，只选择贫困率指标。

最终，本书选定人均 GDP、GINI 系数、预期寿命、互联网使用比例、贫困率、千人病床数 6 个指标度量社会生活。

三、环境保护指标

环境保护是指人类为解决现实或潜在的环境问题，协调人类与环境的关系，保障经济社会可持续发展而采取的各种行动的总称。具体指标包括：$PM_{2.5}$空气污染年均暴露量、人均国内可再生淡水资源量、农村人口用电比例、使用清洁能源和技术烹饪的人口比例、森林覆盖率、温室气体总排放量、二氧化碳排放量、濒危物种数量等。由于温室气体中包含了二氧化碳，因此不采用二氧化碳排放量来衡量环境保护。并且，$PM_{2.5}$的测量比温室气体的测量更能反映环境中空气质量的好坏，因此也不采用温室气体总排放量来衡量环境保护。同时，最后一个指标的数据缺失十分严重，不便于处理，因此不予采用。

最终，本书选定 $PM_{2.5}$ 空气污染年均暴露量、人均国内可再生淡水资源量、农村人口用电比例、使用清洁能源和技术烹饪的人口比例、森林覆盖率 5 个指标度量环境保护。

第十一章
科技创新综合能力指数算法

国家科技创新综合能力指数，采用了国际上通用的科技指标算法，主要通过 18 个南亚东南亚国家和中国共 19 个国家的数据按 5 个一级指标分别进行比较，给出相应分值，再根据投入产出集成综合能力指数，并以指数高低作为能力大小的度量。

第一节　缺失数据插补

本书中的研究数据来源于世界银行公开数据库，选取了 2000～2017 年南亚东南亚 18 个国家以及中国的数据。由于世界银行中个别年份指标数据有所缺失，所以在研究中对数据进行了缺失数据插补。本次研究使用了以下两种插补方法。

一、均值替换法

均值替换法将变量的属性分为数值型和非数值型来分别进行处理。如果缺失值是数值型的，就根据该变量在其他所有对象的取值的平均值来填充该缺失的变量值；如果缺失值是非数值型的，就根据统计学中的众数原理，用该变量在其他所有对象的取值次数最多的值来补齐该缺失的变量值。由于我们选取的数据都是数值型数据，所以就取平均值来填充。以文莱外商直接投资净流入额占 GDP 的比重数据为例：如表 11.1 所示，其中 2016 年数据缺失，故采取均值替换法，取其余 17 年的数据均值作为 2016 年的数据。即 NA=1.46。

表 11.1　文莱外商直接投资净流入额占 GDP 的比重

年份	2000	2001	2002	2003	2004	2005	2006	2007	2008
比例	0.8	0.6	0.7	0.6	0.0	0.4	0.7	0.6	0.5
年份	2009	2010	2011	2012	2013	2014	2015	2016	2017
比例	1.0	0.6	0.9	1.5	4.7	3.5	3.9	NA	3.86

均值替换法是一种简便、快速的缺失数据处理方法。使用均值替换法插补缺失数据，对该变量的均值估计不会产生影响。但这种方法是建立在完全随机缺失（MCAR）的假设之上的，而且会造成变量的方差和标准差的减小。

二、比较填充法

对于个别指标，某些国家从 2000 年到 2017 年都没有数据，那么就无法通过均值替换法对缺失的数据进行填补。对于此类缺失的变量，只能通过比较填充法，在数据库中找到一个与它最相似的对象，然后用这个相似对象的值来进行比较填充。首先，假如 A 国家的 a 指标数据缺失，在已有数据中找到与 a 指标最相关的指标 b。同时找到 B 国家的 a 指标数据和 b 指标数据。于是有以下公式：

$$\frac{Aa}{Ab}=\frac{Ba}{Bb}$$

其中 Aa 表示 A 国家的 a 指标数据，Ab 表示 A 国家的 b 指标数据，Ba 表示 B 国家的 a 指标数据，Bb 表示 B 国家的 b 指标数据。

以文莱百万人口 R&D 科学家数和百万人口 R&D 工程技术人员数的数据为例：如表 11.2 所示，文莱的百万人口 R&D 工程技术人员数从 2000 年到 2017 年一直缺失，无法通过均值替换法进行填充，所以找到与百万人口 R&D 工程技术人员数相近的指标——百万人口 R&D 科学家数作比较填充，如表 11.3 所示。选取柬埔寨的百万人口 R&D 科学家数和百万人口 R&D 工程技术人员数作对比，其中柬埔寨 2002 年的数据分别为 17.6 和 13.4。于是有

$$\frac{NA}{285.4}=\frac{13.4}{17.6}$$

即文莱 2002 年百万人口 R&D 工程技术人员数约为 203 人。

表 11.2　文莱百万人口 R&D 工程技术人员数　　　（单位：人）

年份	2000	2001	2002	2003	2004	2005	2006	2007	2008
数据	NA	NA	NA	NA	NA	NA	NA	NA	NA
年份	2009	2010	2011	2012	2013	2014	2015	2016	2017
数据	NA	NA	NA	NA	NA	NA	NA	NA	NA

表 11.3　文莱百万人口 R&D 科学家数　　　（单位：人）

年份	2000	2001	2002	2003	2004	2005	2006	2007	2008
数据	285.0	284.0	285.4	277.3	283.4	280.1	279.1	278.1	277.1
年份	2009	2010	2011	2012	2013	2014	2015	2016	2017
数据	276.1	275.1	274.1	273.1	272.1	271.2	270.2	269.2	268.2

第二节　三级指标权重选择

对于三级指标权重的选择，本书选取的是熵值法。熵值法是一种客观赋权法，其根据各项指标观测值所提供的信息的大小来确定指标权重。在信息论中，熵是对不确定性的一种度量。信息量越大，不确定性就越小，熵也就越小；信息量越小，不确定性越大，熵也就越大。根据熵的特性，可以通过计算熵值来判断一个事件的随机性及无序程度，也可以通过计算熵值来判断某个指标的离散程度，指标的离散程度越大，该指标对综合评价的影响（权重）越大，其熵值越小。

一、熵值法步骤

第一步，选取 n 个国家、m 个指标，则 X_{ij} 为第 i 个国家的第 j 个指标的数值（$i=1, 2, \cdots, n; j=1, 2, \cdots, m$）。

第二步，数据的非负数化处理。由于各项指标的计量单位并不统一，因此在用它们计算综合指标前，先要对它们进行标准化处理，即把指标的绝对值转化为相对值，以解决各项指标值不同质问题。常用的方法有标准化法、极值法、线性比例法、归一化处理法等。为了避免处理后的结果出现负数，使得求熵值时对数的无意义，对数据选择极值法。其具体方法如下：

$$X'_{ij} = \frac{X_{ij} - \min(X_{1j}, X_{2j}, \cdots, X_{nj})}{\max(X_{1j}, X_{2j}, \cdots, X_{nj}) - \min(X_{1j}, X_{2j}, \cdots, X_{nj})}$$

同时为了避免求熵值时对数的无意义，我们将标准化之后为 0 的数赋值为 0.000001。为了方便起见，标准化后的数据仍记为 X_{ij}。

第三步，计算第 j 项指标下第 i 个国家占该指标的比重（P_{ij}）：

$$P_{ij} = \frac{X_{ij}}{\sum_{i=1}^{n} X_{ij}} (j = 1, 2, \cdots, m)$$

第四步，计算第 j 项指标的熵值（e_j）：

$$e_j = -k \times \sum_{i=1}^{n} P_{ij} \lg(P_{ij})$$

其中 $k > 0$，$e_j \geq 0$，式中常数 $k = \frac{1}{\lg n}$，则 $0 \leq e_j \leq 1$。

第五步，计算信息熵冗余度（g_j）：对于第 j 项指标，指标值 X_{ij} 的差异越大，对国家评价的作用越大，熵值就越小。$g_j = 1 - e_j$，其中 g_j 越大指标越重要。

第六步，计算各项指标的权值（W_j）：

$$W_j = \frac{g_j}{\sum\limits_{j=1}^{m} g_j}(j = 1, 2, \cdots, \ m)$$

第七步，计算各国家的综合得分（S_i）：

$$S_i = \sum\limits_{j=1}^{m} W_j \times P_{ij}(i = 1, 2, \cdots, n; j = 1, 2, \cdots, m)$$

二、熵值法的优缺点

熵值法是根据各项指标值的变异程度来确定指标权数的，这是一种客观赋权法，避免了人为因素带来的偏差，但由于忽略了指标本身重要程度，有时确定的指标权数会与预期的结果相差甚远，同时熵值法不能减少评价指标的维数。并且熵值法需要原始数据完整，不能有缺失数据。缺失数据的填补也会给最终的结果带来人为的影响。

第三节　科技创新二级指标投入产出分析法

本指标体系围绕科技创新综合投入和科技创新综合产出进行构建，其中科技创新综合投入包括了科技创新基础、科技创新投入、科技知识获取三类二级指标，科技创新综合产出包括科技创新产出、科技创新促进经济社会可持续发展两类二级指标。通过三级指标分别算出这五个二级指标的得分，从而构建投入产出比：

$$投入产出比 = \frac{score（科技创新产出）+ score（科技创新促进经济社会可持续发展）}{score（科技创新基础）+ score（科技创新投入）+ score（科技知识获取）}$$

投入产出比可以衡量东南亚各国在科技创新方面投入是否合适，根据历年的投入产出比变化可以判断各项指标投入的合理性，从而作出相应的调整。